Teoriya Resheniya Izobretatelskikh Zadach

TRIZ

창의성 공학의 길잡이

Victor Fey , Eugene Rivin 저 박성균 역

이 책은 최신 트리즈의 기본개념과 기법들을 담고 있고 트리즈(TRIZ)라 하는 체계적인 기술혁신을 위한 강력한 방법론을 설명한다. 독자에게 트리즈의 기본 도구와 참신한 기술, 제품 및 제조공정의 개념을 개발하기 위한 트리즈의 적용방법을 가르쳐 준다. 모든 개념, 방법, 그리고 기법을 여러 기술분야에서 수집한 실생활 사례로 설명하였고 R & D 활동에서부터 설계, 작업현장관리에 이르는 책임이 있는 실무 엔지니어를 주 대상으로 하고 기술혁신과정에서 트리즈의 핵심 역할을 설명한다.

도서출판 GS인터비전

이 책은 …

기술혁신을 향상시키기 위한 혁명적인 방법론인 트리즈를 설명한다. 전 세계 선진 회사들은 그들의 경쟁력을 높이기 위해 트리즈 방법론을 점차 많이 채용하고 있다. 이 책은 수많은 발명특허로부터 추출한 트리즈의 창의적 원리들을 어떻게 이용할 것인지를 설명한다. 그 결과, 여러분의 설계문제에 대해서 보다 나은 혁신적 해결책을 찾도록 여러분을 도울 것이다. 또한 여러분은 기발한 기술, 제품 그리고 제조공정의 개념을 개발하기 위해서 트리즈 도구들을 어떻게 사용해야 하는지를 배우게 될 것이다. 여러분은 특별히 혁신 및 타협 없는 설계 해결책의 개발 방법과 차세대 제품과 기술을 신뢰성 있게 찾는 방법을 알게 될 것이다. 여러분이 보다 나은 맥주 캔을 만들고, 마이크로칩을 포장하는 새로운 방법을 찾거나, 잔디 깎는 기계의 엔진 부품수를 줄이려 한다면, 이 책이 도움이 될 것이다. 이 책은 실무 엔지니어, 제품 및 기술 관리자 그리고 공과대학생들을 위해서 쓰였다.

빅터 페이(Victor R. Fey)는 웨인 주립대학교의 기계공학 겸임교수이며, 트리즈 그룹(The TRIZ Group)의 제1파트너이자 공동 설립자이다. 그는 트리즈 창시자인 알트슐러가 개인적으로 인증한 몇 안 되는 트리즈 마스터 중에 하나이다. 그는 7건의 특허를 가지고 있고, 30편 이상의 논문과 2권의 책을 저술하였다.

유진 리빈(Eugene I. Rivin)은 웨인 주립대학교의 기계공학부 교수이고, 공작기기계 실험실의 책임자이며, 문제 해결과 기술 예측을 위한 트리즈 교육과 방법론을 제공하는 트리즈 그룹의 공동 설립자이다. 그는 ASME와 SME의 특별회원이고, CIRP의 정회원이다. 리빈은 60건 이상의 특허를 가지고, 160편 이상의 논문과 15권의 책을 저술하였다.

차 례

Chapter 04. 발명문제 해결을 위한 알고리듬(아리즈)

Chapter 05. 기술 시스템의 진화 법칙

Chapter 06. 기술 진화의 길잡이

부 록

참고문헌

트리즈 기반 서비스 제공자들

역자후기

서 문

이 책은 트리즈(TRIZ)라 하는 체계적인 기술혁신을 위한 강력한 방법론을 설명한다. 트리즈는 발명문제 해결이론(Teoriya Resheniya Izobretatelskikh Zadach)이라는 러시아어의 두문문자이다. 이 책은 독자에게 트리즈의 기본 도구와 참신한 기술, 제품 및 제조공정의 개념을 개발하기 위한 트리즈의 적용방법을 가르쳐 준다.

이 책은 R & D 활동에서부터 설계, 작업현장관리에 이르는 책임이 있는 실무 엔지니어를 주 대상으로 한다. 이 책은 기술혁신과정에서 트리즈의 핵심역할을 설명한다. 트리즈를 사용하는 기술 관리자들은 종종 다른 사람들이 빠뜨리기 쉬운 전략적 기회를 발견하곤 한다. 그들은 새로운 서비스와 조직 구조뿐 아니라 새로운 제품과 공정을 개발함으로써 이러한 기회를 이용한다.

트리즈는 1946년 구소련에서 알트슐러(Genrikh Altshuller)와 그의 학교에 의해서 개발되었다. 트리즈는 충분하지 못한 소련의 경제시스템 안에서 어려운 기술적 문제에 도전하는 엔지니어들을 도와주었고, 소련의 항공과 방위산업에 넓게 사용되었다. 그러나 알트슐러가 쓴 책 중에서 한 권의 번역물(Creativity as an Exact Science, Gordon and Breach, New York)*이 1984년에 출판되기까지는 트리즈가 서방에 전혀 알려지지 않았다. 이 책은 트리즈에 대한 몇몇 열성가들을 만들었지만, 잘못된 번역이 그 충격을 약화시켰다.

1991년 인벤션머신(Invention Machine)사가 개발한 트리즈 기반 소프트웨어가 뉴욕에서 시현되었고, 시장에 출시되었다. 이 소프트웨어가 상당한 흥미를 끌었을지 모르지만, 이것은 실례를 들어 설명된 일련의 유사 문제들의 해결책만을 제시 하였고, 이 방법론 자체의 효과적인 적용을 위해서 필요한 사고과정을 밝히는데 실패하였다. 이 소프트웨어 사용자들은 전반적으로 트리즈 이면에 있는 사고과정에 친숙하지 못했기 때문에 이 방법론의 힘을 충분히 활용할 수 없었다.

1990년대를 지나면서, 구소련 출신 이민자들이 만든 작은 컨설팅 그룹들이 서방에 생기기 시작했다. 이 그룹 책임자들은 트리즈 개업을 경험하였다. 이러한 선구자들 대부분은 트리즈 창시자 알트슐러의 학생들과 협력자들이었다. 이 그룹들은 그들의 고객사를 위해 문제를 풀었고, 트리즈 원리를 고객들에게 가르쳤다. 이러한 노력의 결과로써, 미국과 해외에 있는 앞서가는 회사들이 트리즈 사용으로부터 큰 이들을 얻었다고 발표하기 시작했다. [예, Raskin. 2003].

이 책의 저자들은 1993년에 소련에서 채용된 트리즈 훈련 접근방법을 미국 청중들에게 맞도록 수정한 후에, 그리고 몇 번의 성공적인 대중 세미나를 실시한 후에, 디트로이트에 있는 웨인 주립대학교에서 트리즈에 대한 4학점 과정을 시작하였다. 학생들은 즉시 이 과정의 진가를 인정하였다. 이 과정 지도를 통해 경험이 쌓였다. 뿐만 아니라, 미국과 해외에 있는 기업 고객들을 위한 훈련과 컨설팅 과제로부터(저자들이 만든 The TRIZ Group을 통해) 지식도 쌓였다. 그래서 우리는 트리즈 원리에 대한 알기 쉬운 교재가 필요하다는 확신이 생겼다.

이 책은 최신 트리즈의 기본개념과 기법들을 담고 있다. 어떤 트리즈 주제를 포함시키는 유일한 기준은 그것이 트리즈 방법론의 성공적인 적용을 위해 필수적인지 어떤지 판단이었다. 모든 개념, 방법, 그리고 기법을 여러 기술 분야에서 수집한 실생활 사례로 설명하였다. 많은 사례들은 트리즈 도움으로 얻은 특허와 그 밖에 우리 자신의 발명에 기초를 두었다. 대부분의 장에 연습문제를 두었는데, 이것은 독자들에게 앞으로 설명한 내용의 이해도를 가다듬을 수 있는 기회를 줄 것이다.

오늘날 트리즈는 수 많은 문제분석도구와 개념창출도구를 포함하지만, 그것들 모두가 잘 정형화되어 있지 않다. 이 책에서 우리는 이상성 전략, 분리의 원리, 물질-장 분석, 표준, 아리즈(Ariz)들과 같이 잘 정형하

딘 도구를 주로 설명한다. 잘 정형화되어 있지 않지만 여전히 강력한 트리즈 도구인 시스템 연산자, 크기-시간-비용 방법, 그리고 "영리한 작은 사람" 방법 등은 다른 책에 설명되어 있다[예, Altshuller, 1994, 1999; Mann, 2002].

이 책은 기술 기반 회사에 있는 기술자와 과학자들의 주 업무인, 두 가지 기본활동에 역점을 두고 트리즈의 적용방법을 다루었다 ; (A) 기존 기술, 제품, 제조 공정의 개선("문제 해결"); (B) 차세대의 기술, 제품, 공저의 개발("기술 예측"). 트리즈는 이러한 두 개의 활동에 매우 유익한 것으로 증명되었다.

서방에서 트리즈의 확산을 인벤션머신 소프트웨어의 판매로 시작되었다. 이제 시장에는 트리즈를 컴퓨터로 처리하는 여러 개의 소프트웨어 제품들이 있다. 보통 이러한 제품들은 문제의 정형화 도구만이 아니라, 다양한 트리즈 기법과 물리효과라는 방대한 지식 데이터베이스를 포함하고 있다. 이러한 소프트웨어는 또한 다양한 공학영역으로부터 수집한 좋은 설계개념 라이브러리를 포함한다. 우리의 경험으로 볼 때 트리즈 훈련을 받고, 트리즈 원리와 사고과정을 깊게 이해하는 엔지니어는 이러한 소프트웨어로부터 도움을 받을 수 있다. 유한요소 분석(finite element analysis, FEA)을 위한 매우 강력한 소프트웨어 패키지는 매우 큰 여러 개의 응력/변형 문제들을 처리 할 수 있다. 그러나 fea 소프트웨어 사용자가 만든 분석문제의 모델에 따라서 겨로가가 맞을 수도, 틀릴 수도 있다. 그래서 적절한 FEA 결과를 얻기 위해서 재료의 강도가 좋아야 하거나, 탄성 이론이 알맞아야 한다. 캐드(CAD) 패키지에 관해서도 같은 말을 할 수 있다. 작업자에게 많은 길잡이를 주더라도, 기계(또는 전기) 설계에 대한 기초 지식이 없는, 교육을 받지 않은 사람이 좋은 설계도면을 그린다는 것은 상상하기 어렵다.

이 책은 여섯 개의 장과 다섯 개의 부록으로 구성되었다. 1장은 체계적인 혁신의 필요성을 소개한다. 2장은 경합하는 설계 요구조건 사이에 있는 갈등을 해결하기 위한 트리즈 도구를 설명한다. 이러한 도구들의 적용은 타협이 없는 설계 해결책을 가져온다. 3장은 기술 시스템에서 물리적 상호작용을 모델링하기 위해 사용되는 트리즈의 물질-장 접근방법을 소개한다. 4장은 트리즈의 가장 강력한 문제분석과 개념 개발 도구인 발명문제 해결 알고리듬(ARIZ, 아리즈)을 설명한다. 5장은 트리즈의 기초인, 기술 시스템의 발전 법칙을 설명한다. 6장은 발전 법칙에 기초해서 차세대 제품과 제조 공정의 안내된 개발을 위한 포괄적인 접근방법을 개략적으로 다룬다.

부록 1은 트리즈 창시자인 알트슐러의 간단한 일대기를 포함한다. 부록 2는 갈등 해결을 위한 다른 트리즈 접근방법을 간단히 다룬다. 부록 3은 3장에서 소개한 물질-장 모델링 접근방법을 상세히 다루고, 문제해결을 위한 76가지 표준과 이러한 표준을 사용하기 위한 트리즈의 적용을 간단히 살펴본다. 부록 5는 트리즈의 용어설명을 담고 있다.

현ㄷ애 트리즈의 깊은 이해를 위해서는 책 전체를 읽는 것이 바람직하다. 그러나 많은 교재에서처럼, 특별한 문제에 트리즈를 적용하는 데에 관심을 갖는 것보다 전반적인 가능성을 평가하는 데에 더 흥미가 있는 독자는 책의 일부를 선택적으로 읽어도 좋을 것이다. 트리즈의 문제해결 도구에 주로 흥미가 있는 독자들은 2~4장을 더 주의 깊게 읽어야 한다. 기술 혁신 경영과 차세대 기술 개발에 주로 흥미가 있는 독자들은 5장과 6장에서 도움을 받을 것이다.

저자 생각에 이 트리즈 교재는 완벽하지 않다. 그래서 우리는 독자가 제시하는 어떤 건설적인 의견과 비평에 대해 미리 감사한다.

01 소 개

기술은 인류만큼이나 오래 되었다. 크고 작은 수많은 혁신들이 세상을 바꾸었고, 문명사회의 미래를 만들어냈다. 이러한 혁신의 대부분은 우연히 이루어졌다. 그 창시자들은 새로운 아이디어를 찾기 위해서 체계적인 접근방법을 사용하지 않았다. 혁신에 이르는 불규칙한 과거의 접근방법에 의한 위대한 성취에도 불구하고(바퀴, 자동차, 라디오, 비행기, 컴퓨터, 항생물질 등), 이 접근방법은 오늘날의 격렬하게 경쟁하는 시장에서 서서히 효율이 떨어지고 있다. 이 장에서는 **불규칙 혁신**의 주요 결점, 그리고 그것을 왜 체계적인 혁신 방법으로 변경해야 하는지 그 필요성을 살펴본다.

1.1 제품개발 과정

"제품"이 기술, 장치 또는 생산 공정 중 어느 곳에서 든, 모든 새로운 제품은 새로운 개념에서 나온다. 제품을 얻기 위해서는 개념을 만들고, 평가한 다음, 그것을 개발해야 한다. 이러한 활동 흐름이 **제품개발 과정**(Product Development Process, PDP)이다(그림 1.1).

이 과정은 필요의 인식으로 시작한다. 그런 다음 설계자는 이 필요를 분명하게 정의된 문제 또는 일련의 문제로 변형해야 한다. 이 단계의 결과물은 여러 가지 제약조건 목록을 포함한 문제 진술문들이다(예를 들어, 성능 규격, 제조 한계, 경제적 조건, 법령의 제약 등).

다음 단계에서 문제에 대한 여러 가지 **개념 해결책**을 얻는다. 여기서 엔지니어링, 생산 그리고 문제의 상업적인 면을 동시에 고려한 매우 중요한 **의사결정**이 이루어진다.

이 과정의 다음 단계에서, 생성된 **개념**들을 여러 가지 표준에 대해서 평가하고, 표준 모형을 설계하기 위해서 가장 유망한 개념을 선택한다. 그런 다음 표준모형을 만들고, 시험한다. 이 과정에서 보통 개념 해결책에 대한 필요한 수정이 가해진다.

마지막으로 **상세설계** 단계에서 설계가 완전하게 개발되고, 모든 요소들의 치수와 구체적인 재료가 결정된다. 그 다음 상세 도면을 그린다.

현대의 공학 과학은 새로운 개념의 효과적인 평가와 공정 또는 제품 라인에 이러한 개념을 성공적으로 전개하기 위해서 수많은 강력한 분석방법들과 소프트웨어 도구들이 있는 병기고를 갖고 있다. 이 병기고는 1세기의 역사를 갖고 점차 진화하였다.

과거에는 매력적인 아이디어를 시도해보는 것 외에 그것을 시험해볼 다른 방법이 없었다. 거의 모든 기본적인 화학 원소들은 연금술사에 의한 막대한 맹목적인 시험을 통해 얻어졌다. 에디슨조차 백열전구를 설계하면서 만족스러운 필라멘트를 얻기 위해서 수많은 종류의 재료로 6,000번 이상의 실험을 수행해야 했다.

과학과 기술이 발전하면서 우리는 실행 가능한 것과 그렇지 않은 것 사이에 경계를 잘 이해할 수 있게 되었다. 오늘날 우리는 많은 제품, 공정 그리고 그들의 환경을 합리적으로 잘 모의 실험할 수 있다. 오늘날 화학 산업은 매년 시장에 수많은 새로운 화학물질을 내놓는다. 이것은 제안된 조성에 대한 합리적인 분석과, 합성을 위한 잘 발달된 이론적 방법들이 없다면 불가능할 것이다. 문제를 다루면서 엔지니어는 기본 교육, 자신의 경험과 전임자의 경험으로부터, 특허와 기술 문헌으로부터 얻은 지식을 사용함으로써, 또한 컴퓨터 도움 설계(CAD), 컴퓨터 도움 제조(CAM), 유한요소 분석(FEA), 계산유체 역학(CFD)과 같은 컴퓨터 도움 시스

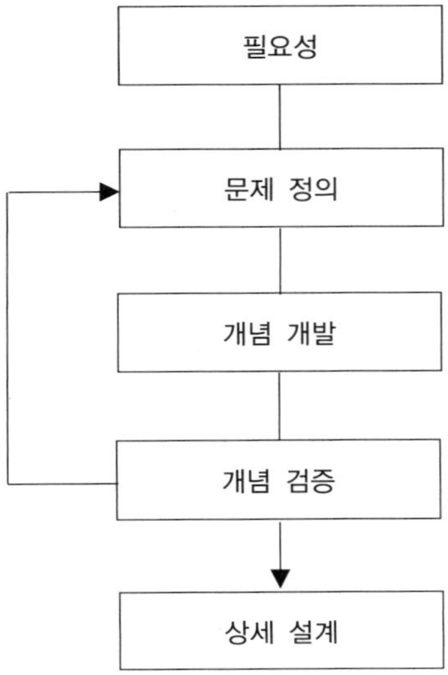

그림 1.1 전형적인 제품개발 과정 단계

템, 그리고 제품개발 과정을 실질적으로 돕는 다른 도구들을 사용함으로써 약한 개념들을 제거할 수 있다.

1.2 제품개발 과정(PDP)에서의 장애물

제품개발 과정 중에서 종종 가장 이해와 판단을 잘못하여 관리되는 단계는 초기 두 단계인 **필요성의 확인**과 **개념 개발** 단계이다.

1.2.1 첫 번째 장애물 : 기술 전략

첫 번째 단계는 시장조사, 기술전략을 정의하는 과정과 함께, 필요성의 확인이다. 여기서 핵심 질문은 다음과 같아야 한다 : "가능한 또는 인식된 시장 요구를 충족시키기 위해서 다음의 성공가능한 기술은 무엇인가?" 이 질문에 답하기 위해서 기술진화의 경향을 잘 이해할 필요가 있다.

오늘날의 격렬한 경쟁시장에서 제조회사들은 제품과 기술혁신에 대한 시장의 수요에 그들의 미래를 걸어야 한다. 1990년도에 U.S. 강철은 미국 강철 산업에 선두주자였고, 전통적인 열 압연 기술에 투자해야 할지, 아니면 새로운 소형 가늘고 긴 조각 생산(CSP) 기술에 투자해야 할지 선택을 해야 했다. U.S. 강철은 잘 확립된 열 압연 기술을 더욱 개선하기로 결정하였다. 그들의 경쟁자, 뉴코 강철(Nucor Steel)은 CSP 개발에 투자하였다. 오늘날 뉴코 강철은 미국 강철 생산업체의 선두주자이지만, 전에 무서운 경쟁자였던 US 강철은 시장에서 크게 뒤처지게 되었다[Cusumano & Markides, 2001].

필름 기반의 사진 장비 회사인 두 거인, 코닥과 폴라로이드는 디지털 영상기술의 출현을 인식하지 못했다. 그들은 각각 디지털 기술을 적용해서 제품을 개척한 경쟁자들로부터 치명적인 타격을 받았다[Leifer et al., 2000].

전자 복사기의 창시자인 칼슨(Chester Carlson)은 수십 군데 회사들에게 자신의 특허를 제시하였다. 그들 모두는 칼슨을 무시하였고, 그래서 20세기의 가장 성공적인 비즈니스 기회 중의 하나를 놓쳤다.

1992년도에 팜 파일럿(Palm Pilot)에 대한 표준모형을 개발한 팜(Palm. Inc.)사는 생산을 개시하였다. 이 그럴듯한 장치는 그러나 실리콘 벨리에서 벤처 자본가들을 자극하지 못했다. 그들은 이것을 단지 또 다른 하나의 개인용 디지털 보조도구로 보았고(휴렛팩커드의 Psion, 애플의 Newton, 그리고 윈도우즈 CE PCs와 비슷하게), 그것을 시장으로 가져올 자금 투자를 거절하였다[Penzias, 1997]. 스스로 돈을 모을 수 없었던 팜은 1995년도에 U.S. 로보틱스(Robotics)사의 자회사가 되었다. 그 후에 곧바로 팜 파일럿은 크게 성공하였다. 오늘날 팜은 다시 독립하였고, 최신식 손에 쥐는 컴퓨터와 인상적인 액세서리 세트를 제공하는 성장하는 회사가 되었다.

보다 혁신적인 라이벌에 대해서 경쟁 위치를 잃은 회사들 목록을 우리는 쉽게 추가할 수 있는 것처럼, 최초에 경영 또는 금융계의 지원을 받지 못한 성공적인,

"성공" 제품과 기술 목록 또한 마찬가지다.

많은 비즈니스 출판물과 컨설턴트들은 출시된 혁신제품의 시장 생존능력을 평가하기 위한 가장 믿을 수 있는 방법으로써 시장조사를 찬미한다. 다양한 시장 조사 기법들이 종종 점진적인 개선에 대해서는 매우 유용한 것으로 증명된 반면, 그것들이 종종 획기적인 혁신을 평가하는 데 사용될 때 종종 판단을 그르치게 한다.

1960년대 말에 코닝(Corning)사는 데이터 손실이 적은 유망한 광섬유 기술에 흥미를 갖게 되었다. 회사는 분명한 잠재 고객인 AT&T에게 이 기술의 전망에 대해서 자문을 구하였다. AT&T는 광섬유에 대한 분명한 수요는 21세기 초나 되어야 생길 것이라고 어림짐작하였다. 그러나 코닝은 훨씬 낙관적이었고, 기술 개발을 착수하였다. 코닝은 1980년대 초에 MCI와 함께 이 기술에 대해 주요 상업적 성공을 거두었다[Lynn, 1997].

최고의 전문가조차 기술의 미래를 예측할 수 없었던 사례로써 다음과 같은 문구가 자주 인용된다.

> **"공기보다 무거운, 나르는 기계는 불가능하다."**
>
> – 영국 학술원 회장, 켈빈 경(Lord Kelvin), 1885.
>
> **"발명할 수 있는 모든 것은 발명되었다."**
>
> – 미국 특허청장, 찰스 듀얼(Charles H. Duell), 1899.
>
> **"세상에 배우가 말하는 것을 누가 듣기를 원하겠어?"**
>
> – 워너 브러더스(Warner Brothers) 영화사, 해리 워너(Harry Warner), 1927.
>
> **"세계 시장에 아마도 다섯 대의 컴퓨터는 있을 것이다."**
>
> – IBM 회장, 토마스 왓슨(Thomas Watson), 1943.

최근의 사례도 있다: 빌 게이트는 인터넷의 부상을 예측할 수 없었다.

때늦은 지혜는 항상 반반이지만, 우리가 추구하는 제품과 기술이 시장의 요구에 맞는지 어떻게 확신할 수 있는가? 우리는 최선의 해결책을 어떻게 선택할 수 있는가? 우리가 가장 유망한 개념을 선택할 수 있는 기준은 무엇인가? 전통적인 접근 방법들은 차세대의 성공 제품과 기술을 확인하기 위해서 이러한 질문에 믿을만한 답을 줄 수 없다. 이러한 질문에 대한 트리즈 관점을 5장과 6장에서 다룬다.

1.2.2 두 번째 장애물 : 개념 개발

오늘날뿐만 아니라 수세기 동안에 공학에서(인간 활동의 다른 분야에서도 마찬가지로) 기발한 아이디어들은 주로 **시행착오** 방법으로 나왔다. 이 방법의 핵심은 문제 해결을 위한 다양한 아이디어들의 지속적인 생성이다. 아이디어 생성에 대한 규칙이 없고, 그 과정은 종종 확률적이다. 만약 아이디어가 약하면, 그것을 버리고 새로운 아디이어가 제안된다. 아이디어의 흐름을 제어할 수 없고, 시도(시행)는 해결책을 찾을 때까지 수없이 반복된다.

겉으로는 불규칙하지만, 대부분의 시도들은 일반적인 속성을 갖는다 : 시도들은 소위 심리적 관성 벡터 방향을 향한다. 이 관성 방향은 우리의 문화와 교육 배경, 이전의 경험과 "상식"에 의해 정해진다. 대개, 믿을 수 없게도 재미없는 질문인 **"어떻게?"**(예를 들어, "이 문제를 어떻게 해결하지?")가 심리적인 관성을 일으킨다. "어떻게"는 문제 해결사에게 전통적인 접근방법으로 주의를 끌게 하고, 상상력을 줄인다. 그리고 이 심리적 관성이 최선의 해결책에 이르는 트랙 상에 있는 주요 장애물이다. 사실, 최선의 해결책은 종종 다른 곳, 우리의 상식이 소용없다고 생각하는 영역에 있다.

▌사례 1.1

심리적인 관성과 관련된 고전적인 사례로 "로켓 과학자" 사례가 있다. 로켓 과학자는 아마도 모든 엔지니어 중에서 교육을 가장 많아 받고, 세련되며, 창의적일 것이다. 1970년대 달 탐험 시대에 미국과 소련은 격렬히 경쟁하고 있었다. 달에 우주인을 착륙시킨 아폴로와 같은 프로젝트의 비용에 견딜 수 없었던 소련은 무인 달 탐사선을 발사하여 어두운 달 표면 뒤쪽에 자동 로켓본체를 보내기로 하였다. 이 로켓의 임무는 지구에서 아직 보지 못했던 TV 영상 사진들을 전송하는 것이었다. 백열전구가 가장 좋은 광원으로 밝혀졌지만, 기존의 전구는 달 표면의 착륙 충격에 견딜 수 없었다. 군사용 탱크에 사용하는 가장 내구성이 좋은 전구조차도 시험 중에 유리와 소켓 사이의 연결부위에서 깨졌다.

핵심 노력으로 **어떻게** 전구를 강화할 것이지를 검토하기 시작했다. 달 착륙 프로

그림 1.2 없는 유리는 깨질 수 없다.

젝트 총괄 이사에게 상황이 보고되었다. 그의 첫 번째 의문은 다음과 같았다 : "전구의 목적은 무엇인가?" 그 답은 분명했다 – 그것은 필라멘트 주위에 진공을 만드는 것이다. 그러나 달 전체가 완벽한 진공이다! 단순한 의문이 문제를 해결하였다 – 유리 전구는 필요하지 않았다(그림 1.2).

▌사례 1.2

경험이 많은 자동차 설계 팀이 새로운 트럭을 위한 배기 시스템을 개발하고 있었다. 설계명세서는 여러 가지 성능과 경제적 기준을 담고 있었고, 가장 중요한 기준은 소음 수준, 역 압력(엔진 효율에 영향을 줌), 그리고 비용이었다. 이러한 모든 특성들이 소음기의 특별한 설계에 주로 영향을 주었다. 목표 기준치를 모두 충족할, 상업적으로 이용 가능한 소음기는 없었다. 그래서 몇 달 동안 설계 팀은 적당한 소음기 설계를 찾으면서 해결책 공간을 따라 브레인스토밍 하였다.

표 1.1 소음기 대체품들

소음기 종류	비용($)	수음 수준(dB)	역 압력(psi)
A	60	79	7.65
B	90	79	7.40
C	60	82	7.40
목표	60	79	7.40

소음기 설계를 개선하는 방법에 대해서 여러 가지 해결책이 제안되었지만, 어느 것도 목표를 제시하지 못했다. 설계명세서와 가장 가까운 파라미터를 제시하는 세 가지 대체 소음기 설계가 확인되었다(표 1.1). 가장 비싼 소음기 B가 받아드릴 수 있는 기술 성능을 갖고 있었지만, 비용이 한계 수익점을 크게 초과하였다. 새로운 트럭을 시장에 내놓아야 했기 때문에 마지못해서 예산을 초과하는 소음기 B가 승인되었다. 이 시기에 웨인 주립대학교에서 트리즈 수업을 받고 있던 두 명의 젊은 여학생들이 예기치 않게 구원투수로 나타났다. 트리즈 방법에 의한 상황 분석이 그들로 하여금 무엇을 얻어야 하는지 의문을 갖게 했다. 기존의 소음법규는 시스템 성분(소음기)이 아니라, 인도에 있는 사람에게 가해지는 소음 노출을 중점 문제로 다루고 있었다(그림 1.3a). 따라서 이 여학생들은 소음기 C를 채택하고, 그 대신 소음수준 규격을 맞추기 위해서 배기 시스템 일부를 개선할 것을 제안하였다. 해결책은 매우 간단하였고, 우아하였다.

원래의 배기 시스템은 원칙적으로 마이크 쪽을 향하고 있는 직선 꼬리 관을 갖추고 있는 반면, 여학생들은 관 끝을 아래쪽으로 구부렸다(그림 1.3b). 이제 배기 시스템이 일으키는 소리가 인도에 있는 사람들(측정 마이크)에게 영향을 주지 않고, 지면으로 굽어 흐른다.

실험 결과, 이 해결책은 모든 요구기준을 충족시켰고, 이것은 즉시 실행되었다.

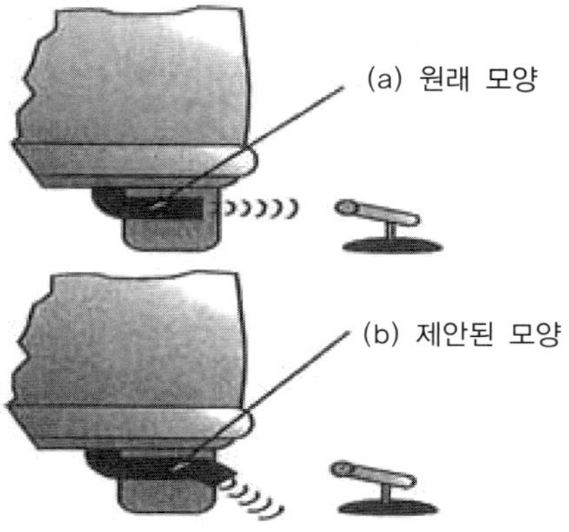

그림 1.3 배기 시스템 개선

이 두 사례에서 그와 같이 간단한 해결책을 놓칠 뻔했다는 사실, 바로 이곳이 심리적 관성이 방해하는 힘을 설명한다.

어려운 문제에 대한 해결책을 탐색할 때, 시행착오 방법은 소중한 시간을 낭비하는 결과를 가져온다. 이 마구잡이식 접근으로 생기는 대가는 경쟁력의 손실, 인력과 재정자원의 낭비와 연관이 있다. 그것뿐만 아니라 불규칙한 개념의 생성과 선택은 한 문제를 해결하면서 얻은 경험을 다른 문제의 해결에 활용하는데 도움이 되지 못한다.

따라서 개념 생성 과정을 개선해야 할 필요성이 생겼다(창의성 향상을 위한 일부 이전 트리즈 방법들은 부록 2에서 설명하였다).

1.3 트리즈

알트슐러(Altshuller와 Shapiro, 1956; Altshuller, 1994, 1999)가 개발한 **발명 문제 해결이론(트리즈)**은 기술 진화가 외견상으로 우연한 단계들로 구성되어 있는 것처럼 보이지만, 결국은 기술 진화는 반복되는 유형을 따른다고 언급하고 있다. 이러한 유형은 체계적인 기술개발에 적용될 수 있다. 즉 이것은 제품 설계와 생산 문제를 해결하고, 차세대의 기술과 제품을 개발하기 위해서 활용될 수 있다.

트리즈는 실제 장치, 기계, 공정을 다루지 않고, 그것들의 모델을 다룬다. 트리즈 개념과 도구들은 특별한 대상과 연결되어 있지 않다. 그러므로 그 특성에 관계없이 임의의 기술 분석과 합성에 적용될 수 있다. 트리즈는 역시 모든 제품, 제조 공정 그리고 기술을 기술 시스템으로 다룬다(2장에서 자세히 다룬다).

트리즈의 대 전제는 **기술 시스템의 진화가 불규칙한 게 아니라 어떤 법칙을 따른다**는 것이다.

이러한 법칙의 지식은 다음 단계에 어떤 기술 진화가 일어날지를 예측할 수 있

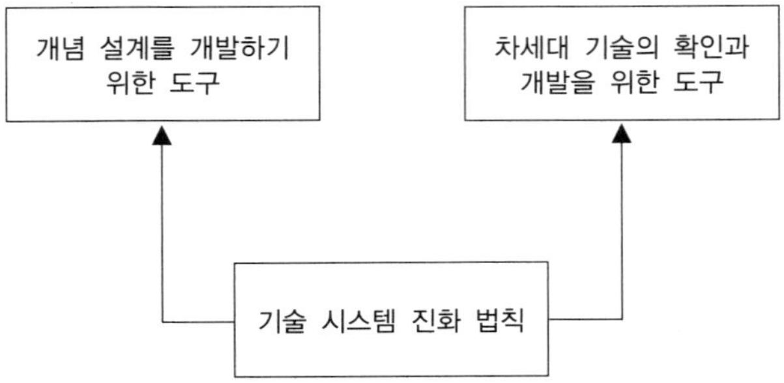

그림 1.4 트리즈의 구조

게 해준다. 이것은 또한 불규칙하게 해결책을 탐색하면서 시간과 자원을 낭비하지 않고, 보다 빠르게 보다 좋은 시스템을 설계하도록 돕는다.

우리는 기술 시스템의 진화 법칙과 역학 법칙의 유사성을 끌어낼 수 있다. 만약 움직이는 물체의 위치가 임의의 시간에 알려져 있다면, 우리는 해당하는 운동 방정식을 풀음으로써 그 미래의 위치를 찾을 수 있다. 진화 법칙은 진화 공간에서 시스템의 "일생 곡선"으로 나타나는 일종의 "유연한 방정식"과 같은 역할을 한다. 만약 현재 시스템 구성이 주어져 있다면, 우리는 미래의 구성을 믿을 수 있게 "계산"(예측)할 수 있다.

발명문제 해결이론이라는 이름은 알트슐러가 처음에 트리즈를 개발했을 때의 의도를 반영하고 있다. 그는 어려운 공학문제를 풀기 위해서 불확실한 시행착오 과정을 체계적인 접근법으로 대체하고 싶었다. 그러나 연구의 논리는 그로 하여금 당면한 문제 해결의 요구를 뛰어넘어, 장래의 도전을 예측하고 종종 그것을 해결해 줄 수 있는 방법론을 개발하도록 안내하였다.

오늘날 트리즈는 기술진화 이론이면서, 새로운 기술 시스템의 효과적인 개발을 위한 방법론이다. 트리즈는 기술 시스템의 진화 법칙에 근거한 두 가지 중요한 하위시스템을 갖고 있다 : 시스템 개념 설계를 개발하기 위한 방법들과, 차세대 기술의 확인과 개발을 위한 도구들(그림 1.4).

진화법칙이 트리즈 기초를 구성하기 때문에 논리적으로 다음 장은 진화 법칙을 설명해야 한다. 그러나 교육적인 관점에서 트리즈의 개념 개발 도구들을 먼저 소개하는 것이 유익하다. 이러한 딜레마를 해결하기 위해서 진화 법칙의 소개를 두 부분으로 나누었다. 이 장에서는 진화 법칙들을 간단히 요약해서, 독자가 문제 분석과 개념개발 도구(2~4장)를 배우는 동안에 그것들을 참조할 수 있도록 하였다. 진화 법칙과 그것들의 활용에 대한 상세한 논의는 5장과 6장에서 있을 것이다.

1.3.1 진화 법칙의 요약

다음과 같은 진화 법칙이 지금까지 정형화되었다.

- 이상성 증가의 법칙
- 하위시스템의 불균일 진화의 법칙
- 상위시스템으로 전이의 법칙
- 동적특성(유연성) 증가의 법칙
- 미시수준으로 전이의 법칙
- 완전성의 법칙
- 에너지 전달경로를 짧게 하는 법칙
- 물질-장 상호작용의 증가의 법칙
- 리듬조화의 법칙

이상성 증가의 법칙은 기술 시스템이 이상성이 증가하는 방향으로 진화하는 것을 말한다. 이상성은 본질적으로 이득 대 비용의 비율이다. 여러 제품(예를 들어 핸드폰, 컴퓨터 등)의 성능은 끝없이 증가하지만, 그들의 가격은 떨어진다. 보다 높은 이상성을 갖는 시스템은 시장의 오랜 선택 과정에서 생존할 수 있는, 즉 시장을 주도하는 기회가 훨씬 많다.

하위시스템의 불균일 진화의 법칙은 시스템의 여러 부분들이 불균일한 속도로 진화한다는 것을 말한다. 이것이 시스템 갈등을 일으키고, 혁신을 위한 기회를 제공한다. 전통적인 수단으로 시스템을 개선할 때, 시스템의 한 특성은 보통 다른 특성을 악화시키는 대가로 개선된다(예를 들어, 차에 보다 강력한 엔진을 장착함으로써 차의 동적 특성을 향상시키면, 그 대가로 차의 연료 소비가 증가한다). 이러한 상황을 시스템 갈등이라 한다. 전통적인 설계 철학은 비용이 가장 적은 타협을 찾도록 설계사를 몰아가지만, 알트슐러는 시스템 갈등을 극복하는, 즉 두 개의 갈등 요구조건을 만족시키는 다양한 방법을 발견하였다.

기술 시스템은 단일 시스템에서 이중 시스템 또는 다중 시스템 방향으로 진화한다(상위시스템으로의 전이 법칙). 시스템은 보통 단일 기능을 수행하도록 설계된 단일 시스템으로 시작해서, 점차 보다 복잡한 기능을 수행할 수 있는 능력을 얻는다. 예를 들어 연필(단일 시스템) → 지우개 달린 연필(이중 시스템) → 여러 경도, 여러 색깔을 갖는 연필(다중 시스템). 결과적으로 이중, 다중 시스템은 보다 복잡한 기능을 수행하는 높은 수준의 단일 시스템으로 통합된다.

동적특성(유연성)의 증가의 법칙에 따르면, 고정된 구조는 유연하고 적응력 있는 구조로 진화한다. 새로운 시스템은 보통 특별한 환경에서 작동하도록 만들어진다. 그러한 시스템은 주 설계 개념의 실행 가능성을 보여주지만, 그 응용과 성능 요소가 제한을 받는다. 진화 과정에서 시스템은 변화하는 환경에 보다 잘 적응할 수 있게 된다.

거시수준에서 미시수준으로 전이의 법칙은 **기술 시스템이 성분 요소의 분할도가 증가하는 방향으로 진화하는 것**을 말한다. 다른 말로하면, 축, 바퀴, 베어링과 그밖에 "거시" 성분들이 점차 분자, 이온 등으로 대체된다. 그러면, 그것을 다양한 에너지장으로 제어할 수 있다. 절삭 도구의 진화가 그러한 전이의 예이다: 금속 절단기에서 전자기 가공, 레이저 절단기로 전이.

완전성의 법칙은 독립적인 기술 시스템은 작동기관, 전달장치, 엔진 그리고 제어기관 등 네 개의 주요 부분을 갖는다는 것을 말한다. 기술 시스템의 발전 초기 단계에서 사람이 종종 이러한 부분의 일부 일을 수행한다. 시스템이 진화함에 따라. "인간 요소"는 점차 제거된다. "사진 카메라"라는 시스템에서 제어 대상은 빛이고, 작동기관은 렌즈이고, 전달장치는 초점 조절 장치이다. 수동 카메라에서는 사용자의 손이 엔진과 제어기관으로 일을 한다. 자동카메라는 전기 모터를 사용하고 마이크로프로세서가 초점을 조절한다.

기술 시스템은 에너지원과 작동기관 사이의 거리를 줄이는 방향으로 진화한다(에너

지 전달경로를 짧게 하는 법칙). 이 법칙에 의해서 여러 에너지 형태(예를 들어, 열에서 기계) 또는 에너지 요소(예를 들어, 기계 리듀서, 전기 변압기) 사이의 에너지 변환 단계가 줄어든다. 정보의 전달 역시 이 경향을 따른다.

이름이 암시하는 것처럼, **제어능력 증가의 법칙**은 **시스템 요소들 사이에 제어되는 상호작용의 진화**를 담당한다.

리듬조화의 법칙은 효과적인 기술 시스템이 존재하기 위해서는 그 부분들의 작용 주기(또는 자연 진동수)가 동기화되어야 한다는 것을 말한다. 생존 능력이 가장 큰 시스템은 그 부분들의 작용이 서로를 지원하고, 서로 동시에 작동될 때 그들 주 부분들이 동기화되는 특징이 있다. 이것은 제조 순서의 주 부품들 사이에 "저스트 인타임" 상호작용이 가장 효과적인 작업을 가져오는 생산 시스템과 매우 유사하다. 이 동기화 원리가 위반된다면, 시스템 요소들이 서로를 방해하고, 그 성능 수행에 어려움을 겪을 것이다.

1.4 요약

오늘날 시장은 고객에게 분명한 가치를 제공하는 독특한 혁신을 요구한다. 회사들은 적은 자원, 낮은 비용, 고 품질, 짧은 설계 주기로 그러한 도전에 대응해야 한다. 이와 같은 비전통적인 요구 조건에 대해서 전통적인 접근방법으로는 일을 할 수 없을 것이다. 제품과 공정의 체계적인 혁신은 세력 경쟁을 위해서 절대적으로 필요하다. 그러한 혁신은 그 세대에 대한 접근방법이 동등하게 비전통적일 때만이 가능하다. 트리즈가 그러한 접근방법이다. 트리즈는 심리적인 요인에 의존하지 않는다. 트리즈는 반복할 수 있는, 그러므로 예측할 수 있는 모든 기술 시스템의 진화 유형(기술 시스템의 진화 법칙)에 기초를 두고 있다. 이러한 유형이 엔지니어를 도와 복잡한 제품 설계와 생산 문제를 효과적이고 경제적으로 해결할 수 있게 해줄 것이다.

Chapter 02

시스템 갈등의 해결

문제 해결은 개념 개발이 핵심이다. 문제 해결은 보통 전통적인 방식을 사용해서 해결책을 찾는 시도로 시작된다. 그러나 자주 그러한 접근방법이 먹히지 않는다. 예를 들어 우리가 차의 승차감을 향상시키고자 한다고 가정해 보자. 이 목표를 달성하기 위해서 알려진 가장 단순한 방법 중 하나는 좌석을 크게 하는 것이다. 이것은 무게와 크기의 증가를 가져오고, 결과적으로 연료 소비가 증가한다. 그래서 차의 한 부분에서 얻은 이득이 다른 부분에서 생기는 불이익 때문에 사라진다.

공학 설계 문제는 하나의 제약을 충족시키려는 시도가 다른 대처하기 어려운 제약을 만들 때 어려워진다. 설계사들은 보통 "두 세계를 전부 만족"시킬 수는 없다는 것을 안다. 그래서 그들은 절충을 피할 수 없는 것으로 간주한다.

다양하고 유망한 선택으로부터 최선의 절충을 구별하는 범용적인 접근방법은 없다. 절충을 연구하면서 많은 노력을 하지만, 엔지니어는 선택된 절충이 가능한 최선이고, 전체 설계영역을 검토했다고 주장할 수는 없다. 일반적으로 많은 제품과 공정은 최적 성능보다 못하게 설계된다.

또 다른, 더욱 근본적인 염려는 바로 절충의 성질이다. 절충이란 반대 요구조건의 불완전한 수행이다. 다른 말로 하면, 절충은 본질적으로 차선의 설계이다.

이 장에서는 절충이 없는, 즉 혁신적인 설계를 가능하게 하는 트리즈 개념과 기법을 설명할 것이다.

2.1 기술 시스템

생물, 사회, 기술 등 모든 실체를 시스템으로 볼 수 있다. 이것은 모든 분해 단계에서 실체는 상호작용하는 부분들로 구성되어 있고, 현대 과학지식 영역으로 결정할 수 있는 한계인 "기본입자" 수준에 도달할 때까지 계속해서 그러한 부분들 각각은 더욱 작은 부분들로 구성되어 있다는 의미이다.

모든 기술 시스템(연필, 책, 음료수, 차량, 우주 정거장, 또는 조립 라인 등)은 기능을 수행하도록 설계되어 만들어졌다.

기술 시스템은 계층구조로 조직되어 있다. 계층구조에서 어느 시스템이든 종속 하위시스템을 포함하고 있고, 그 스스로는 상위시스템의 성분역할을 한다(예를 들어 그림 2.1에서 시스템 2.1에 있는 하위시스템 3.1과 3.2). 예를 들어 마이크로프로세서는 "머더보드"의 하위시스템이고, 이것은 "컴퓨터"라는 상위시스템의 일부분이고, 계속해서 이것은 "컴퓨터 네트워크" 시스템의 한 부분이다. 한편, 마이크로프로세서는 여러 가지 다른 재료 층으로 구성되어 있고, 그 전기적, 기계적 특성은 그들의 설계 또는 분자구조에 의해서 정해지며, 계속해서 그것은 구성원자의 특성에 의해서 정해진다. 각 시스템의 특성은 상위시스템과 하위시스템의 특성에 의

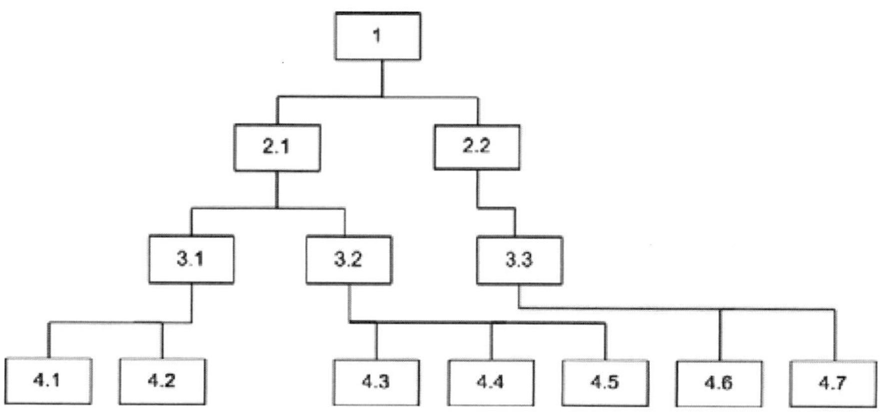

그림 2.1 전형적인 계층구조(다층 수준) 시스템

해서 영향을 받는다.

하나의 시스템은 이 시스템에 대해서 갈등 요구조건을 부가하는 여러 상위시스템에 속할 수 있다. 예를 들어 시계는 최소한 세 개의 영역에 존재한다 – 기술(시간 기록), 사회(소유자의 지위를 나타냄), 그리고 인간의 생리현상 영역. 마지막 영역에 대해서 보면, 시계는 신체해부학과 신체 작용들과 조화로워야 한다. 일부 사람들은 금속 알레르기가 있다. 금이 그들의 피부에 닿으면 습진과 같은 알레르기 반응을 일으킨다. 이 불쾌한 반응은 고급시계 설계자들에게 도전이 된다.

많은 시스템은 그 구성 요소들이 완전하게 독립적이거나 느슨하게 연결된 원시 시스템("많은 집단")으로 시작한다. "집단"에서 어느 요소의 제거는 다른 요소나 전체 구조에 영향이 거의 없다. 이들 요소 사이에 기능 연결이 발전하기 시작할 때 기술 시스템이 출현한다. 원시 시스템에서 시스템으로 전이하는 것은 기술 진화의 주요 벡터 중에 하나이다(그림 2.2).

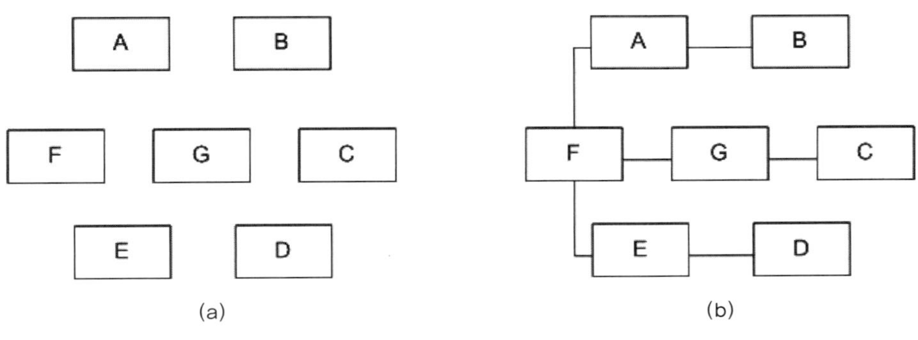

그림 2.2 "집단"(a)에서 시스템(b)으로 전이

▌사례 2.1

전통적인 부엌에서 가전제품들(난로, 전자레인지, 냉장고, 식기세척기 등)은 독립적이다. 현재 많은 가전제품과 통신 회사들이 공격적으로 개발하고 있는 "스마트 부엌"에서 이러한 가전제품들은 가정용 컴퓨터 네트워크로 연결되어 있다.

네트워크는 사용자에게 음식 재고의 모니터, 식료품 온라인 구매 등 다양한 기능을 제공한다. 게다가 스마트 부엌은 주방용품이 아닌 컴퓨터, TV, 전화, 에어컨, 온수기 등과 같은 가전제품과 연결되고, 인터넷을 통해 날씨와 도로 조건에 대한 정보를 얻거나 메시지를 보내는데 사용될 수 있다. 네트워크가 가능한 일부 부엌용 가전제품들이 이미 시장에 소개되었다.

▌사례 2.2

개별 요소 사이에 상호작용이 증가하는 방향으로의 전이가 유사하게 운송 영역에서 일어나고 있다. 도로 교통을 더욱 안전하고 효율적으로 만들기 위해서, 일본 국제무역 산업성(MITI)은 차량 사이의 통신을 활용한 소위 "협력 운전"을 개발하였다. 차량 사이의 통신 시스템은 움직이는 차량 사이의 거리와 각각의 속도를 적외선과 초음파 감지기를 사용해서 측정한다. 탑재된 컴퓨터가 이 데이터를 사용해서 운전자에게 다른 도로에 이를 수 있는 가장 빠른 시간을 알려준다. 또한 앞에 있는 차량이 갑자기 멈추는 경우에 컴퓨터가 차량을 빠르게 멈춰 세운다. 차량 간 통신 시스템에 대한 예비 실험은 큰 유용성을 입증해 주었다[Tsugawa, 2000].

시스템은 그 구성 요소의 단순한 합계와는 다른, 어떤 특성을 갖고 있다(만약 그렇지 않으면, 시스템의 목적이 없을지 모른다). 철학자들은 오래 전에 이것을 알았다 : 아리스토텔레스는 전체는 부분의 합보다 크다고 말했다. 그러므로 분리된 요소와 대비해서 시스템의 주요 이점이 시스템 효과이다. 시스템 효과의 출현은 설계가 올바른지에 대한 믿을 수 있는 기준이다. 예를 들어 능동 현가장치가 장착된 차를 생각해 보자. 그러한 차는 승객들에게 더욱 안락한 승차감을 줄 뿐 아니라(이것이 능동 현가장치를 추가한 초기 이유이다), 도로의 융기부분과 웅덩이에서 속도를 낮출 필요가 없기 때문에 매우 높은 유효 속도를 낼 수 있다.

약간의 경우에 시스템은 그 부분과 정확히 반대인 특성을 보여준다. 진 토닉 칵테일의 성분은 진(보통 독하고, 똑 쏘는 알코올 맛), 토닉워터(쓴 퀴닌 용액), 라임(매우 신 맛, 산성 레몬보다 훨씬 강함), 그리고 얼음이다. 이러한 매우 매력적이지 못한 요소들의 조합이 많은 사람들에게 즐거움과 맛을 주는 칵테일이다. 이것은 청량음료이면서 동시에 상대적으로 독한 알코올음료이다.

2.2 기능

기술 시스템은 기능을 수행하기 위해서 존재한다. 고객이 시스템(즉, 제품과 공정)을 살 때, 그들은 본질적으로 그 시스템이 수행하는 기능에 대해서 지불한다.

기능은 두 가지 요소를 포함한다. 이러한 성분 중에 하나인 대상은 제어되어야 한다; 옮겨지고, 무게가 더해지고, 자화되고, 나뉘고, 페인트칠해지고, 검출되고, 측정되는 등. 대상은 보통 스스로를 제어할 수 없기 때문에, 필요한 작용을 수행하는 도구를 필요로 한다. 기능 서술에는 도구와 대상(작용을 받는 것)이 일으키는 작용이 포함된다(그림 2.3). 대상과 도구를 서술하기 위해서 명사가 사용되고, 작용을 서술하기 위해서 동사가 사용된다. 예를 들어 “의자가 몸을 지지한다”, 또는 “컵이 물을 담는다”, 또는 “밸브가 흐름을 막는다” 등이 있다.

다음과 같은 정의가 기능 서술에 사용된다.

- 기능은 대상에 대한 도구의 의도된 직접적인 물리적 작용이다.
- 대상은 제어되는 성분이다.
- 도구는 대상의 물리적 파라미터(거동)를 직접적으로 제어하는 성분이다.

이러한 정의에 따라서, 망치로 못을 박는 과정에서 망치 전체가 아니라 망치의 머리가 도구이다(왜냐하면 망치 머리가 대상인 못에 직접적으로 영향을 주기 때문이다).

“도구－대상” 쌍에서 도구가 다른 쌍에서 대상이 되거나, 대상이 도구가 될 수

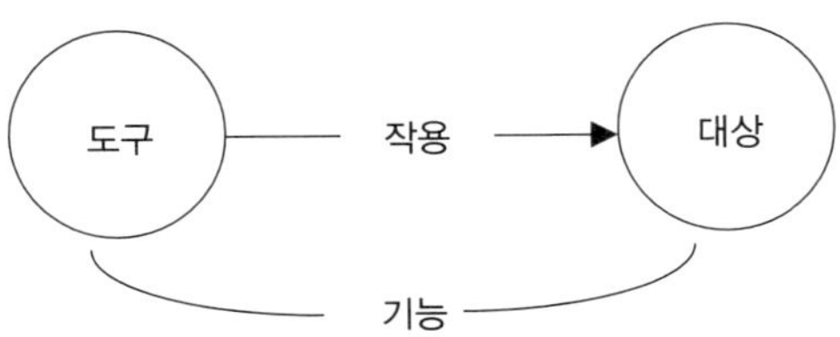

그림 2.3 기능 모델

있다(그림 2.4).

때로는 기능에 대한 서술이 직관과 반대로 들릴 수 있다. 예를 들어 통상 우리는 배 프로펠러의 기능이 배를 움직이는 것이라고 가정한다. 그러나 이것은 기능 정의를 위반했기 때문에 정확한 정형화가 아니다. 배에 대한 프로펠러의 직접적인 물리적 작용은 없다. 프로펠러 날개가 물을 움직인다(밀친다). 이것이 배를 움직이게 한다. 그래서 프로펠러의 기능은 물을 움직이는 것이다.

기능을 정의할 때 또 다른 일반적인 실수는 비-물리적인 용어를 사용하는 것이다. 그러한 것들은 보통 기술적 파리미터(예를 들어, 온도, 압력, 생산성 등), 소비자 관련 특성치(예를 들어, 품질, 신뢰성, 접근성 등), 그리고 현상(예를 들어, 마찰 등)이다. “에어컨이 거주자의 안락감을 개선한다”는 표현은 트리즈를 실행할 때 올바르지 못한 기능 정형화이다. 개선된 안락감은 에어컨이 공기를 냉각한 결과이다. 표 2.1은 트리즈와 관련해서 올바른 기능의 정형화와 올바르지 못한 기능의 정형화 예들이다.

다양한 도구들이 같은 작용을 일으키는데 사용될 수 있다. 예를 들어, 벽에 못을 박기위해서 망치, 펜치, 벽돌, 구두 뒤축을 사용할 수 있다.

기술 시스템은 보통 한 개 이상의 **주기능**(Primary Function, PF)과 **보조기능**(Auxiliary Function, AF)을 수행한다. 예를 들어, 차 지붕의 주기능은 요소들(비, 눈, 먼지 등)로부터 승객과 승객실을 보호하는 것이다. 지붕은 또한 여행가방

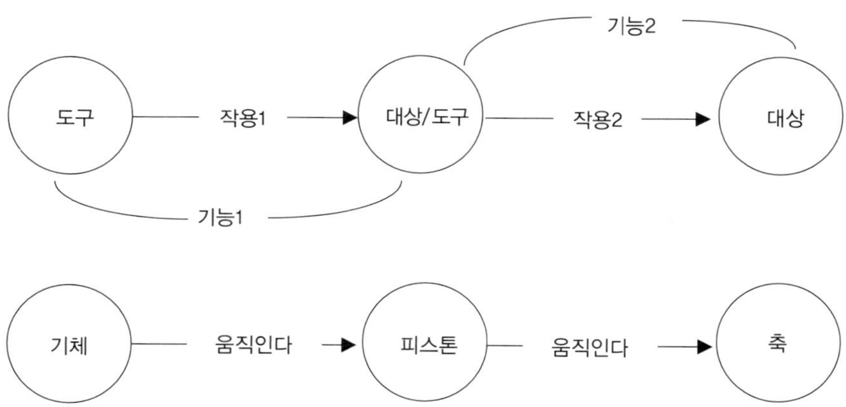

그림 2.4 도구와 대상의 이중성

표 2.1 트리즈 관점에서 기능의 올바른 정형화와 올바르지 못한 정형화의 예

일반적인 정형화	올바른 정형화
뜨거운 공기가 머리를 건조한다.	뜨거운 공기가 물을 증발한다.
선풍기가 몸을 냉각한다.	선풍기가 공기(또는 기체)를 움직인다.
렌즈가 물체를 확대한다.	렌즈가 빛을 회절 한다.
백열전구가 방을 밝혀준다.	백열전구가 빛을 방출한다.
다이오드가 전류를 정류한다.	다이오드가 전류의 어떤 극성 성분을 차단한다.
피뢰침이 번개를 유인한다.	피뢰침이 전류를 전도한다.
바람막이 유리가 운전수를 보호한다.	바람막이 유리가 요소들을 막는다.

표 2.2 망치로 못을 박는 것과 관련된 기능과 도구들

대상	못
주기능	못을 박는 것
주도구	망치 머리
보조기능	망치 머리를 움직이는 것
보조도구	손잡이

용 선반을 지지해 준다. 이것은 보조 기능이다. 복합기(프린터/팩스/복사기)는 세 가지 주기능을 수행한다.

보통 한 개 이상의 보조기능이 주기능을 지원한다. 이에 상응해서 도구를 **주도구**(main tools, MT)와 **보조도구**(auxiliary tools, AT)로 분류할 수 있다. 표 2.2는 망치가 수행하는 기능을 나열한 예이다.

보조도구를 **가능하게 하는 것**, **향상시키는 것**, **측정하는 것**, 그리고 **수정하는 것**으로 더욱 세분할 수 있다.

가능하게 하는 보조도구(예를 들어, 망치의 손잡이)는 주 기능의 성능을 지원한다. 향상시키는 보조도구는 명칭이 암시하는 바와 같이 주도구의 성능을 올려준다(또는 개선한다)(예를 들어, 안락의자의 팔걸이는 편안함을 증대시킨다). 이와 유사하게, 측정하는 보조도구는 시스템 요소의 파라미터를 측정하거나 검출한다(예를 들어, 배터리의 조절 스트립은 충전수준을 나타낸다). 또한 수정하는 보조도구는 시스템에 있는 바람직하지 않은 효과를 줄이거나 제거한다(예를 들어, 보온병에 있는 단열재).

이 장은 트리즈 문제 분석과 해결 과정에서 이러한 분류의 실제적인 역할에 대해서 더 자세히 다룬다.

2.2.1 작용

도구가 수행하는 작용은 유용한(바람직한) 작용 또는 해로운(바람직하지 않은) 작용으로 관찰될 수 있다. 이 용어는 순전히 주관적이다. 왜냐하면 동일한 작용도 보는 관점에 따라서 다르게 여겨질 수 있기 때문이다. 총알이 갑옷을 뚫는 것은 쏜 사람에게는 기꺼운 일이지만, 갑옷을 입은 당사자에게는 매우 당혹스러운 일일 것이다.

트리즈는 그림 2.5와 같이 도식적으로 표현되는 4종류의 유용한 작용과 해로운 작용을 고려한다.

(1) 적절하고 유용한 작용(더 많은 향상으로 이득이 생긴다)
(2) 유용하지만 불충분한 작용(향상이 필요하다)
(3) 없는 유용한 작용(도입이 필요하다)
(4) 해로운 작용(제거가 필요하다)

이 장은 적절하고 유용한 작용과 해로운 작용을 설명한다. 다른 종류의 작용은 3장에서 설명한다.

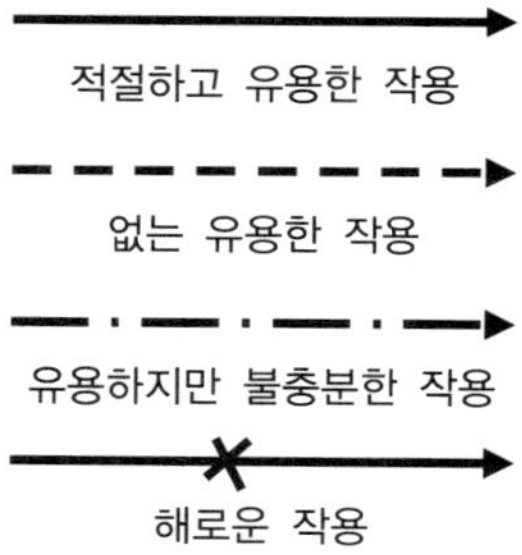

그림 2.5 유용한 작용과 해로운 작용

2.3 이상적인 기술 시스템

기술 시스템은 어떤 기능을 수행하기 위해서 설계되고, 만들어졌기 때문에, 더욱 나은 시스템은 분명히 세우고 유지하는데 재료가 적게 들고, 그 기능을 작동하고 수행하는데 에너지가 적게 들 것이다. 알트슐러는 이상적인 기술 시스템이라는 개념을 도입하였다. 이것은 그 질량, 크기, 비용, 에너지 소비 등이 제로에 가까워지지만, 특별한 기능을 수행하는 능력은 감소하지 않는 시스템이다.

이상 시스템은 물리적 실체로 존재하지는 않지만, 그 기능을 완벽하게 수행하는 시스템이다.

이상 시스템 개념은 우리에게 기존 시스템의 개선(**어떻게** 시스템을 고칠 수 있는가?)보다는 수행해야할 기능(**무엇이** 필요한가?)에 더욱 집중하도록 해준다. 표면적으로 작은 이 차이가 심리적 관성을 극적으로 줄이는데 도움을 주고, 대단히 큰 문제에 대한 혁신적 해결책을 개발하도록 도와 준다(사례 1.1, 1.2, 그리고 문제 2.2~2.5, 2.10).

어떤 물질 실체가 기능을 수행해야 한다. 그러나 이상 시스템이 실제 세계에 존재할 수 없다고 결론을 내리는 것은 좋지 않다. 처음부터 다른 기능을 수행하도록 설계된 다른 시스템에 어느 시스템의 기능이 위임되는 경우가 많이 있다. 이것은 이상(존재하지 않는)시스템의 기능을 이미 존재하는 다른 시스템이 수행한다는 것을 의미한다.

▌사례 2.3

아이스크림은 종종 플라스틱이나 종이컵에 넣어 판매된다. 이러한 컵은 그 주기능(아이스크림을 담고 있는 것)을 수행한 후에 버려진다. 더욱 이상적인 포장 수단(시스템)은 와플이나 “설탕 콘” 컵이다. 그러한 컵은 두 가지 기능을 동시에 수행한다. 즉, 아이스크림의 맛을 높이고, 아이스크림을 담고 있다.

시스템의 비용 대비 이득 비율, 또는 시스템을 세우고 기능을 유지하는 것과 관련된 여러 비용 대비 시스템의 기능의 비율로 표현되는 이상성 개념을 도입하는 것이 유용하다(그림 2.6).

그림 2.6의 공식에서 기능은 시스템이 수행하는 기능의 수, 그리고 그러한 기능의 성능 수준에 의해 평가된다. 비용은 돈이나 부품의 크기, 무게 또는 갯수의 측정과 같은 여러 가지 정량화할 수 있는 단위로 표현될 수 있다. 문제와 연관되는 것은 측정할 수 있는 특성(소음 수준, 습도 등)뿐만이 아니라 정량화할 수 없는, 무형 특성(다루기 어려움, 불편함, 프라이버시 보호 부족 등)도 있다.

$$\text{이상성} = \frac{\text{기능}}{\text{비용} + \text{문제}}$$

그림 2.6 이상성의 정성적인 표현

2.4 최소문제와 최대문제

최초의 문제 해결 과정에서 우리는 보통 제거해야 하는 어떤 불이익과 연관된 초기 상황에 직면한다. 그러한 불이익은 하위시스템 중 하나를 바꿈으로써, 기존 시스템을 변경하거나 일부 상위시스템을 개선함으로써 제거될 수 있다. 이렇게 해서 초기 상황과 연관된 여러 문제들이 정형화될 수 있다.

문제 2.1

용기 안에서 금속 합금에 대한 산의 부식 효과를 연구하고 있다(그림 2.7). 용기를 산으로 채우고, 닫으면, 용기 내부에 여러 온도와 압력 조합이 생긴다. 파괴되지 않도록 용기 벽을 보호하기 위해서 내부식성 유리로 라이닝 처리하였다. 강력한 진동을 용기에 주자, 유리가 깨졌고, 용기 벽이 노출되었다.

다음과 같은 문제를 다룸으로써 이 상황을 해결할 수 있다.

- 보호 코팅을 어떻게 개선할 수 있을까?
- 어떻게 용기 벽을 내부식성으로 만들 수 있을까?
- 코팅에 영향을 주지 않고서 어떻게 시료에 진동을 줄 수 있을까?
- 실제 실험을 실시하지 않고서 산과 시료사이의 상호작용을 어떻게 시뮬레이션 할 수 있을까?

트리즈는 모든 문제를 최소문제와 최대문제로 나눈다. 최소문제는 시스템을 바꾸지 않고 그대로 유지하지만, 그 결점이 사라지거나 바람직한 개선이 성취되는 문제이다. 최대문제는 가능한 변화에 대한 어떤 제약을 부과하지 않는다. 이 경우에 참신한 기능 원리에 기반을 둔 새로운 시스템이 개발될 수 있다(종종 큰 비용으로).

문제 해결 과정은 최소문제를 다루면서 시작되어야 한다. 왜냐하면 그 해결책이 최소 자원을 필요로 할 것이고, 결과적으로 더욱 경제적이고 실행하기가 쉬울 것이기 때문이다.

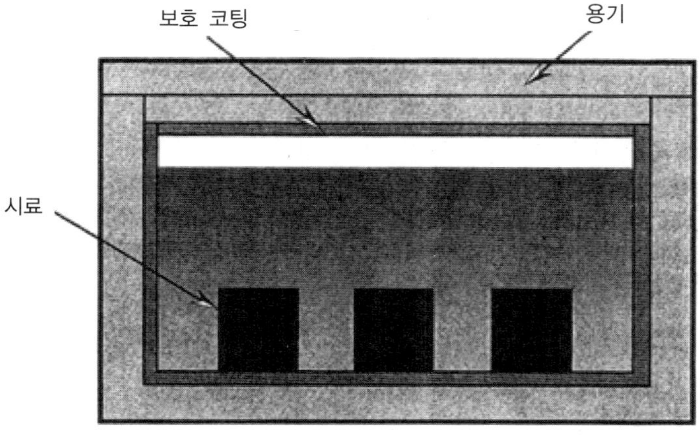

그림 2.7 합금 실험

2.5 시스템 갈등

시스템의 어떤 특성을 개선하면 다른 특성이 악화될 수 있다. 무게 대비 강도, 또는 출력 대비 연료 소비, 또는 생산성 대비 공간 등과 같은 충돌들을 시스템 갈등이라 한다.

시스템 갈등은

- **유용한 작용이 동시에 해로운 효과를 일으키거나,**
- **유용한 작용의 도입(강화) 또는 해로운 작용의 제거(완화)가 시스템의 어느 부분이나 전체에 부적절하거나 받아들일 수 없는 말썽거리를 일으킬 때 생긴다.**

시스템 갈등과 연관된 문제는 모순 요구조건 사이에서 절충을 찾거나, 그들 모두를 만족시킴으로써 해결을 시도할 수 있다. 절충(타협)은 시스템 갈등을 제거하지 못하고, 그들을 다소 완화시키기 때문에, 시스템에 해로운(바람직하지 못한) 작용 또는 결점을 그대로 유지한다. 갈등 요구조건은 계속 늘어나, 시간이 지남에 따라 양립할 수 없게 커진다. 시스템 성능을 더욱 발전시킬 시기가 왔을 때, 시스템 갈등을 제거하지 않고서는 그렇게 할 수 없게 된다.

트리즈 관점에서 좋은 발명을 한다는 것은 타협 없이 시스템 갈등을 해결한다는 의미이다.

시스템 갈등의 출현은 기술 시스템의 계층 특성에 깊은 뿌리를 두고 있다. 이 계층 구조가 전적으로 기술 시스템의 개발 또는 발명문제의 해결 전략을 결정한다. 시스템 구조에서 어떤 변화는 그것이 가장 필요한 변화이더라도 인접 시스템과 하위시스템에 잇따른 변화로 퍼져나갈 것이다. 일반적으로 이러한 유도된 변화들은 해롭고, 종종 개선 이득을 깎아 먹는다.

표 2.3 차량 재료로써 알루미늄과 플라스틱의 사용과 연관된 시스템 갈등

알루미늄	
장점 강철보다 45~70% 가볍다. 전통적인 많은 강철 제조 기술을 사용해서 모양을 만들 수 있다. 패널을 두껍게 해서 강도를 향상시킬 수 있다.	**단점** 강철보다 단위 무게 당 5배 이상 비싸다. 강철의 약 1/3 강도이다. 이것은 무게 이득을 깎아 먹고, 비용을 증가시킬 것이다.
플라스틱	
장점 강철과 알루미늄보다 훨씬 가볍다. 강철과 알루미늄보다 훨씬 다양한 모양으로 만들 수 있다. 금속 차체보다 부품의 수를 30% 정도 줄일 수 있다.	**단점** 보통의 플라스틱 강도는 강철 강도의 1/60~1/30에 불과하다; 강화 플라스틱의 경우, 강철 강도의 1/15~1/5이다. 강철보다 단위 무게 당 10배 이상 비싸다. 최신식 조립공정이 플라스틱 구조에 대한 엄격한 공차 한계를 제공할 수 없다.

▌사례 2.4

연료효율이 높은 차량의 개발과 연관된 시스템 갈등을 고려해 보자. 연료효율을 개선하기 위한 분명한 방향은 무게 감소이다. 전문가들은 이 분야에서 실질적인 개선은 차체 강철을 가벼운 재료로 대체할 때만 가능하다고 주장한다. 가벼운 차체 차량은 가벼운 엔진과 현가장치를 필요로 한다. 이러한 이차적인 무게 절감은 대략적으로 이득을 배가시킬 수 있다: 차체 무게를 줄임으로써 10파운드가 절약되고, 차량의 다른 부분의 크기를 줄임으로써 또 다시 10파운드가 더 절약된다[Field & Clark, 1997]. 초경량 차량에 사용 가능한 제1 재료후보는 알루미늄과 여러 종류의 플라스틱이다. 표 2.3은 알루미늄과 플라스틱을 차체 재료로 사용하기에 앞서 자동차 산업이 극복해야 하는 일부 시스템 갈등을 보여준다.

2.5.1 시스템 갈등 도식

시스템 갈등은 유용한 작용과 해로운 작용을 나타내는 그래프로 편리하게 표현될 수 있다. 이러한 그래프를 시스템 갈등 도식이라고 한다. 시스템 갈등에 포함된

표 2.4 일부 전형적인 시스템 갈등 도식(이러한 도식의 여러 가지 조합도 가능하다)

시스템 갈등 도식	설명
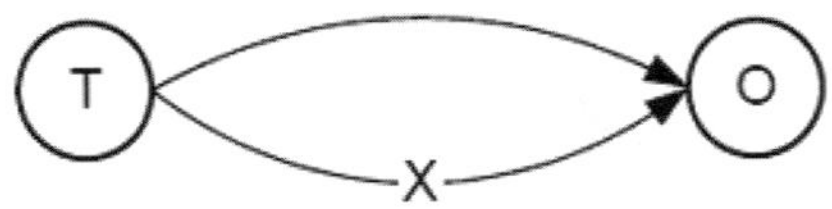	대상 O에 대한 도구 T의 유용한 작용이 O에 대한 T의 해로운 작용과 동시에 일어난다. · 예 : 망치가 못을 박지만, 못을 휘게 한다.
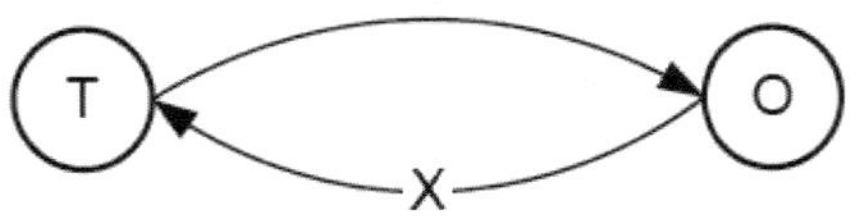	O에 대한 T의 작용이 유용하지만, T에 대한 O의 작용이 해롭다. · 예 : 절삭 도구는 절단되는 작업부품에 의해서 닳는다.
	T가 O에 유용하게 작용하지만, 스스로에게 나쁜 영향을 준다. · 예 : 용접 인두가 땜납을 녹이지만, 공정 중에 가열된다.
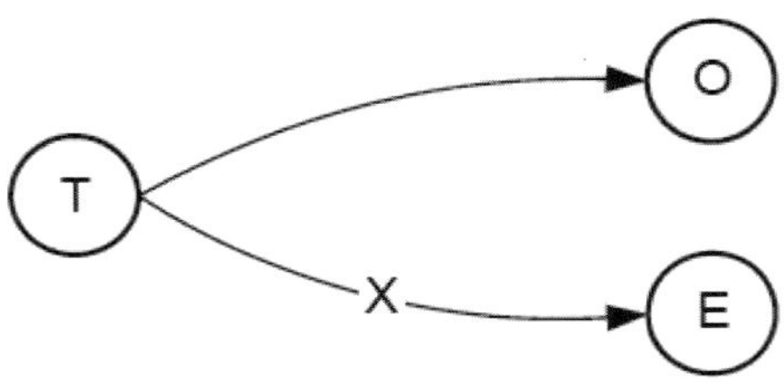	O에 대한 T의 유용한 작용이 시스템 환경이나 인접 시스템(E)에 대한 해로운 작용과 동시에 일어난다. · 예 : 화학 살충제는 해로운 해충과 곤충을 없애 주지만, 주위 식물들을 훼손시킬 수 있다(일부 해롭지 않은 곤충과 죄 없는 애완동물들에게도).
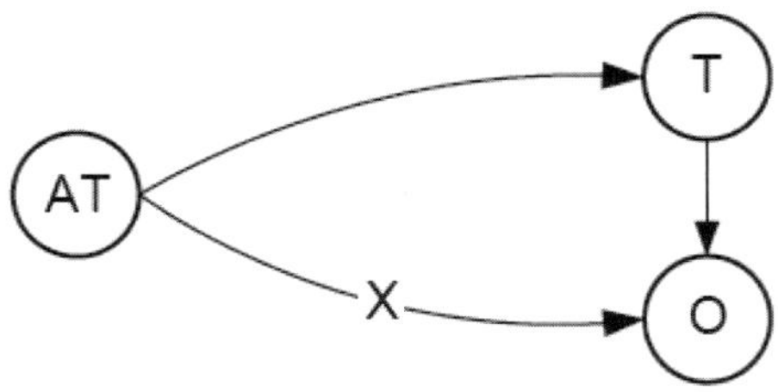	T에 대한 보조도구의 유용한 작용이 O에 대한 해로운 작용과 동시에 일어난다. · 예 : 냉매가 절단 삽입물을 냉각시키지만, 절단되는 재료를 부식시킬 수 있다.

시스템 요소들을 갈등 요소라고 한다. 표 2.4는 가장 전형적인 시스템 갈등 도식을 보여준다.

그림 2.8에서 보여주는 바와 같이 종종 한 요소가 사슬 시스템 갈등을 일으키는 두 종류의 시스템 갈등에 관여할 수 있다. 일반적으로 사슬에 있는 시스템 갈등은 시간 의존적이다. 즉, 두 번째 시스템 갈등은 첫 번째에 의해서 생긴다(그림 2.8에

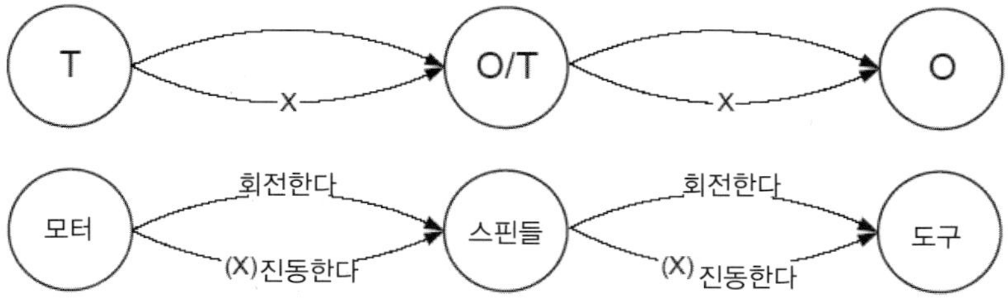

그림 2.8 사슬 시스템 갈등

서 각각 오른쪽과 왼쪽 갈등 작용의 쌍). 사슬 시스템 갈등은 보통 구성 시스템 갈등으로 분해되고, 각각을 별도로 다룬다.

2.6 시스템 갈등 해결하기

표 2.4 중에서 임의의 전형적인 시스템 갈등 도식을 생각해 보자. **시스템 갈등의 해결이란 해로운 작용을 제거하는 한편, 유용한 작용을 유지한다는 것을 의미한다.** 해로운 작용의 제거는 유용한 작용의 도입과 같다는 사실에 주목하라(예를 들어, 용접 인두의 과열 예방은 보통 인두의 정확한 온도를 유지하는 것과 같다).

세 가지 일반적인 접근방법이 시스템 갈등을 해결하기 위해서 사용된다.

(1) 도구나 대상의 제거(이상성 개념의 사용)
(2) 해로운 작용이 사라지도록 갈등 요소(도구 또는 대상)의 변경
(3) 해로운 작용을 제거하거나 중화하기 위해서 특별한 요소(도구)의 도입

계속해서 이러한 모든 접근방법들을 검토해 보자.

2.6.1 시스템 갈등 해결하기 : 이상성 개념의 사용

이 접근방법은 이상적인 기술 시스템이라는 개념으로부터 직접적으로 나온다. 도구나 대상의 제거는 자동적으로 해로운 작용을 제거한다. 유용한 작용은 계속해서 수행되어야 하기 때문에, 일부 재료 몸체가 그 성능을 맡아야 한다. 이것은 다음과 같은 이상성 전략으로 실현될 수 있다(그림 2.9).

이상성 전략 1 대상을 제거한다. 이것은 도구뿐 아니라 유용한 작용과 해로운 작용 모두를 제거하는 결과를 가져온다.

이상성 전략 2 도구를 제거한다. 그리고 대상(그 대상의 어느 부분)이 스스로 유용한 작용을 수행하도록 한다.

이상성 전략 3 도구를 제거한다. 그리고 도구의 유용한 작용을 환경이나 다른 도구에 위임한다.

이상성 개념의 적용은 종종 처음에 대부분 분명하지 않은 시스템 자원의 인식과 활용을 필요로 한다. 트리즈 실행자들이 개발한 많은 발명들은 이전에 알아차리지 못했던 자원의 인식과 활용으로부터 나왔다.

또한 중요하게 이해해야 할 것은 실생활에서 "이상성"의 실현은 대가를 수반한

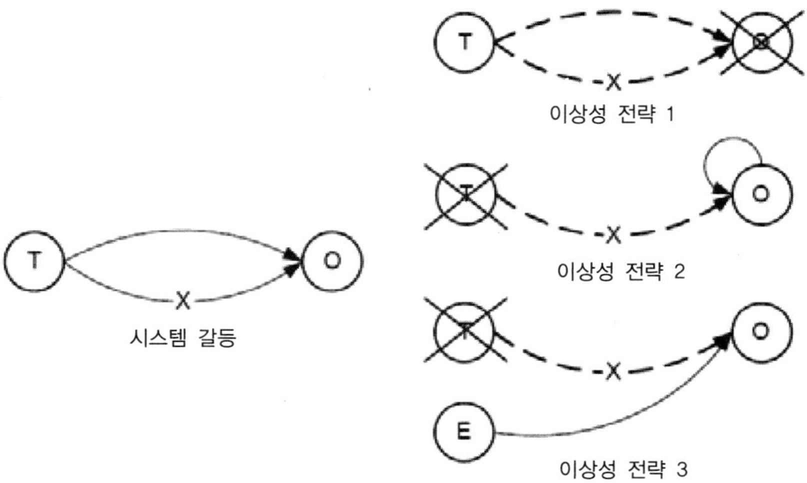

그림 2.9 시스템 갈등을 해결하기 위한 이상성 전략

다. 이러한 이상성 전략의 적용은 보통 다른 시스템 요소에 작은 변화를 요구한다(이상성 전략 1을 사용한 문제 2.2가 이것을 설명한다). 비슷하게 유용한 작용을 이용 가능한 자원(대상 또는 환경, 각각 이상성 전략 2와 3)에게 위임하면, 분명하게 대상과 환경 또는 다른 시스템 요소에 변화가 생길 것이다.

문제 2.2

컴퓨터 부품에 대한 로봇 시험 장치에서 로봇의 말단 작동체가 청정실에 있는 매우 섬세한 부분에서 복잡한 동작(잡고, 조종하고, 삽입하는 것)을 수행한다(그림 2.10). 이 작동체는 두 개의 진공 라인과 네 개의 압축공기 라인으로 작동되고, 전기 케이블을 통해 신호를 보내는 여러 가지 감지기들을 갖고 있다. 모든 관과 전선들을 싸고 있는 주름 잡힌 플라스틱 호스가 진공, 압축공기, 전기 신호를 로봇 기부에 있는 분배/제어 박스에 보낸다. 이 호스의 목적은 관과 전선들 사이의 마찰 때문에 생기는 미세 입자들을 호스 안에 가두어둠으로써 청정실의 오염을 예방하는 것이다. 호스는 사용 중에 파열되는 경향을 보였다. 파열은 과도하게 호스를 뒤틀리게 하는 매우 큰, 고속 연동 운동에 의한 피로현상 때문이었다. 이것은 마모 입자들을 주변으로 새나가게 하였고, 파열된 표면 사이에 마찰 때문에 더욱 큰 오염을 야기시켰다.

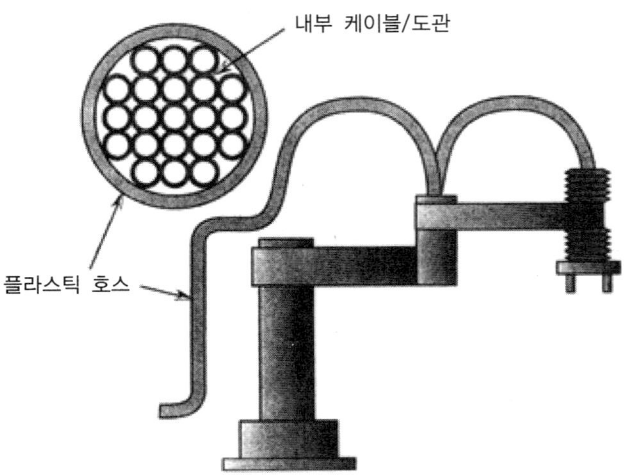

그림 2.10 로봇을 이용한 시험 장치

시험 장치의 제조사는 막대한 보증 비용을 지불하였다(2~3개월마다 파열된 호스를 교체하기 위해서 고객 위치로 기술자를 파견함). 회사는 다음과 같은 문제를 해결함으로써 상황을 개선하려고 하였다 : **호스의 파손을 어떻게 막을 수 있을까?** 내구성이 있는 호스용 플라스틱은 값이 비쌌고, 호스의 유효 사용기간을 크게 늘리지 못했다. 먼지 입자가 새나가는 것을 막기 위해서 호스에 역 공기압을 만들자는 제안도 있었지만, 그것 역시 비용을 증가시켰을 것이다.

저자는 호스의 사용 기간을 늘리고 비용을 줄이는 방법을 찾아 달라는 요구를 받았다.

◎ 분석

문제 상황에 대한 시스템 갈등을 그림 2.11에 나타내었다. 깨지거나 손상되지 않고, 어떤 서비스가 필요하지 않는 호스는 바로 없는 호스이다. 이상적인 호스는 존재하지 않아야 한다. 이것은 처음부터 먼지 입자가 발생하지 않는다면 가능하다(그림 2.12).

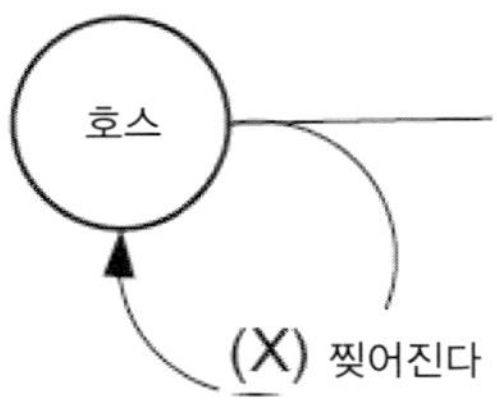

그림 2.11 시스템 갈등 : 호스가 먼지를 가둬 두지만, 그 자체의 움직임이 호스를 찢어지게 한다.

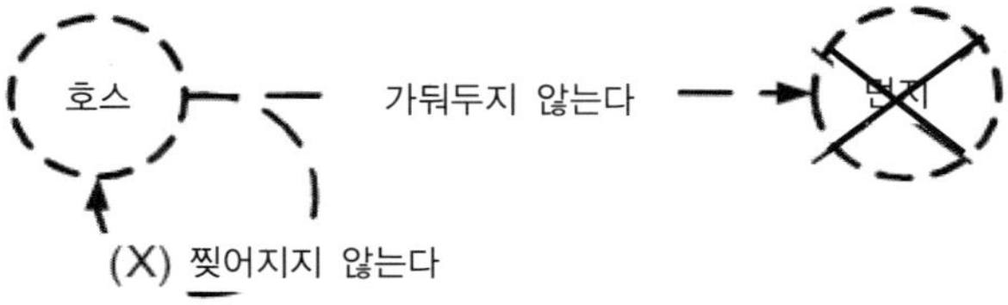

그림 2.12 먼지가 없으면 호스가 필요하지 않다.

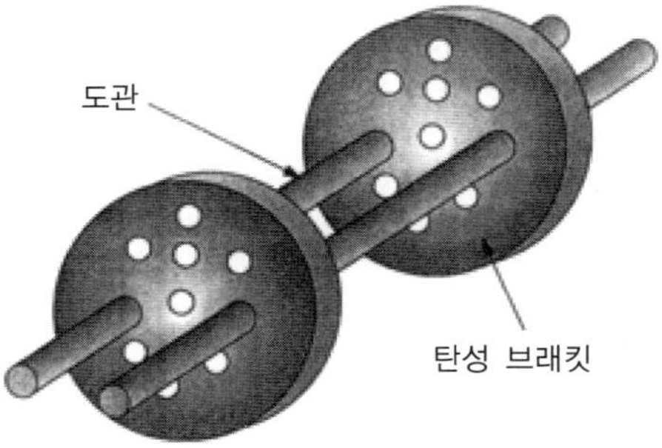

그림 2.13 탄성 분리자가 도관과 케이블을 분리해서 먼지 발생을 예방한다.

◎ **해결책**

먼지 발생을 예방하기 위해서, 즉 내부 도관과 전선 사이의 마찰을 막기 위해서 그것들이 분리되어 있어야 한다. 도관과 전선들을 분리시키는 가장 단순한 방법은 탄성 브래킷을 사용하는 것이다(그림 2.13).

문제 2.3

1990년대 초에 소형차 모델에서 "불안정 공운전" 문제는 판매를 어렵게 하였고, 많은 보증비용을 지불하였다.

소형차에서 네 개의 실린더 엔진은 불균일한 동력을 일으킨다(10단위). 엔진의 공회전 속도(450~900 rpm)에서 10단위 진동수가 운전대의 고유 진동수와 거의 같아서, 운전대가 심하게 흔들이는 결과를 가져온다. 불균일한 힘을 특별한 평형기로 줄일 수 있지만, 생산 비용이 올라간다. 이러한 "불안정 공운전" 진동은 운전석에 에어백을 추가하자, 더욱 심해졌다. 이 추가는 운전대의 고유 진동수를 낮추었고, 이 낮아진 진동은 공회전 rpm에서 10단위 동력과 공진하였다.

운전대를 더욱 비싸게 보강하여 이 흔들림을 줄였지만, 그 강도는 아직도 받아들일 수 없었다. 1파운드 납 관성 질량을 갖는 동흡진기(dynamic vibration absorber, DVA)를 운전대에 달았지만, 진동은 아직도 시장의 다른 소형차들보다 심했다. 더 큰 관성 질량을 사용할 수 있는 여유 공간이 없었다. 공회전 속도를 올리는 것은 배제되었다. 왜냐하면 그것은 연료효율을 손상시킬 것이다.

문제의 주요 원인은 엔진 자체의 비능률로 인한 공회전에서 높은 엔진 동력뿐만 아니라 에어컨과 발전기, 그리고 자동변속기의 큰 견인력 때문으로 밝혀졌다.

엔진, 변속기, 전기 부서의 선임 엔지니어로 구성된 프로젝트 팀이 몇 달 동안 일을 하였고, 확인된 문제를 해결하기 위해서 장기 프로젝트(최대문제)를 상세히 계획하였다. 그러나 보증비용으로 수백만 달러가 계속해서 쌓여갔다.

논리적인 결론은 이러한 인자들을 제거하거나, 최소한으로 줄이는 것이었다. 프로젝트에 참여한 모든 부서는 확인된 중요한 부분에서 에너지 손실을 줄이고, 몸체를 보강하는 방향으로 목표를 잡았다. 확실하게 이러한 프로젝트는 "불안정 공운전" 문제의 치료뿐 아니라, 소형차와 이어서 나올 차들의 일반적인 품질 개선을 위해서 필요했다. 그러나 이러한 큰 프로젝트(최대문제)는 이 모델이 일생을 마치기 전까지 어떤 결과를 줄지 전망하지 못했다. 이 프로젝트를 착수하려는 의사결정이 있을 즈음, 저자들 중 한명이 프로젝트 팀에 초대되었다. 최소문제 접근법과 이상성 전략 2를 적용해서 트리즈 분석을 실시하였다.

◎ **분석**

즉각적인 해결책이 필요했기 때문에, 빠르고, 실질적인 접근법은 효과적인 DVA로 진동을 억제하는 것이었다. 시스템 갈등 : 큰 관성 질량을 갖는 DVA는 운전대의 진동을 적절하게 줄일 수 있지만, 그것은 받아들일 수 없다(그림 2.14).

이상적인 관성 질량은 없지만, 그 기능을 완전하게 수행한다. 이것이 기존의 납 블록을 제거하고, 차 내부의 다른 곳에 있는 자원 요소, 바람직하게는 운전대 자체에 그 기능을 할당하도록 하였다(그림 2.15).

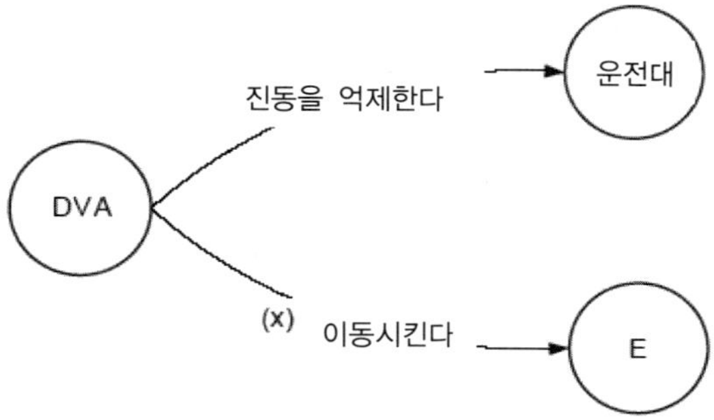

그림 2.14 시스템 갈등 : DVA가 진동을 억제하지만, 주위 부품들을 이동시킨다.

◎ **해결책**

복잡한 동적 시스템에서는, 적절하게 동조된 댐퍼가 요소와 직접 연결되어 있지 않고, 심지어는 떨어져 있어도 요소의 진동 강도를 줄일 수 있다. DVA의 성능을 결정하는 중요 파라미터는 DVA 질량과 진동을 줄여야 하는 요소의 유효 질량 사이의 동조 및 "질량비"이다. 트리즈 분석을 수행한 후에 차 구조를 평가하였고, 관성 질량으로 사용할 수 있는 많은 구조적 요소들을 확인하였다(에어백, 예비 타이어, 배터리 등).

실험 결과, 에어백이 가장 효과적인 요소로 밝혀졌다. 에어백을 DVA 용 관성 질량으로 사용하기 위해서, 운전대와 에어백을 탄성 동조 연결자로 연결하였다(그림 2.16). 이것은 운전대의 유효 질량을 7파운드에서 3.3파운드로 줄였고, 납 관성

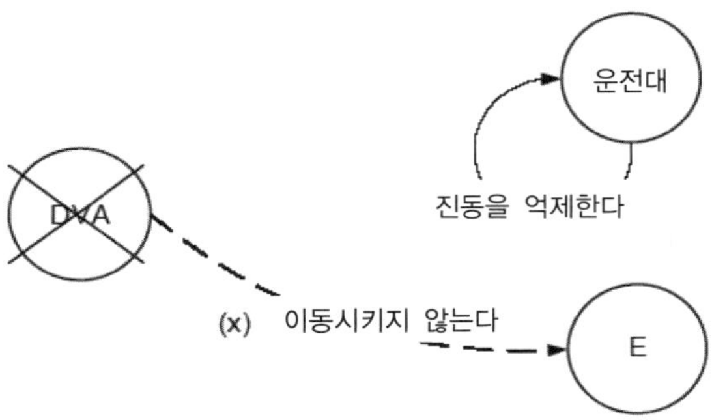

그림 2.15 이상적인 DVA는 없는 DVA다.

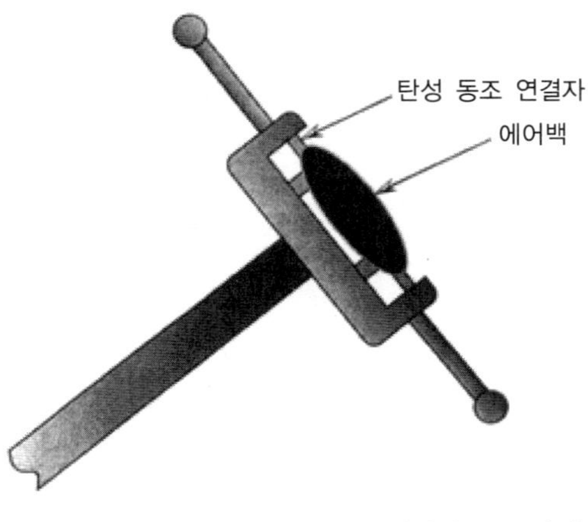

그림 2.16 동조 연결자에 의해 운전대에 부착된 에어백은 효과적인 DVA로 작용한다.

무게를 갖는 DVA의 "질량비" 0.14와 비교해서 약 1.0의 "질량비"를 얻게 되었다. 결과적으로 운전대의 진동 크기는 그 당시 최고수준이였던 도요다 코롤라(Corolla)의 진동보다 6~7배 이하로 줄었다.

많은 실험에서 이 "추가적인 부담"이 에어백의 주기능을 손상시키지 않는 것으로 밝혀졌다(미국 특허 번호, 6,164,689).

문제 2.4

스스로 짐을 부리는 바지선이 댐 건설에 종종 사용된다(그림 2.17). 바지선에 자갈, 돌과 같은 짐을 실으면, 예인선이 짐 실은 바지선을 끌어서 필요한 곳까지 이송한 다음, 바지선이 스스로 뒤집혀서 짐을 부린다. 무거운 용골(龍骨)과 부력이 모멘트를 일으켜, 빈 바지선을 원래 위치로 되돌려 준다. 용골이 무거울수록, 더욱 빠르게 원위치로 뒤집지만, 무거운 용골은 바지선의 이송 용량을 줄인다. 이것은 바람직하지 않은 효과이다.

◎ 분석

시스템 갈등 : 무거운 용골은 바지선을 위쪽으로 뒤집는 모멘트를 주지만, 무게 또한 추가한다(그림 2.18). 이 갈등은 용골의 기능을 환경에 위임하면 해결될 수 있

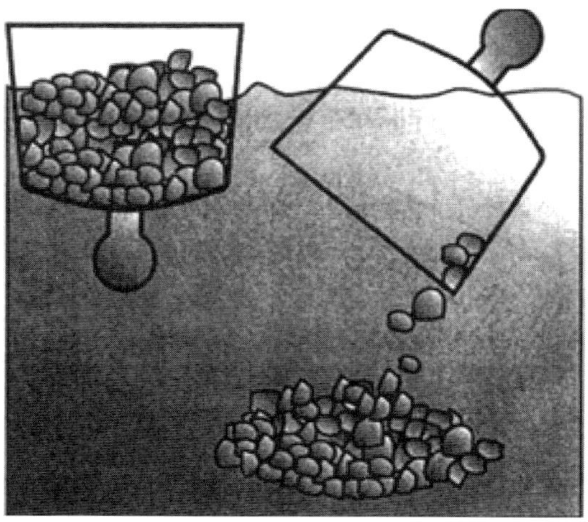

그림 2.17 스스로 짐을 부리는 바지선(개략도)

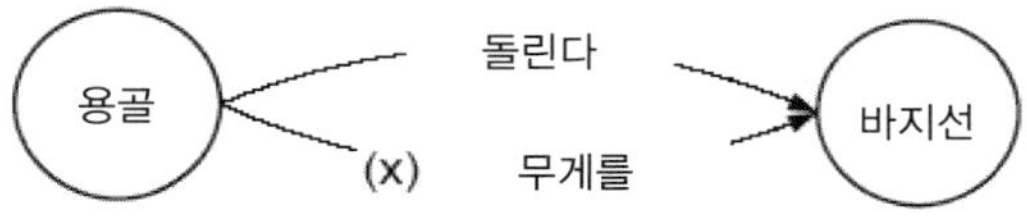

그림 2.18 무거운 용골은 바지선을 뒤집기 위해서는 좋지만, 배의 무게를 증가시킨다.

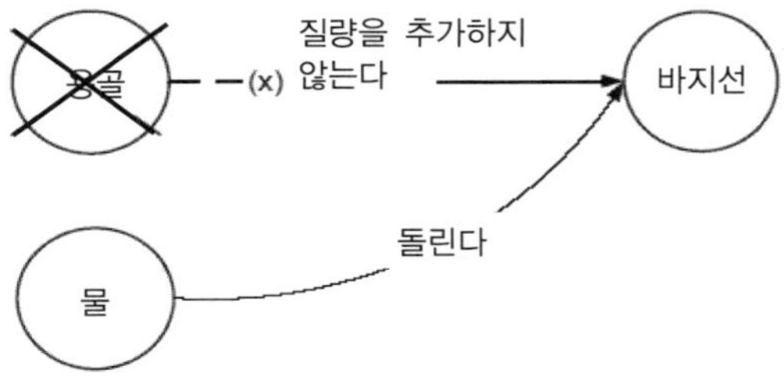

그림 2.19 "물 용골"은 무게를 추가하지 않고 바지선을 뒤집는다.

다(이상성 전략 3).

◎ **해결책**

속이 빈 탱크 용골을 물로 채운다. 바로 선 위치에서, 그러한 용골은 부가 무게로 작용하지 않지만, 공중으로 들어 올려지면 이것은 바지선을 제위치로 돌리는데 도움이 된다(그림 2.19).

2.6.2 이상성 전략과 보조 도구

위의 모든 문제들은 하나의 공통된 요소를 공유한다. 모든 문제는 보조 도구를 제거함으로써 해결되었다(문제 2.2에서 호스, 문제 2.3에서 납 블록, 그리고 문제 2.4에서 무거운 용골).

규칙을 소개해 보자.

보조도구를 포함하고 있는 시스템 갈등은 이 도구를 제거하고, 그 작용을 시스템의 주성분들 중 하나 또는 환경에 그 작용을 위임함으로써 해결될 수 있다.

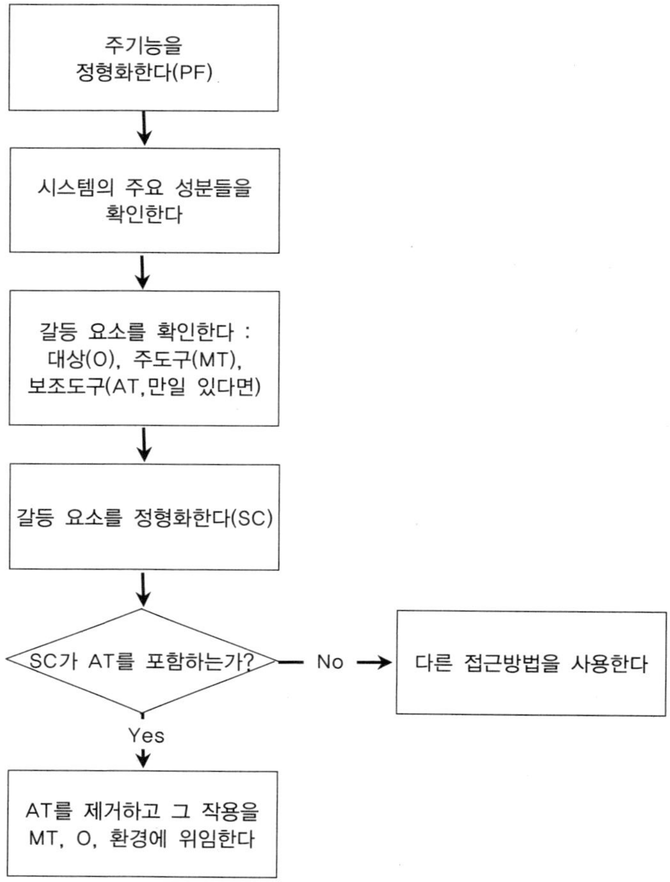

그림 2.20 보조도구의 제거

대부분의 기술 시스템은 최소한 하나의 도구를 갖고 있기 때문에, 이 규칙은 매우 종종 사용된다. 이 규칙을 적용하는 첫 단계는 시스템 주기능의 정형화이다. 그 다음, 모든 주요 성분들을 나열하고, 갈등요소를 확인해야 한다. 갈등요소 중에 하나가 보조도구라면, 그것을 제거하고, 그 작용을 규칙에 따라 위임해야 한다(그림 2.20).

시스템 갈등도가 한 개 이상의 보조도구를 포함한다면, "가위질" 과정은 수정과 측정 보조도구로 시작한 다음, 향상 도구로 이동하고, 마지막으로 가능 도구로 이동할 것을 추천한다(2.2장 참조). 약간의 이유 때문에 보조도구를 제거할 수 없다면, 그때는 그것을 개선해야 한다.

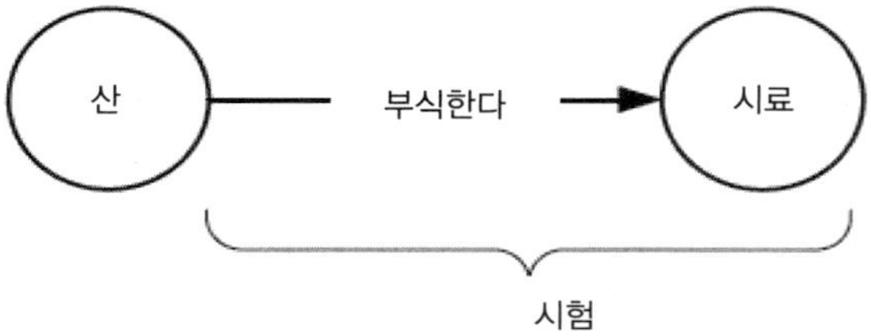

그림 2.21 문제 2.1의 주기능

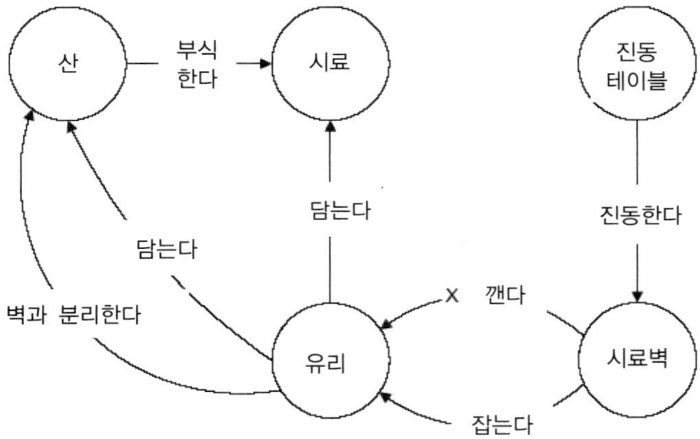

그림 2.22 요소들 사이에 갈등 상호작용

문제 2.1을 검토해 보자.

이 문제의 주기능은 진동의 존재 하에서 합금(시료)의 시험이다(그림 2.21). 주성분들은 시료, 산, 유리, 용기 벽, 진동 테이블(그림에 나타내지 않았다)이다.

갈등 요소들은 시료(대상), 산(주도구), 용기와 진동 테이블(기능하게 하는 보조조구), 그리고 유리(수정 보조도구)이다. 시스템 갈등도는 그림 2.22로 나타냈다(용기 벽에서 다른 성분으로 전파되는 진동은 도식을 단순화하기 위해서 나타내지 않았다).

유리는 수정 보조도구이기 때문에 제일 먼저 제거되어야 한다. 산을 용기 벽과 분리하는 원래의 작용을 수행하는 데에 더해서, 유리(용기 벽과 함께)가 사실상 산과 시료를 담고 있다.

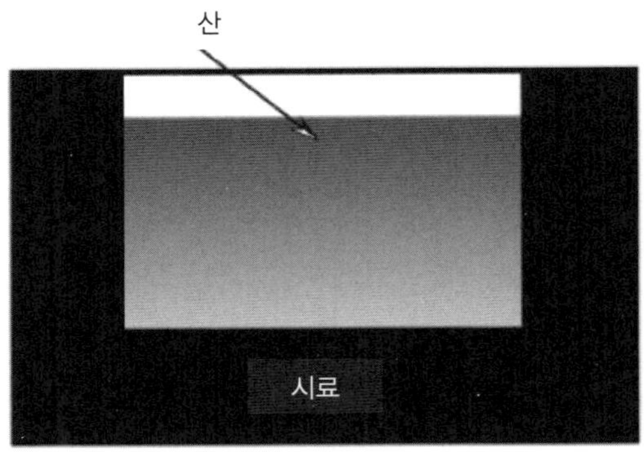

그림 2.23 이상적 해결책

◎ **해결책**

용기로 만든 적절한 형태의 시료에 산을 붓는다(그림 2.23). 실험을 수행하기 위한 압력과 온도 같은 필요조건들은 시료 용기 외부에서 준다.

2.6.3 시스템 갈등 해결하기 : 갈등요소의 변경

물리적 모순

시스템 갈등은 표 2.4에서 보는바와 같이 두 개 이상의 갈등 요소 사이에서 일어난다. 시스템 갈등을 극복하려고 한다면, 이러한 갈등 요소 중에 하나를 종종 변경하거나 제거해야 한다. 그림 2.24에서 요소 C는 세 가지 가능한 작용쌍 중에서 한 개를 수행해야 한다.

(1) 해로운 작용을 일으키지 않고 유용한 작용을 제공하는 것
(2) 유용한 작용을 받고, 해로운 작용으로부터 스스로를 보호하는 것
(3) 유용한 작용을 받고, 해로운 작용을 일으키지 않는 것

종종, 이러한 작용 쌍 중에 하나를 수행하기 위해서, 갈등 요소가 반대 물리적 상태에 있거나, 상호 배타적인 특성을 가져야 한다. 예를 들어, **뜨겁고 차갑다, 전**

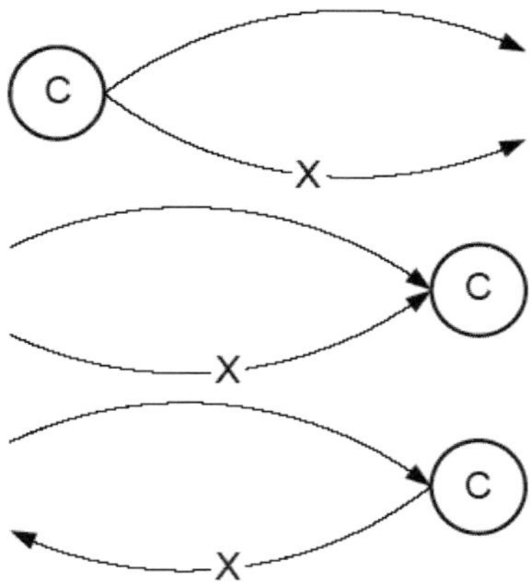

그림 2.24 갈등 요소 및 유용한 작용과 해로운 작용 사이에 가능한 인터페이스

기전도성과 전기절연성, 무겁고 가볍다, 존재하고 없다 등이 있다. 예를 들어, 무거운 (부피가 큰) DVA 관성 질량(문제 2.2)은 진동을 억제하기 위해서 존재해야 하지만, 다른 성분들의 처리에 영향을 주지 않기 위해서 존재하지 않아야 한다. 또는, 문제 2.3의 용골은 바지선을 뒤집기 위해서 어떤 무게를 가져야 하고, 바지선의 무게를 증가시키지 않기 위해서 무게가 없어야 한다.

같은 성분이 상호 배타적인 물리적 상태에 있어야 하는 상황을 물리적 모순이라 한다. 물리적 모순은 다음과 같은 유형으로 정형화된다 : **"작용 A1을 수행하기 위해서, 성분(또는 부분)은 특성 P를 가져야 하지만, (예방, 중화)작용 A2를 수행하기 위해서, 이 성분(또는 부분)은 반대 특성 -P를 가져야 한다."**

전체 성분에 대한 정형화한 반대 요구사항을 거시 물리적 모순이라고 하고, 성분 구성 요소(입자 또는 작은 조각)에 대한 정형화한 반대 요구사항을 미시 물리적 모순이라고 한다. 예를 들어, "작용 A1을 수행하기 위해서 성분은 뜨거워야 하고, 작용 A2를 예방하기 위해서 그 성분이 차가워야 한다."는 진술은 거시 물리적 모순이다. 그러나 성분을 뜨겁게 하기 위해서 성분 입자가 빠르게 움직여야 한다; 차갑게 하기 위해서 성분 입자는 천천히 움직여야 한다. 그래서 처음의 물리적 모순을 다시 정형화할 수 있다 : "작용 A1을 수행하기 위해서 성분 입자가 빠르게 움직여야 하고, 작용 A2를 예방하기 위해서 그 성분입자들이 천천히 움직여야 한다."

전통적인 설계 철학에서는 타협은 피할 수 없다고 말한다 : 만약 성분이 눈같이 희고, 동시에 칠흑같이 검어야 한다면, 그것은 보통 회색이 된다. 이 접근법과는 반대로 트리즈는 막다른 골목으로부터 특별한 길을 제공한다. 같은 성분이 공간상 같은 점이나 같은 시간에 상호 배타적인 특성을 가질 수 없기 때문에, 다음 세 가지의 **분리의 원리**를 사용할 수 있다.

시간으로 반대 특성의 분리 :
한번은 성분이 특성 P를 갖고, 다른 시간에 그것이 반대 특성 –P를 갖는다.

공간으로 반대 특성의 분리 :
성분의 한 부분이 특성 P를 갖고, 성분의 다른 부분이 반대 특성 –P를 갖는다.

전체와 그 부분 사이에 반대 특성의 분리 :
시스템이 특성 P를 갖고, 그 성분은 반대 특성 –P를 갖는다.

종종, 다음과 같이 **설계된 물리적 실체가 각각의 작용을 수행할 때**, 작용이 가장 효과적으로 수행된다 : 한 실체에 의해서 작용 A1, 다른 실체에 의해서 작용 A2. 이러한 물리적 실체는 여러 형태와 모양을 갖는다 : 전체 성분, 또는 그 성분의 표면, 또는 분자나 원자 그룹, 또는 어떤 기본입자. 종종, 이러한 실체 중 하나는 이미 주어져 있다. 그래서 물리적 모순의 해결은 다른 실체를 만드는(또는 도입하는) 것으로 좁혀진다.

물리적 모순을 갖는 문제를 해결하기 위해서, 우리는 다음과 같이 해야 한다.

(1) 유용한 작용과 해로운 작용 모두와 연관된 갈등 요소(즉 시스템 갈등)를 확인한다.
(2) 이 성분의 물리적 상태(특성)에 대한 상호 배타적인 요구사항 쌍을 정형화 한다.
(3) 이러한 요구사항들을 만족시키기 위해 개별적으로 또는 조합해서, 분리의 원리를 시도한다.

시간으로 반대 특성의 분리

이 분리의 원리는 종종 유연한 구조로의 전이에 기초를 두고 있다(1장에서 언급

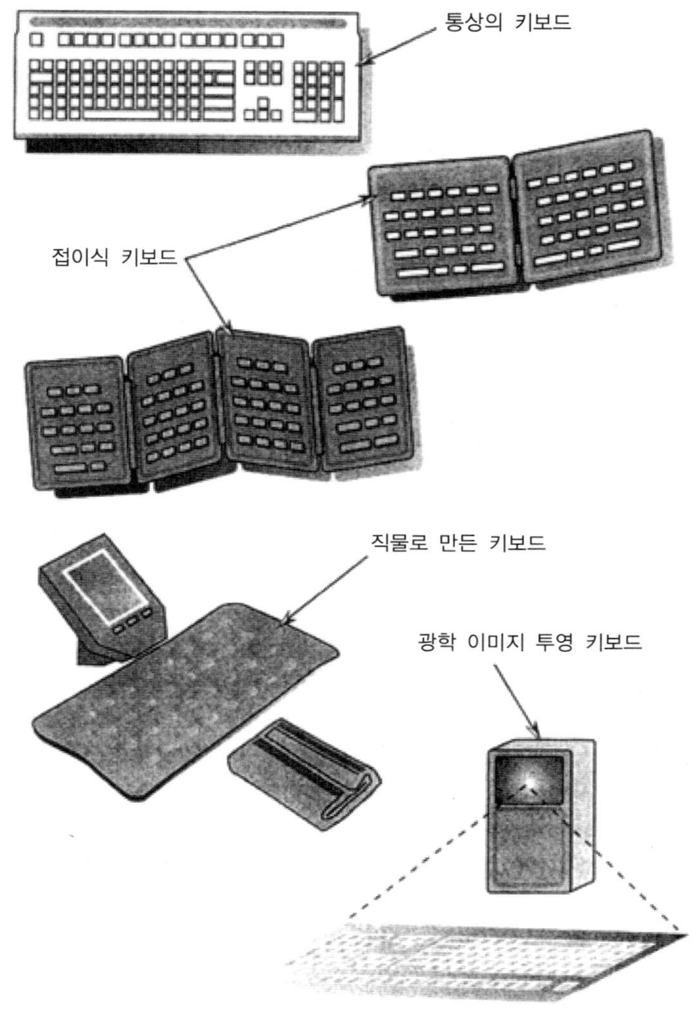

그림 2.25 핸드 헬드용 키보드의 진화

했고, 5장에서 설명할 동적특성(유연성) 증가의 법칙을 의미함). 성분이 유연해 질수록, 그 모순 특성을 더욱 완벽하게 분리할 수 있다.

작은 조각으로 나뉜 연결, 유연한 재료, 스마트 물질, 비선형 성분과 전자기장의 사용은 모순 요구사항을 일시적으로 분리시켜 준다.

핸드 헬드 컴퓨터의 키보드는 두 가지 갈등 요구사항을 만족해야 한다. 인간공학적으로 키보드는 충분히 큰 자판과 키패드를 가져야 한다. 그러나 큰 키보드는 휴대용 전자 기기의 원래 목적에 어긋난다.

이 갈등을 극복하기 위한 첫 단계는 사용하지 않을 때 공간을 적게 차지하는 접이식 키보드의 도입이었다(그림 2.25). 이어서, 로지텍사(Logitech Inc.)는 핸드헬드 컴퓨터와 휴대용 가방으로 동시에 쓸 수 있는 직물로 만든 키보드를 소개하였다. 다음번 혁신은 장으로의 전이 법칙에 따라서 전자기장을 기반으로 한 키보드이어야 한다. 매우 흥미롭게도, 최근에 이스라엘 회사 VKB가 그러한 장치를 개발하였다. 이것은 완전하게 빛으로 만든 키보드이다. 완전한 QWERTY 키보드 이미지가 사용자 앞쪽 평면에 투영된다. VKB는 표면에 키보드의 광학 이미지를 투영하는 효과적인 방법을 개발하였다. VKB 특허는 입력이나 커서의 제어 기능(예를 들어, 마우스 또는 터치패드 제어)과 같은 사용자 대화를 정확하고 신뢰할 수 있게 검출하는 방법이다.

대부분의 기계 시스템을 위해서 시간으로의 분리를 실현화시켜주는 다양한 강력한 기법들이 있다.

상전이(예를 들어, 고체에서 액체로, 액체에서 기체로 전이 등)

소매 보안 꼬리표를 불활성화할 때 이 기법이 사용된다. 전형적인 보안 꼬리표는 기판 표면에 인쇄된 공진 회로(코일)이다(그림 2.26). 보안경보시스템이 보내는 미리 정해진 무선 주파수 검출 신호와 이 코일 특성을 동조시켜 놓는다. 보안 꼬리표가 부착된 상품이 계산대를 지날 때, 전송되는 에너지와 공진하여, 이것이 소

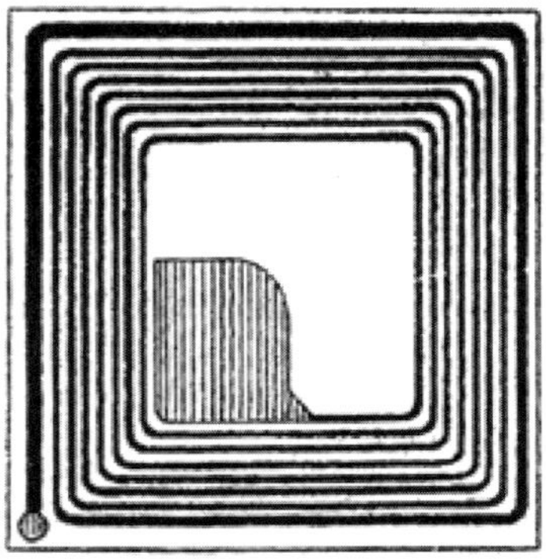

그림 2.26 보안 꼬리표

리나 가시적 경보장치를 활성화시킨다. 그러나 일단 상품이 팔리면, 상점에서 상품을 제거할 수 있도록 보안 꼬리표를 떼거나 그것을 불활성화시킬 필요가 있다.

꼬리표는 존재해야 하고, 존재하지 않아야 한다는 물리적 모순은 어느 수준 이상의 에너지에 꼬리표를 노출할 때 녹는 퓨즈링크의 도움으로 해결되었다. 그래서 꼬리표가 붙은 상품의 판매 시, 퓨즈링크를 파괴하기에 충분한 전자기 에너지에 보안 꼬리표를 노출시킴으로써 코일을 불활성화시킨다.

물질의 분해: 어느 순간에 어떤 반대 작용을 수행하는 요소(분자, 원자 등)로 구성 재료(물질)를 분해한다.

문제 2.5

일부 군사용으로 쓰이는, 예를 들어 적 안쪽 깊숙이에서 군사 행동을 하는 특수부대가 사용하는 전파 안테나는 적 레이더에 걸릴 수 있다. 적의 수신 레이더 신호에 투명한 안테나를 어떻게 만들 수 있을까?

◎ **분석**

레이더 신호(즉, 전파)는 안테나가 금속, 즉 전기 전도성이기 때문에 보통의 안테나에서 되 튀겨 나간다. 전기 전도성은 안테나가 "바람직한" 전파를 송수신해야 하기 때문에 필요하다. 비전도성 재료는 레이더 신호에 투명하지만, "바람직한" 전파를 송수신 할 수 없다. 그래서 기능을 하기 위해서 안테나는 전도성이어야 하지만, 남의 눈을 피하기 위해서는 비전도성이어야 한다. 이 물리적 모순은 시간으로 해결되어야 한다: 안테나는 송수신 모드의 짧은 기간을 제외하고는 통상적으로 비전도성이어야 한다.

금속은 그들의 결정격자 내에서 움직이는 자유전자 때문에 전기전도성을 갖는다. 이 조건의 이해는 다음과 같이 초기 거시 물리적 모순을 미시 물리적 모순으로 다음과 같이 재정형화 하는데 도움이 된다: **"자유전자는 안테나에 있어야 하고, 없어야 한다."** 이러한 요구조건을 시간으로 분리한다면, 안테나가 켜져 있을 때만 전자가 생기고, 꺼지면 전자가 안테나 재료의 원자에 결합되어야 한다.

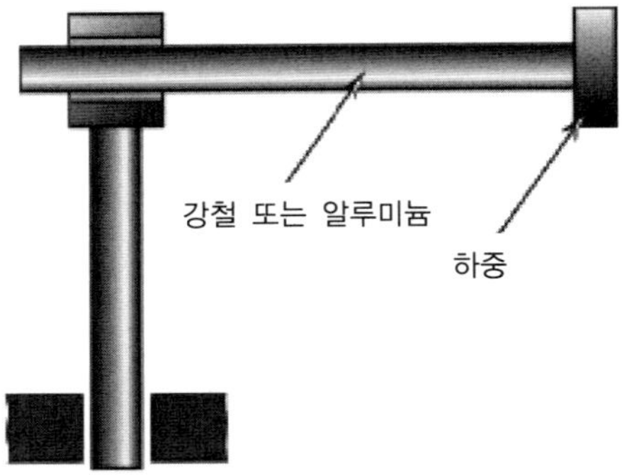

그림 2.27 회전 머니퓰레이터 링크장치

◎ **해결책**

새로운 안테나는 저압 기체를 담고 있는 플라스틱 또는 유리관이다(기본적으로 이것은 형광등이다). 기체가 이온화되면(기체 분자는 고전압 하에서 이온과 전자로 나뉜다), 안테나가 전도성이 되어, 전파신호를 송수신할 수 있다. 기체가 이온화되어 있지 않으면(전압이 꺼지면), 안테나의 전도성이 사라진다(http://www.marklandtech.com/technology_portfolio/gasplasma.html; Moisan et al., 1982).

공간으로 반대 특성의 분리

이 분리 원리는 단일 시스템에서 이중 시스템으로 전이를 의미한다. 이때 이중 시스템에서 각 하위시스템(성분)은 반대 특성 중 하나를 갖는다(그리고 갈등 작용 중 하나를 수행한다).

문제 2.6

집어 옮기는(pick-and-place) 머니퓰레이터(방사성 물질 등 위험물을 다루는 기계장치)의 회전 링크장치는 상호 배타적인 요구사항을 만족해야 한다. 이 장치는 구동 모터의 크기(무게)를 줄이고, 더욱 큰 하중을 고려해서 가벼워야 한다. 그러나 가벼운 재료는 보통 강도(영률)가 떨어진다. 한편, 링크장치는 휨을 줄이고, 또한 시작/정지시기에 안정화 시간을 줄이기 위해서 견고해야 한다. 하지만, 견고한 재료는 보통 무겁다.

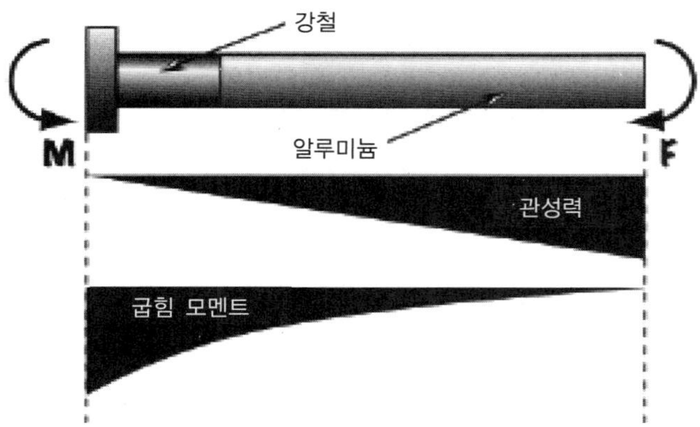

그림 2.28 복합 회전 링크의 굽힘 모멘트와 관성력의 분포

◎ **분석**

물리적 모순이 주어져 있다: 링크는 가벼워야 하지만 무거워야(견고해야) 한다. 그림 2.28과 같은 간단한 공학 분석은 링크의 가속과 감속이 일으키는 관성력의 강도는 연결점에서 가장 먼 끝 부분에서 가장 커야 하고, 굽힘 모멘트 강도는 연결점에서 가장 가까운 부분에서 가장 커야 한다는 사실을 보여준다. 따라서 링크의 뿌리 부분(가장 높은 굽힘 모멘트)이 각(角) 변형에 대한 링크의 휨을 결정하는 반면, 돌출된 부분이 주로 링크 관성을 결정한다. 그래서 모순 요구사항이 공간으로 분리된다.

◎ **해결책**

링크를 두 부분으로 구성한다(그림 2.28): 링크의 유효 질량에 크게 영향이 없으면서 링크의 강도를 결정하는 뿌리 부분은 높은 영률 재료(예를 들어, 강철)로 만들고, 강도에 크게 영향이 없으면서 그 유효 질량을 결정하는 돌출 부분은 가벼운 재료(예를 들어, 알루미늄)로 만든다[Rivin, 1988].

동일한 초기 상황을 또 다른 물리적 모순과 연관지울 수 있다는 사실에 주목하라. 예를 들어, 문제 2.6에 대해서 우리는 다른 물리적 모순을 정형화할 수 있다: 링크는 필요한 위치로 하중을 전달하기 위해서 길어야 하고, 휨과 안정화 시간을 줄이기 위해서 짧아야 한다. 이러한 모순 요구사항은 시간으로 분리될 수 있다. 망원경 팔이 모순을 해결한다. 미끄럼 링크가 회전기간에는 안으로 들어가 있고, 회전한 다음에는 밖으로 빠져나온다.

전체와 그 부분 사이에 반대 특성의 분리

이 분리의 원리는 단단함 대 유연함, 딱딱함 대 부드러움 등과 같은 물리적 모순을 해결할 때 특별히 유용한 것으로 밝혀졌다. 약간의 경우에 이러한 모순에 대한 해결책이 유연하고 부드러운 재료를 사용한다 : 필름, 섬유, 펠릿, 작은 알갱이, 분말 등.

문제 2.7

전통적인 소형 바이스는 규칙적인 모양의 부품을 잡도록 설계되어 있다(그림 2.29). 불규칙한 모양의 부품을 잡기 위해서, 특별한 집게 부분을 설치해야 한다. 그러한 집게 부분은 보통 제작비용이 많이 든다.

◎ **분석**

물리적 모순 : 집게는 부품을 잡기 위해서 단단해야 하고, 부품의 기하학적 형태에 스스로 순응하기 위해서 유연해야 한다. 반대 특성을 시스템과 그 부분으로 분리할 수 있다: 집게를 작게 쪼갠다(그래서 유연하다). 하지만 쪼개진 각 부분들은 단단한 매체이다.

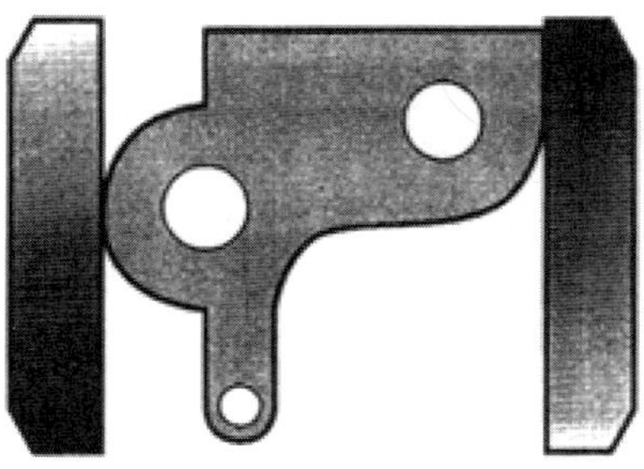

그림 2.29 전통적인 바이스와 불규칙한 모양의 부품

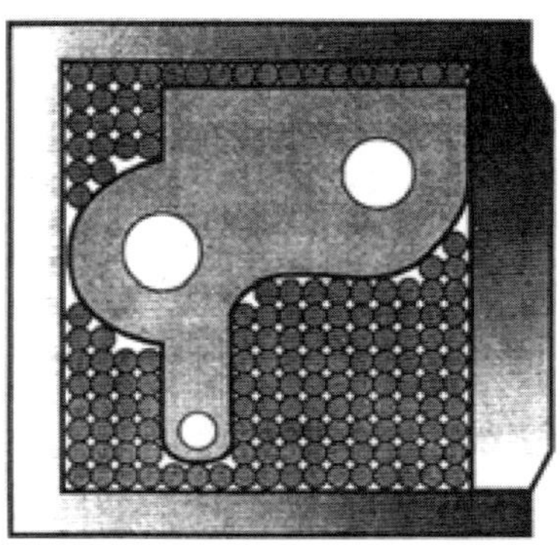

그림 2.30 적응 바이스

◎ **해결책**

이 접근법을 구체화한 것 중 하나가 소형 구슬이다(그림 2.30). 이러한 요소들은 실질적으로 임의의 모양의 윤곽에도 순응할 수 있고, 부가적인 이득으로 집는 힘이 일정해진다.

같은 접근법의 또 다른 사례로 주머니에 작은 입자를 채우는 방법이 있다. 주머니들 사이에 부품을 배치한 후, 주머니에서 공기를 빼면, 대기압으로 인한 마찰력 때문에 주머니 입자들이 부품 사이에서 필요한 형태로 단단히 굳는다.

이 접근법을 실현한 또 다른 사례로 이동성 핀 또는 손가락 모양의 막대를 사용하는 바이스가 있다(예를 들어, 미국특허 5,145,157과 5,746,423 참조).

2.6.4 시스템 갈등 해결하기 : 해로운 작용을 제거하거나 중화하기 위해서 새로운 도구의 도입

새로운 (보조) 도구는 보통 세 가지 작용을 수행한다. 해로운 작용을 막고, 해로운 작용을 중화하고, 영향을 받는 성분으로부터 해로운 작용을 끌어낸다. 이러한 작용은 종종 분리의 원리와 연결해서 사용된다.

해로운 작용을 막는다 (그림 2.31)

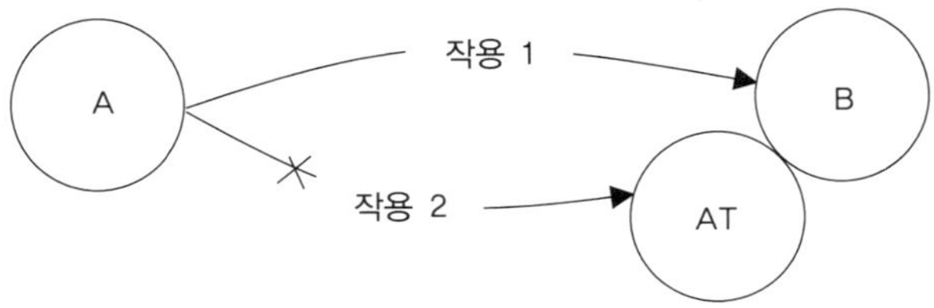

그림 2.31 해로운 작용 막기

문제 2.8

약 용액이 들어있는 앰플을 그림 2.32에서 보는바와 같이 불꽃으로 밀봉한다. 불

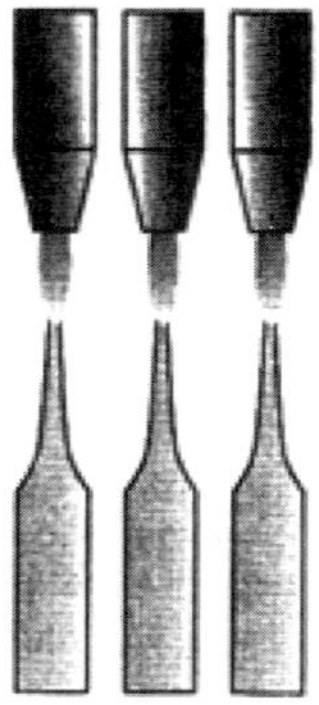

그림 2.32 약이 든 앰플의 밀봉

그림 2.33 물은 불꽃을 약으로부터 차단한다.

꽃이 제어하기 어렵다. 강렬한 불꽃은 약을 과열할 수 있고, 약한 불꽃은 유리를 녹일 만큼 충분하지 못할 수 있다.

◎ **분석**

이러한 모순상황은 분명히 앰풀의 높이에 따라 공간으로 분리되어야 한다. 강렬한 불꽃을 앰풀 목 주위에만 집중하고, 앰풀의 다른 부분에는 불꽃이 차단되어야 한다.

◎ **해결책**

이 문제는 앰풀을 물에 침지시킴으로써 해결되었다(그림 2.33). 매우 강렬한 불꽃은 앰풀의 밀봉을 보장하지만, 약에 영향을 주지 않는다.

종종 막는 보조도구는 이미 이용가능한 자원으로부터 만들 수 있고, 때때로 갈등 요소 자체로부터 만들 수 있다.

문제 2.9

강철 숏블라스팅(shot-blasting) 기계에서 관의 굽은 부분이 매우 빠르게 닳는다(그림 2.34). 관의 굽은 부분은 어느 것도 긴 기간 동안 강철구슬 공격에 견딜 수 없기 때문에 여러 가지 보호 코팅이 거의 효과가 없다.

◎ **분석**

"외래" 보호 코팅이 효과가 없기 때문에 내부 자원을 사용하는 것이 논리적이다.

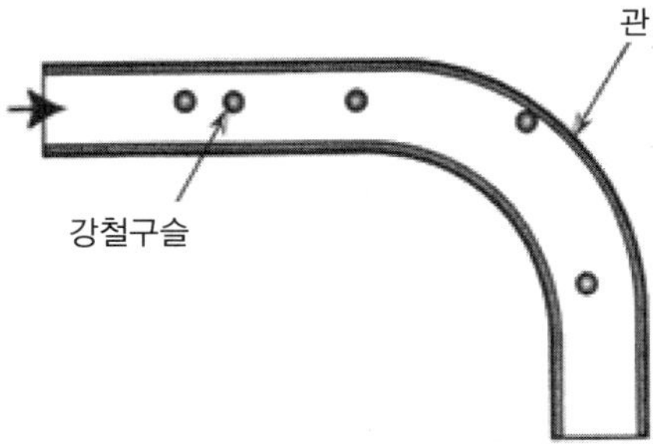

그림 2.34 강철구슬이 관을 파괴한다.

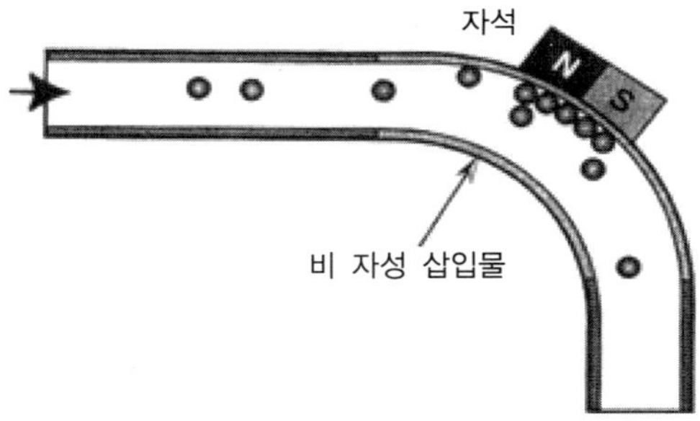

그림 2.35 자기 보호 시스템

◎ **해결책**

강철구슬 자체를 중간 매개체로 사용한다. 자석을 마모 지역 외부에 붙인다. 이것이 날아가는 강철구슬 일부를 끌어 보호층을 만든다(그림 2.35).

해로운 작용을 중화한다 (그림 2.36)

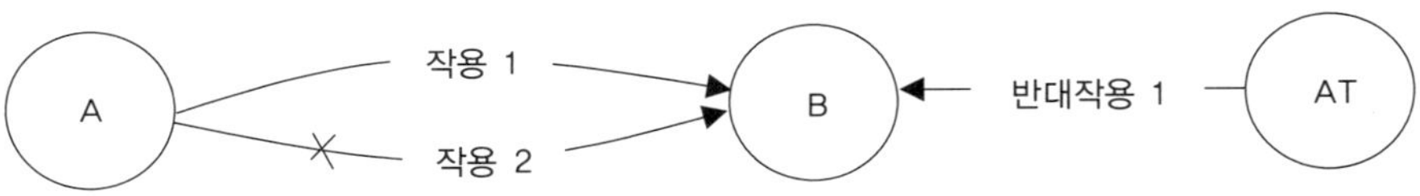

그림 2.36 해로운 작용의 중화

문제 2.10

벽이 얇은 관에 구멍을 뚫는 것은 관 벽이 찌그러져서 원하는 구멍을 잘 뚫기가 어렵다(그림 2.37). 고형체로 관 벽을 지지하면 관의 찌그러짐을 막을 수 있다. 그

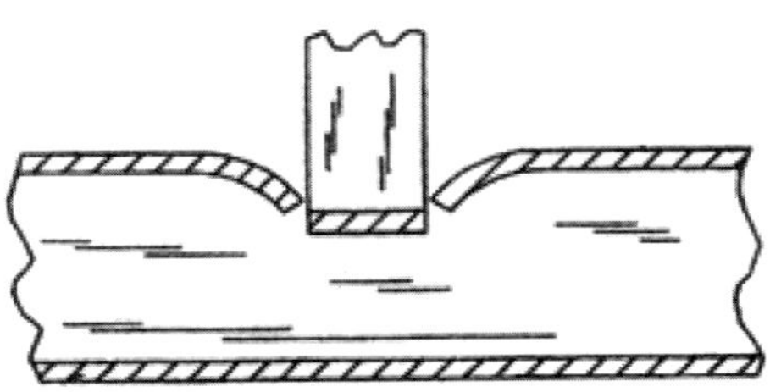

그림 2.37 관 벽의 찌그러짐

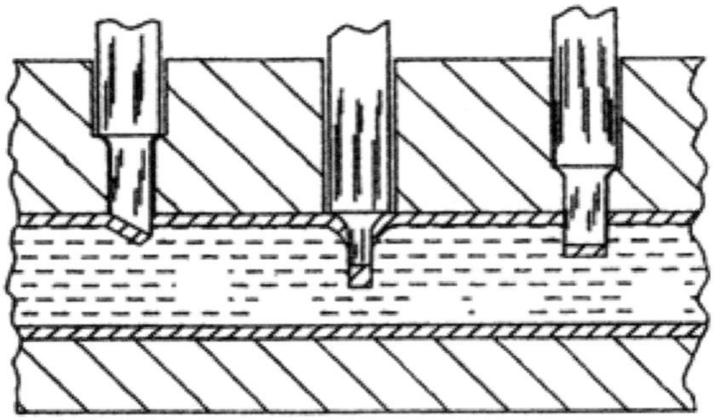

그림 2.38 얼음이 관 벽의 찌그러짐을 차단한다 (미국특허 5,974,846).

러나 굴곡이 많은 관에서는 관을 지지하기 위해서 관 내부에 고형체를 넣기가 어렵다. 관을 구부리기 전에 구멍을 내는 해결책은 관을 구부릴 때, 구멍을 일그러뜨릴 수 있기 때문에 적절하지 못하다.

◎ **분석**

벽을 지지하기 위해서 받침대는 고형체이어야 한다; 관 내부에 쉽게 넣기 위해서 받침대는 고형체가 아니어야 한다(액체). (동일하지만 짧은 정형화 문 : 받침대는 존재해야 하고, 동시에 존재하지 않아야 한다). 같은 장소에서 이러한 모순 요구조건을 만족해야 하기 때문에 이 모순을 시간으로 분리해야 한다.

◎ **해결책**

그린빌 툴엔다이(Greenville Tool and Die Co.)사가 한 공정을 개발하였다: 구멍을 뚫기 전에 관에 액체(예, 물)를 채운 다음, 그것을 얼린다. 구멍을 뚫는 동안에 고화된 액체가 관 벽을 지지해 준다. 구멍을 뚫은 후에 고화된 액체(얼음)를 녹이고, 관에서 액체(물)를 빼낸다(그림 2.38).

영향을 받는 성분으로부터 해로운 작용을 끌어낸다(그림 2.39).

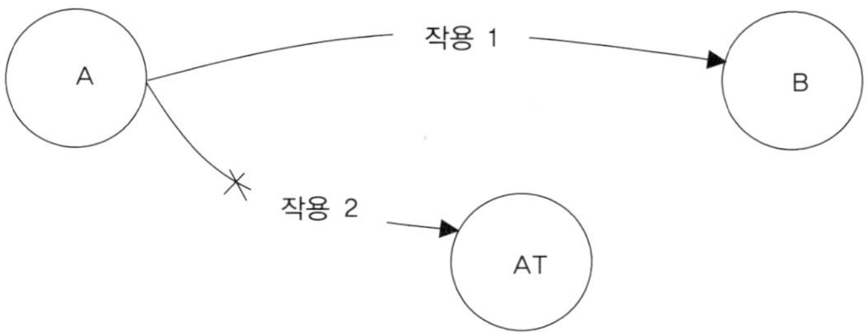

그림 2.39 영향을 받는 성분으로부터 해로운 작용을 끌어낸다.

문제 2.11

영하 온도에 노출된 수도관의 파열을 어떻게 예방해야 하나? 관을 가열하거나 관벽을 강화하는 것은 일을 너무 복잡하게 하고, 비용 또한 많이 들게 한다.

◎ **분석**

만약 팽창하는 어는 물의 압축력을 다른 성분 쪽으로 돌린다면, 이 문제는 해결될 수 있다.

◎ **해결책**

미국특허 6,338,364에 따르면, 유연한 원형 플라스틱 삽입물을 수도관 안에 넣는다(그림 2.40). 가이드가 관 안에 삽입물의 축 방향의 위치를 보장한다. 물이 액체 상태에 있을 때 삽입물은 원래 모양을 유지한다. 물이 얼음에 따라, 삽입물이 압축되고, 어는 물의 부피 팽창을 수용하여, 그것이 관의 구조적 파괴를 예방한다. 얼음이 녹을 때, 삽입물은 원래의 모양으로 되돌아간다.

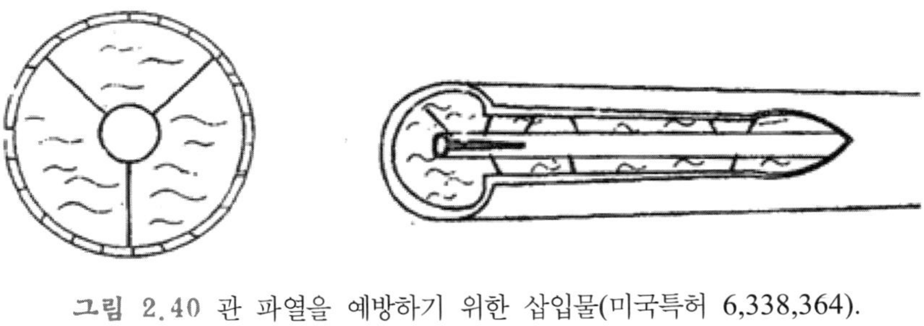

그림 2.40 관 파열을 예방하기 위한 삽입물(미국특허 6,338,364).

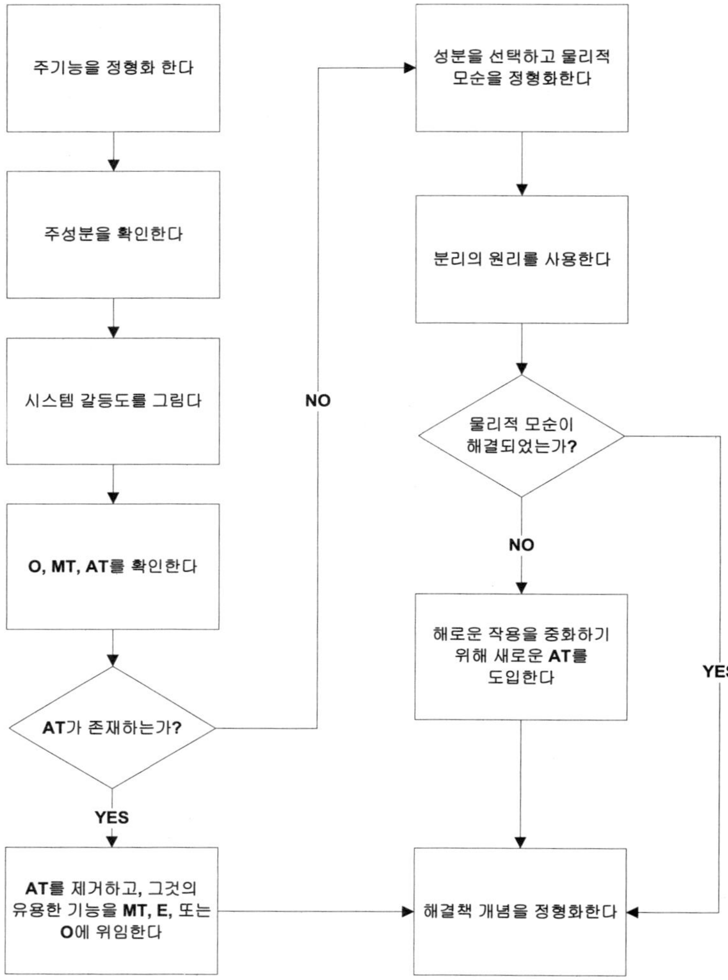

그림 2.41 시스템 갈등 해결하기 : 종합

2.7 요약

시스템 갈등을 해결하는 것은 문제 해결과 새로운 기술 시스템의 개발 양쪽에 본질적인 부분이다. 시스템 갈등을 해결하기위한 세 가지 접근방법 중에서(이상성 전략, 물리적 모순의 극복, 그리고 새로운 도구의 도입), 첫 번째 접근방법은 시스템을 단순화시켜주기 때문에 가장 바람직한 방법이다. 일단 시스템 갈등이 정형화되면, 이 접근법을 제일 먼저 고려해야 한다. 만약 이 접근법을 실행할 수 없다면, 나머지 두 가지 접근법을 시도해야 한다. 이 경우에 우리는 즉시 이용 가능한 자원을 먼저 사용함으로써 가능한 한 단순하게 시스템을 유지하려고 노력해야 한다 (그림 2.41).

2.8 연습문제

이어지는 장에 있는 연습문제도 마찬가지지만, 여기 연습문제들은 당신의 문제분석 능력과 개념개발 능력을 향상시키기 위해서 제시되었다. 올바른 답을 추측하지 말고(답이 분명해 보이더라도), 트리즈의 개념과 도구를 사용해서 답을 찾아보아라.

2.1 수행하는 주기능을 정형화하라.

- 면도기
- 칫솔
- 우편함
- 컴퓨터 키보드
- 회중전등
- 스키

2.2 다른 성분들이 수행하는 기능을 나열하라.

- 면도기
- 칫솔
- 우편함
- 컴퓨터 키보드
- 회중전등
- 스키

2.3 이상성 전략을 사용해서, 문제 2.1에 대한 대체 개념 해결책을 개발하라.

2.4 IC 칩이 발생시킨 열이 납과 열 싱크(납땜 물질로 만든 작은 막대)를 지나 이동한다(그림 2.42). IC 칩을 인쇄회로 기판에 용접하기 전에 열 싱크를 만든다. 그러므로 열 싱크는 땜납이 녹는 동안에 용접 영역으로부터 열을 제거한다. 용접 중에 열손실은 용접 연결점의 기계적 강도에 나쁜 영향을 미칠 수 있다. 열 싱크는 PCB가 작동할 때 IC 칩으로부터 열전달을 돕지만, 기판을 제조할 때 용접 온도를 낮춘다(생산 제약조건 때문에 용접 작업 후에 열 싱크를 만드는 것은 매우 바람직하지 못하다). 이상성 전략을 사용해서 문제를 해결해 보아라.

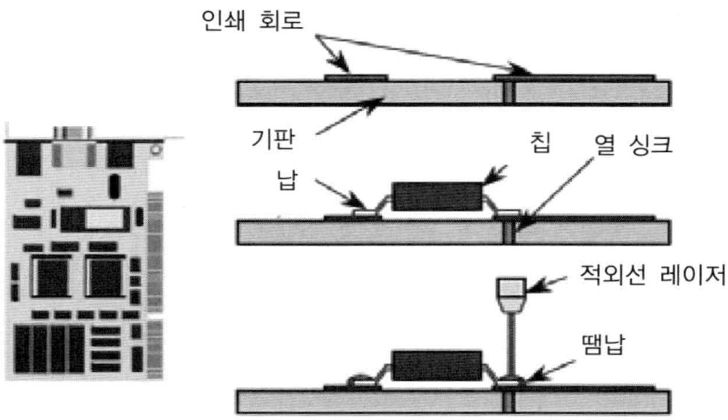

그림 2.42 PCB에 IC의 용접

2.5 다음 문제에 있는 물리적 모순을 정형화하고 해결하라.

>> 금속 부품을 다른 금속으로 코팅하기 위해서, 코팅 금속의 염 용액으로 채운 용기에 부품을 넣는다. 용액을 가열하면, 열분해 때문에 용액으로부터 금속이 부품 표면에 침전된다. 그러나 코팅 속도는 온도 의존적이다. 높은 온도에서 용액이 너무 빠르게 분해하여, 금속염이 용기의 바닥과 벽에 침전되어 75% 이상의 금속염이 낭비된다. 온도를 낮추는 것은 생산속도를 떨어뜨려서 받아들일 수 없다.

2.6 유명한 스위스 발명가 오거스트 피카드(Auguste Piccard)가 배시스케이프

(심해(深海) 생물 조사용 잠수정)를 개발하였다. 1960년에 피카드가 설계하고, 그의 아들 제큐스(Jacques)와 미 해군 도날드 월쉬(Donald Walsh) 대위가 조종한 배시스케이프 *트리스트(Trieste)*는 지구 대양에서 가장 깊은 곳으로 알려진 마리아나(Marianna) 해구 바닥까지 10,916미터를 내려갔다.

피카드가 배시스케이프로 심해 탐사를 성공하기 전에는 두꺼운 금속 벽 용기를 수면에 있는 배로부터 강철 케이블로 매달았다. 케이블이 파열되는 경우에 구형(球形) 잠수 장치를 바닥에서 끌어올릴 수 없었다. 피카드는 무인 조종을 할 수 있는 배를 설계하기로 하였다. 이 배를 표면으로 끌어올리기 위해서 배는 물보다 가벼워야 했다. 이것은 배가 부피가 크고 벽이 얇아야 한다는 것을 의미했다. 그러나 매우 깊은 곳에서 엄청난 수압에 의해 배가 으깨지는 것을 예방하기 위해서 배의 표면이 작고 벽이 두꺼워야 했다.

피카드가 발견한 해결책을 "재발명하여라".

2.7 약 10만 톤의 용광로 기초를 우물모양의 장소 옆으로 옮겼다(그림 2.43). 우물 안에 이 기초를 어떻게 내릴 수 있는가? 물론, 특별한 크레인을 사용할 수 있지만, 그것은 작업을 매우 복잡하게 하고, 비용을 크게 증가시킬 것이다. 또한 신뢰할 수도 없을 것이다. 어떻게 해야 하는가?

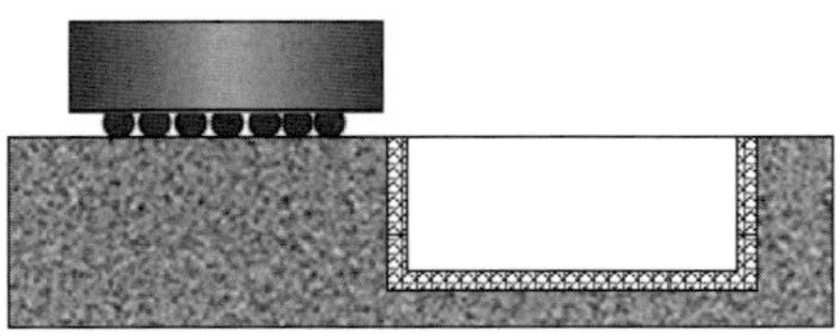

그림 2.43 용광로를 특별한 장치의 도움 없이 내려야 한다.

2.8 자기공명 단층촬영(MRI) 스캐너는 강한 자기장과 강력한 전자파 펄스를 사용한다. 심장박동 조절장치를 달고 있는 환자에게는 MRI를 사용할 수 없다. 이러한 조절장치는 보통 외부 전자기 복사선으로부터 조절장치를 차폐하는 금속덮개로 감싸여 있다. 문제는 MRI 스캐너가 일으키는 전자파가

덮개에 맴돌이 전류를 유도해서 70도 이상으로 그 장치를 가열할 수 있다는 것이다. 이 온도는 주변 조직을 손상시킬 만큼 매우 높은 온도이다. 그림 2.41의 템플릿을 사용해서 문제를 해결해 보아라.

Chapter 03 물질-장 분석의 기초

물리 현상은 모든 기술 시스템을 위한 기초이다. 기능을 수행하기 위해서는 어떤 물리 현상을 시간과 공간으로 적절하게 배열해야 한다. 예를 들어, 전기 칫솔의 털을 움직이기 위해서 배터리가 전기 에너지를 모터에 공급하면, 모터는 그것을 회전자의 회전 운동으로 바꾼다. 계속해서 회전운동이 전동장치 연결부를 작동시켜, 솔 머리 부분을 움직이게 한다.

기존 기능을 개선하거나 새로운 기능을 도입하는 것은 특별한 시스템의 물리적 구조 또는 물리적 현상을 다른, 더욱 효과적인 물리적 구조 또는 물리적 현상으로 전이한다는 의미이다. 이러한 전이의 예로써 외부 연소(증기) 엔진과 내부 연소 엔진을 생각해 보자. 전자에서는 엔진 실린더 외부에서 발생시킨 고압 증기가 피스톤을 움직인다. 후자에서는 실린더 내부에서 연소된 연료가 피스톤을 움직인다. 이러한 엔진들이 운동을 하기 위해서 다른 물리적 구조와 다른 물리 현상을 사용한다.

이장은 기술 시스템에 있는 물리적 구조와 공정의 분석 및 합성을 위해서 트리즈가 사용하는 모델링 접근방법을 설명한다.

3.1 최소 기술 시스템, 물질-장 모델

도구와 대상 사이의 상호작용은 에너지의 생성, 흡수 또는 전달에 의해서 수행된다. 그래서 도구, 대상, 그리고 상호작용 에너지는 최소한 하나의 기능을 수행하는 **최소 기술 시스템** 모델을 세우는 데 필요충분조건이다(그림 3.1). **효과적으로 기능을 수행하기 위해서는 이러한 세 요소와 그들 사이의 상호작용이 필요하다.**

트리즈는 "대상 – 도구 – 에너지" 3요소를 물질과 장이라는 용어로 설명한다.

"물질"이라는 용어는 약간 넓은 의미를 갖는다. 종종, 물질은 복잡성 정도가 다른, 예를 들어 못, 키보드, 배 등과 같은 기술 시스템이다.

"장"이라는 용어는 두 물질 사이에 상호작용을 위해 필요한 에너지와 관련이 있다. 현대 물리학은 4개의 기본 장을 밝혀냈다.

(1) 중력장(두 개 이상의 물질 사이의 작용)
(2) 전자기장(원자와 분자를 함께 붙들어 두는, 전기와 자기 효과를 일으킴)
(3) 약한 핵장(방사선 붕괴를 일으킴)
(4) 강한 핵장(원자핵을 붙들어 두는 일을 함)

그러나 이 분류는 개념설계 문제를 해결할 때 항상 충분하지 못하다. 트리즈에서 장의 의미는 완전히 다르고, 그것이 우리에게 여러 상호작용 사이를 편리하게 구별하게 해준다. 트리즈는 기계장, 열장, 전기장, 자기강, 화학장과 같은 공학장을

그림 3.1 최소 기술 시스템의 요소들

표 3.1 트리즈에서 사용하는 장

장				
기계장	열장	전기장	자기장	화학장
마찰력		단극		
원심력		쌍극자	영구 자석 장	
진동	적외선 방사	선 전하	일직선 전선 장	화학 퍼텐셜 구배
초음파	온도 구배	선 쌍극자	솔레노이드 장	표면 에너지
응력		진행파	자기 쌍극자	
압력 구배		편광파		

장으로 다룬다. 항상 물질이 일으키는 이러한 장들은 수많은 물리와 화학 현상을 통해 분명해진다. 그중 일부를 표 3.1에 나열하였다.

대상 물질은 항상 S1로, 도구 물질은 S2로, 장은 F로 나타낸다. 두 개의 물질 S1, S2와 상호작용 장 F로 구성되는 물질과 장 구조를 물질-장이라 한다(물질 + 장, 그림 3.2).

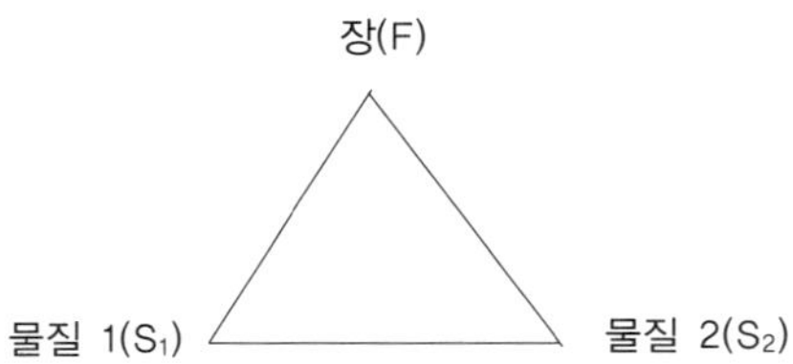

그림 3.2 가장 간단한 완전한 물질-장 구조

물질－장 분석에서 사용하는 기호와 선을 표 3.2에 나타내었다.

물질이 장을 일으킬 수 있고(그림 3.3a), 장이 물질에 작용할 수 있으며(그림 3.3b), 물질이 어떤 장을 다른 장으로 변환할 수 있다(그림 3.3c).

물질-장에서 물질은 장을 경유해서 다른 물질과 상호작용한다. 이러한 상호작용은 정확한 물질-장 묘사로 표현되어야 한다(그림 3.4).

표 3.2 물질-장 기호

물질-장 기호	설명
△	물질-장
————	일반적인 작용
————▶	구체적인 작용
-·-·-·-·-▶	불충분한 작용
——×——▶	해로운 작용
⇨	초기 물질-장 구조에서 바람직한 구조로 전이
→ F	물질이 일으킨 장
F →	물질에 작용하는 장
F'	수정된 장
S'	수정된 물질
(S1S2)	결합된 물질(예를 들어, 바이메탈)

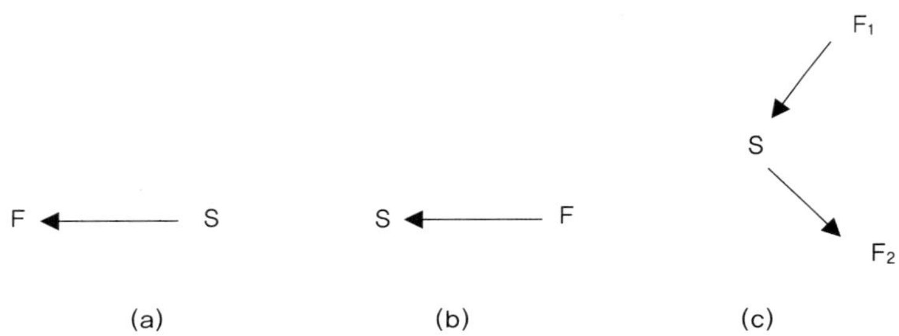

그림 3.3 장과 물질 사이에 가능한 상호작용

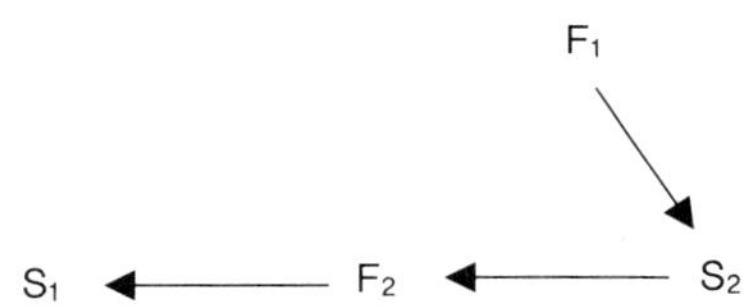

그림 3.4 물질들은 장을 경유해서 상호작용한다.

이 도식은 다음과 같이 읽는다. 장 F_1이 S_2에 작용하고, S_2가 장 F_1을 장 F_2로 변환하여, 변환된 F_2가 S_1에 작용한다. 장 F_2는 F_1과 같은 특성 또는 다른 특성일 수 있다.

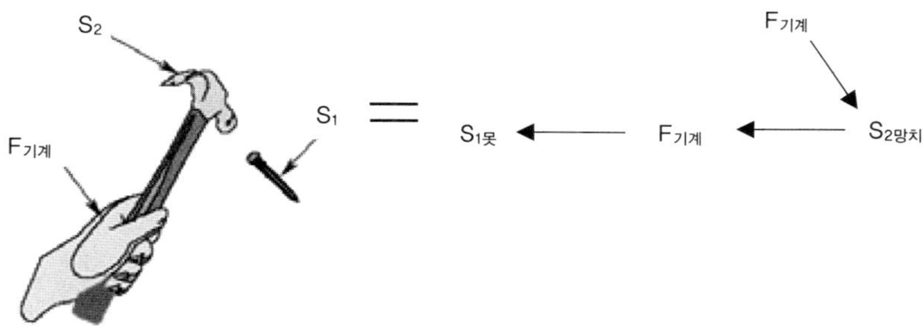

그림 3.5 간단한 기계 시스템의 물질-장 모델

예를 들어, "망치가 벽에 못을 박는" 시스템을 물질-장으로 표현할 수 있다(그림 3.5). 여기서 $F_{기계}$가 망치 S_2에 작용되는 기계장이고, 망치 S_2가 일으키는 $F_{기계}$가 못 S_1에 작용한다.

단순화하기 위해서 앞으로는 F_2와 F_1과 다른 경우에만 두 개의 물질 사이에 작용하는 장을 나타낼 것이다.

가장 흥미로운 설계 해결책은 일반적으로 입력장을 다른 특성의 장으로 변환하는 경우이다(예를 들어, 열장을 기계장으로, 기계장을 자기장으로 등).

약간의 경우에 물질-장 모델에서 도구 S_2를 알아내기가 쉽지 않다. 이것은 보통 S_2가 S_1 안에 숨어 있을 때 일어난다. 예를 들어, S_1의 부분이 대상 S_1의 입자 수준에서 작용하는 경우가 있다(5장, 미시수준을 볼 것).

금속 부품의 유도가열을 그림 3.6과 같이 모델화할 수 있다: 고주파 전자기장이 직접적으로 부품을 가열한다.

그러나 유도가열의 물리적 메커니즘을 좀 더 철저히 분석하면, 부품 내에 중간 구조가 나타난다–특별하게 자유전자 집단. 전자기장에 의한 이러한 전자의 격렬한 운동이 전체 부품을 가열한다. 이 과정을 그림 3.7의 물질-장 3요소로 모델화할 수 있다.

물질-장 구조와 그들의 변환을 연구하는 트리즈 분야를 물질-장 분석이라 한다[알트슐러, 1973].

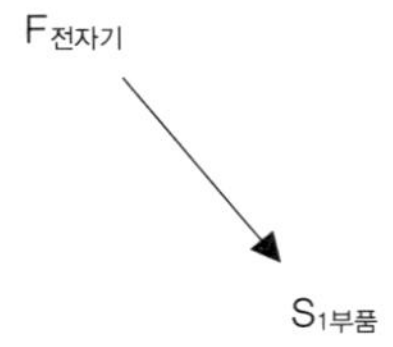

그림 3.6 두 개의 요소를 갖는 유도가열 과정의 물질-장 모델링

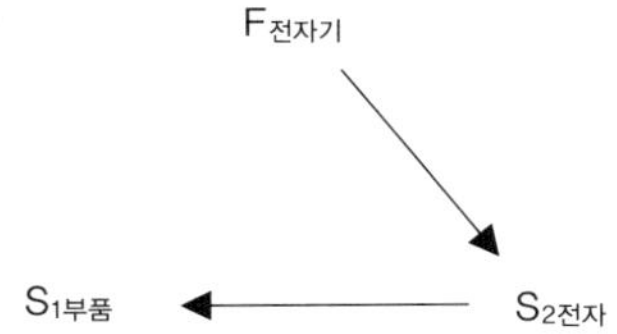

그림 3.7 세 개의 요소를 갖는 유도가열 과정의 물질-장 모델링

3.2 물질-장으로 물리효과의 모델링

트리즈 시각으로 볼 때, 물질-장 언어는 기술 시스템에 있는 물리적 상호작용(물리효과)의 편리한 모델링을 가능하게 해준다[알트슐러, 1988a]. 물질-장 분석의 관점으로 볼 때, 물리효과는 물질(또는 물질 집단)과 장의 일련의 어떤 상호작용들이다.

물리효과의 일반적인 모델을 그림 3.8에 나타내었다. 이것은 입력장 $F_{입력}$을 출력장 $F_{출력}$으로 변환하는 물질(또는 두개 이상의 물질 집단)을 포함한다. 물질은 또한 그 파라미터 P(예, 모양, 크기, 마찰계수, 자기 투과성, 굴절률, 밀도, 공간 위치 등)를 바꿀 수 있다. 모델은 입력장 $F_{입력}$의 작용을 조정(키우고, 누르고, 켜고/끄고 등)할 수 있는 제어장 $F_{제어}$를 포함한다. 열팽창 효과(온도의 변화 결과로 재료 크기의 변화)에 대한 물질-장 모델을 그림 3.9에 나타내었다.

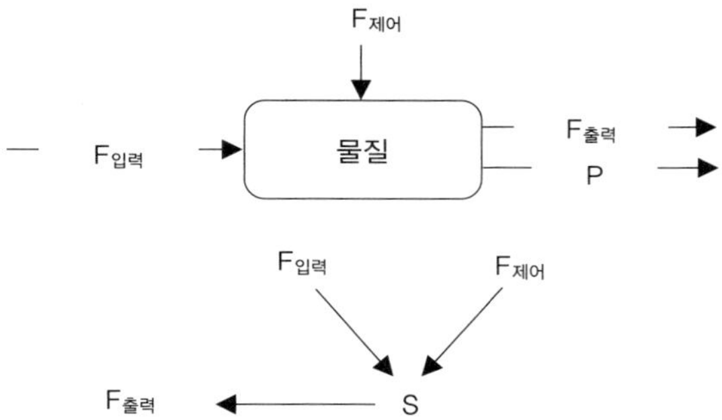

그림 3.8 물리효과의 일반적인 물질-장 모델

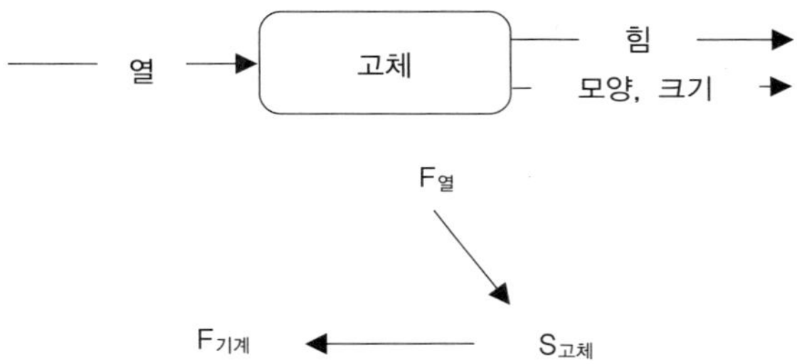

그림 3.9 열팽창 효과의 물질-장 모델

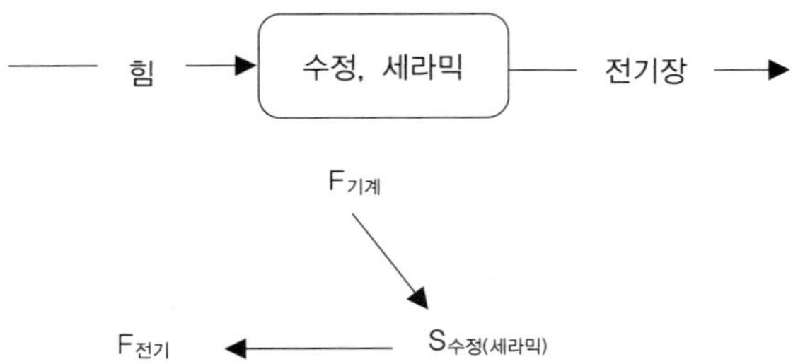

그림 3.10 역전기변형 효과의 물질-장 모델

그림 3.10은 역전기변형 효과의 물질-장 모델이다. 일부 결정체가 기계적 응력 하에서 전압을 발생시키는 능력이 있다. 이 효과는 담배용 전기 라이터와 가스 석쇠 용 점화장치에 사용된다. 단추를 눌러 전기변형 결정을 압착하면 고전압이 발생하고, 이것이 가스에 불을 붙인다. 이것은 또한 압전 마이크, 부하 감지기 등 많은

응용분야에 사용된다. 이 효과는 가역적이다; 전기변형 결정이 외부에서 전기장을 받으면 모양을 변경한다.

자기변형(그림 3.11)은 자기장에 의해 기하학적 크기를 바꾸는 강자성 물질의 특성이다. 역으로, 강자성 물질이 기계 응력을 받으면, 그 자화 특성을 변경한다. 이 효과는 여러 가지 작동 장치(예, 초음파 발생기)와 감지기에 사용된다.

두 개의 미끄럼 부품 사이에 접촉 마찰은 초음파 진동 하에서 줄어든다. 이 효과는 끌고, 굴리는 공정 및 여러 금속 제조 공정에서 부하를 줄이는 데 사용된다.

예측할 수 있는 바와 같이, 개별 물리효과는 그림 3.13과 같은 사슬을 형성할 수 있다. 일예로써 이 사슬은 금속 부품의 열 유도 변형을 측정하거나 검출하는데 사용될 수 있다.

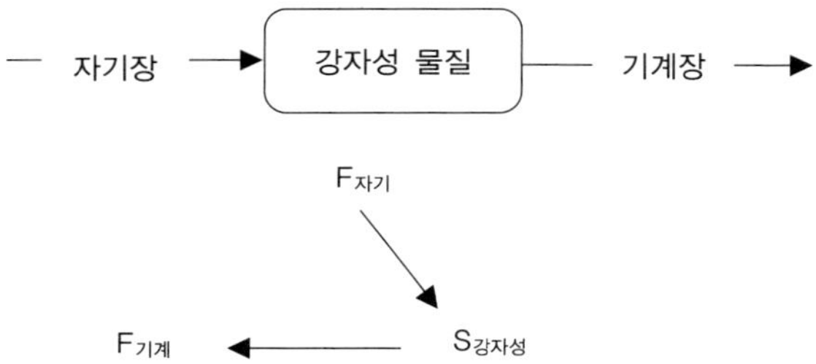

그림 3.11 자기변형 효과의 물질-장 모델

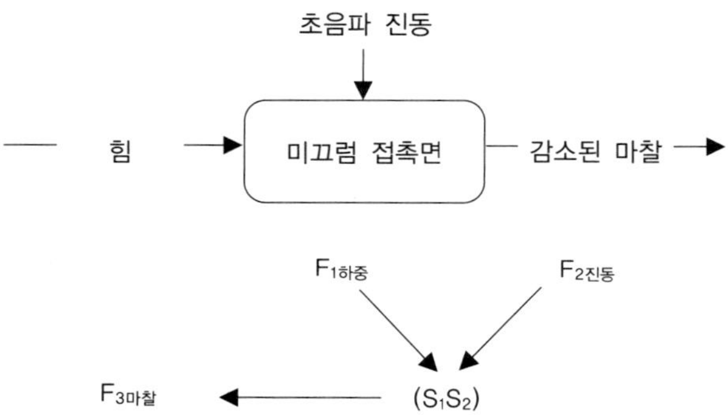

그림 3.12 초음파 내에서 마찰력 감소의 물질-장 모델

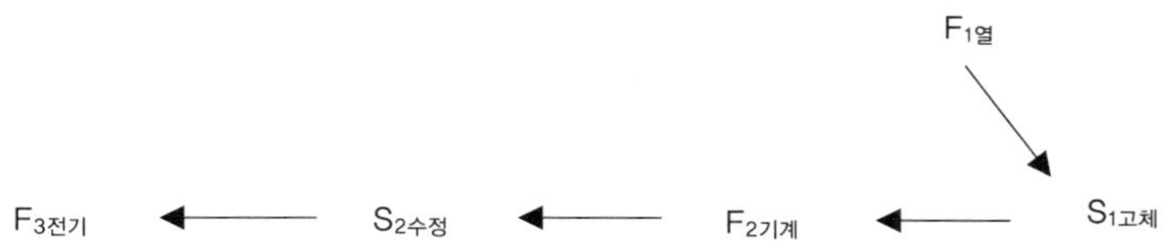

그림 3.13 복합 물리효과(열팽창+역전기변형)

6,000개 이상의 물리효과가 문헌에 알려져 있고, 새로운 많은 효과들이 계속해서 발견되고 있다. 이러한 효과들의 매우 폭넓은 목록은 인벤션머신(Invention Machine)사의 소프트웨어 제품을 통해 이용가능하다.

3.3 물리효과의 물질-장 모델 사용하기

물리현상의 물질-장 모델링은 새로운 기술 시스템의 가능한 물리적 구성을 확인하고자 할 때 매우 효과적이다(그림 3.14).

문제 3.1

다양한 생체 대상(조직 시료, 개별 세포 등)에 작은 양의 액체를 주입하거나, 그 대상으로부터 액체를 빼내기 위해서 미량 주사기 펌프가 사용된다. 전형적인 미량 주사기 펌프는 바늘, 용기, 피스톤으로 구성되어 있다(그림 3.15). 손(예를 들어, 마이크로미터 손잡이의 도움으로)이나 컴퓨터 제어 전기 구동장치로 피스톤을 움직인다. 현대 미량 주사기 펌프는 ±0.01 마이크로 리터의 정밀도로 액체를 다룰 수 있다. 그림 3.14의 단계들을 활용해서, 새로운 미량 주사기 펌프의 가능한 물리적 구성을 찾아라.

(1) **대상 S_1을 확인한다.** 이것은 이동시킬 액체 $S_{1액체}$이다.

(2) **S_1을 어떻게 바꿀지 상술한다.** $S_{1액체}$를 용기 밖으로 움직여야 한다.

(3) **이 변화를 일으킬 수 있는 F_1을 확인한다.** 이것은 기계장 $F_{1기계}$이어야 한다.

(4) **그러한 장이 이용가능한가?** 답이 "no"라고 가정해 보자.

(5) **$F_{1기계}$를 일으킬 수 있는 $F_2 \rightarrow S_2$ 쌍을 확인한다.** 최소 세 개의 그러한 쌍들이 대체 개념으로 우리를 안내한다.

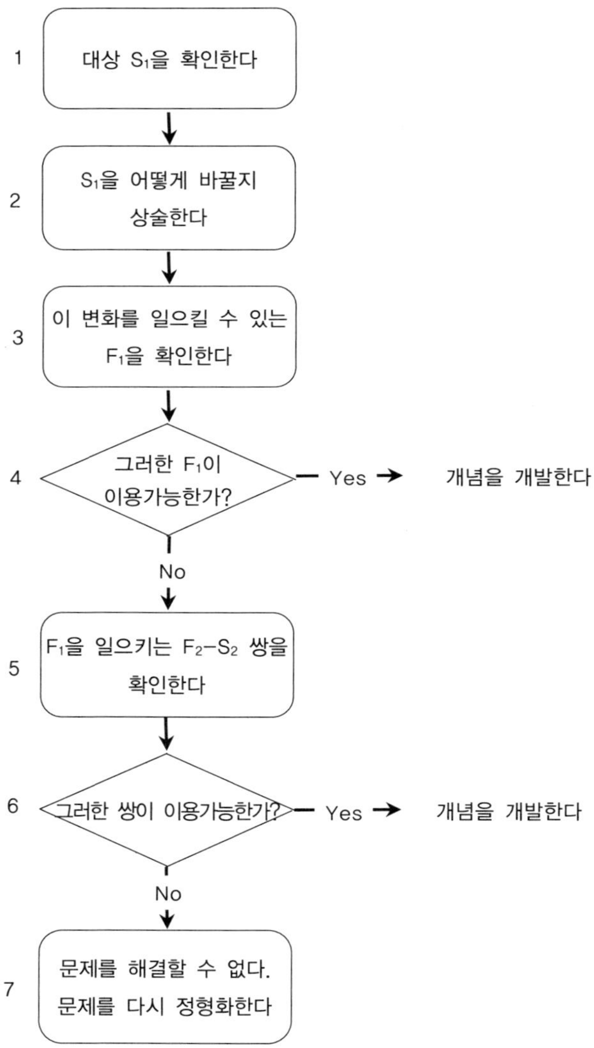

그림 3.14 새로운 시스템의 가능한 물리적 구성에 대해서 물질-장 모델을 세우는 단계들

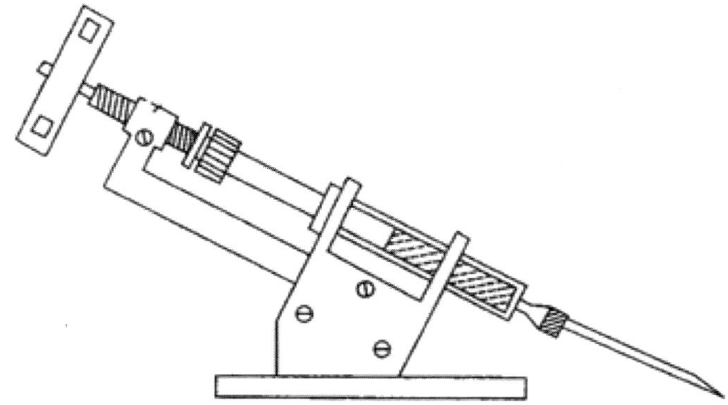

그림 3.15 전통적인 미량 주사기 펌프 (미국 특허 5,225,750)

- $F_{열} \rightarrow S_{고체\ 또는\ 액체}$ (열팽창 효과)
- $F_{전기} \rightarrow S_{압전세라믹}$ (압전효과)
- $F_{자기} \rightarrow S_{강자성체}$ (자기변형 효과)

(6) 개념을 개발한다.

- $F_{열} \rightarrow S_{고체\ 또는\ 액체}$: 가열된 요소의 팽창에 의해 액체가 이동한다.
- $F_{전기} \rightarrow S_{압전세라믹}$: 전기장에서 압전세라믹의 팽창에 의해 액체가 이동한다.
- $F_{자기} \rightarrow S_{강자성체}$: 자기장에서 강자성 물질의 팽창에 의해 액체가 이동한다.

(가장 좋은 개념 선택은 이 연습문제의 범위 밖이다.)

만약 필요한 $F_{1기계}$를 일으킬 수 있는 $F_2 \rightarrow S_2$ 쌍이 없다면, 우리는 다른 문제를 풀 필요가 있다. 예를 들어, **액체의 주입 없이 필요한 결과를 얻을 수 있는 방법.**

3.4 전형적인 물질-장 변환 : 표준

몇 개의 전형적인 물질-장 모델과 그들의 조합으로 기술 시스템에 존재하는 수많은 변화를 설명할 수 있다. 이 장에서 설명된 가장 전형적인 물질-장 모델을 표

3.3에 제시하였다(단순화 하기위해서, 이러한 모델의 일부에서 작용의 수와 방향을 구체화하지 않았다).

만약 어떤 개선이 필요한 시스템이 전형적인 물질-장으로 모델화된다면, 그에 해당하는 **전형적인 물질-장 변환**을 사용해서 그 시스템을 개선할 수 있다. 전형적인 물질-장 변환을 **문제해결을 위한 표준 접근법**, 또는 간단하게 **표준**이라 한다.

표준은 다음과 같은 형태로 정형화된다: **"만약 어떤 하나의 조건 또는 일련의 조건이 제시된다면, 그때, 표준은 특별한 접근법을 추천한다."**

표준의 사용(일반적으로 어떤 상황의 물질-장 분석, 그림 3.16)은 자유롭게 설명된 문제나 상황으로부터 **초기 물질-장 모델**(ISM)을 추출하는 것으로 시작한다(문제에 대한 스스로의 이해에 따라, 한 개 이상의 ISM을 만들 수 있다). 이 시점에서 다음을 확인해야 한다.

- 기능(수행해야 할 물리적 작용－2장을 볼 것).
- 대상 S_1
- 도구 S_2(만약 있다면)

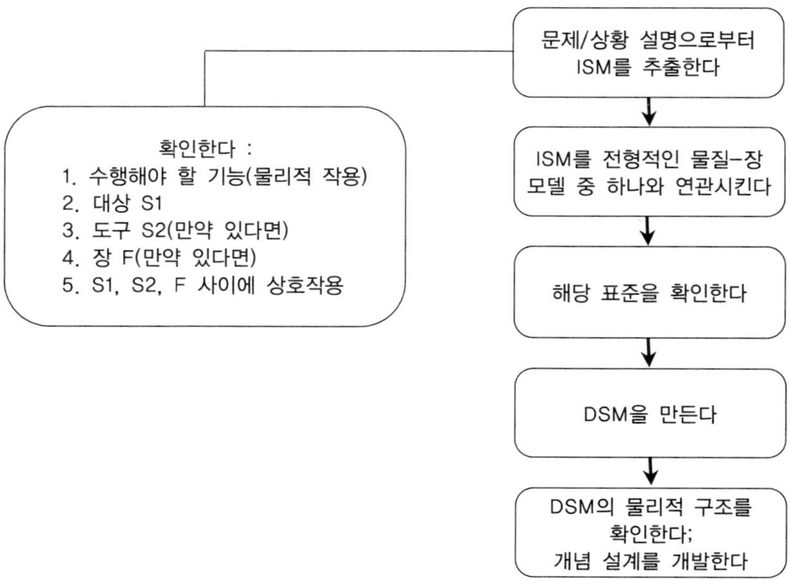

그림 3.16 표준을 사용해서 물질-장 모델 세우기

표 3.3 전형적인 물질-장 모델

전형적인 물질-장 모델	물질-장의 종류
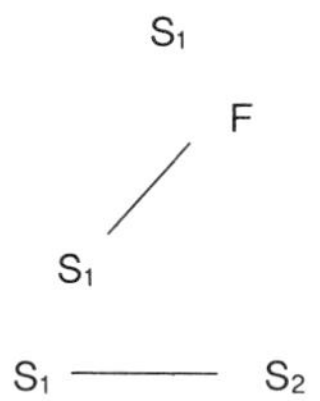	불완전한 물질-장
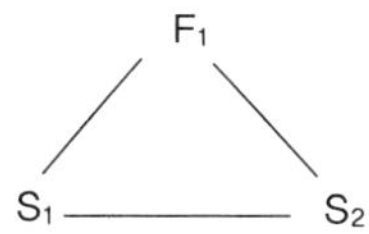	완전한 물질-장
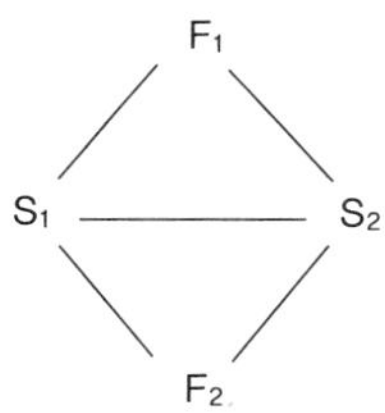	이중 물질-장
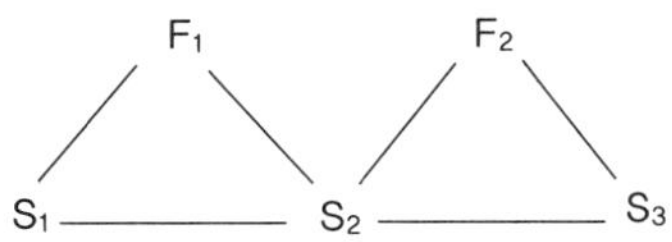	사슬 물질-장
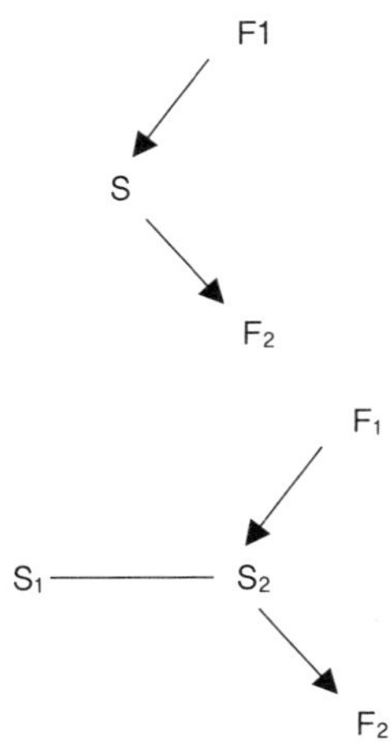	검출/측정 물질-장

• 장 F(만약 있다면)

• S_1, S_2, F 사이에 상호작용

ISM을 세운 후에, 그것을 이용 가능한 전형적인 물질-장 모델과 연관 지어야 한다. 계속해서 이러한 물질-장 모델을 한 개 이상의 표준과 관련지어야 한다. 표준은 보다 진보된, **바람직한 물질-장 모델**(DSM)로의 전이를 "처방"한다. 이것이 DSM의 물리적 구조와 각각의 개념설계 개발로 이어져야 한다.

부록 3은 알려진 모든 표준(표준 시스템)과 표준을 사용하기 위한 알고리듬을 담고 있다.

계속해서 자주 사용되는 표준을 설명한다.

3.4.1 완전한 물질-장의 합성

물질-장 합성의 제1 접근방법은 직접적으로 최소 기술 시스템의 정의에 따른다.

표준 1.1.1

불완전한 물질-장의 효율과 제어능력을 향상시키기 위해서는 (있어야 할 곳에) 없는 요소를 도입하여 물질-장을 완성해야 한다(그림 3.17).

물질-장의 완성은 보통 새로운 유용한 작용을 도입하거나, 불충분한 시스템을 개선할 때 사용된다(2장, 그림 2.5를 볼 것).

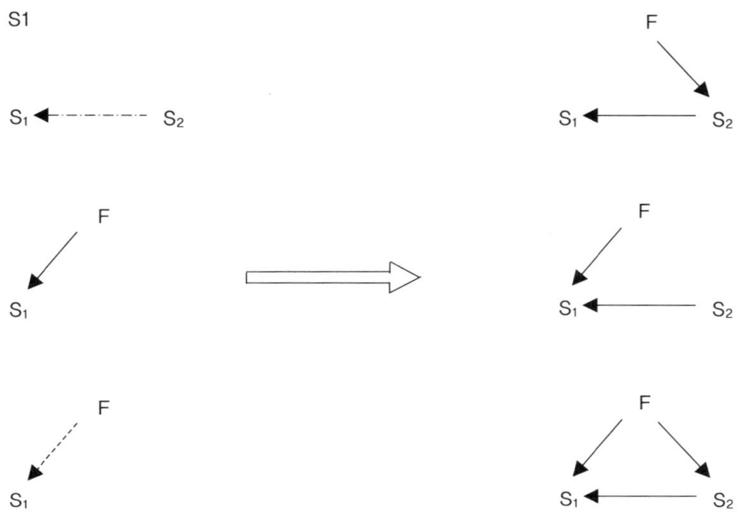

그림 3.17 불완전한 물질-장을 완성해야 한다.

문제 3.2

금속의 고온 압연은 변형 영역에 윤활이 필요하다(그림 3.18). 보통, 특수 붓과 스프레이로 액체 윤활제를 적용한다. 어떤 기술도 변형 영역에 윤활제의 균일한 분포를 제공하지 못 한다; 기름이 주변으로 튀기고, 많은 기름이 손실된다. 균일한 공급을 위한 비용 효율이 높은 방법이 필요하다.

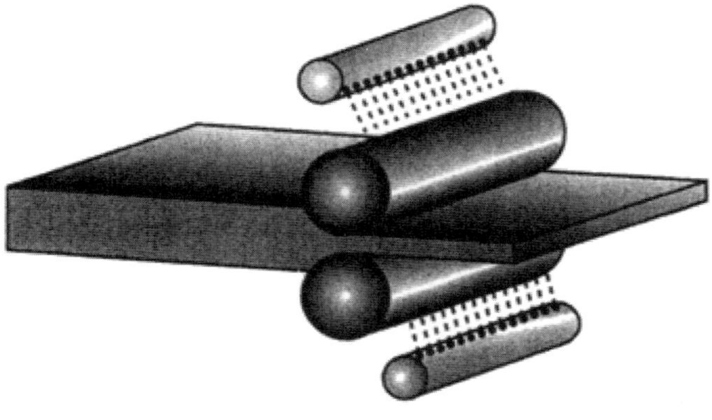

그림 3.18 변형 영역의 전통적인 윤활

◎ **분석**

이 문제의 주기능은 변형 영역에 필요한 윤활제를 전달하는 것이다. 윤활제를 대상 $S_{1\text{윤활제}}$라 할 수 있다. 문제는 $S_{1\text{윤활제}}$를 정확하게 전달할 수 있는 적절한 도구가 없기 때문에 생긴다. 또한, 문제는 기존 시스템에서 윤활제 스프레이가 $S_{1\text{윤활제}}$에 작용하는 기계장(수압)이 부적절하기 때문에 생긴다.

이러한 사항을 고려해서, 그림 3.19의 ISM을 세울 수 있다.

그림 3.19 전통적인 윤활제 공급 공정의 초기 물질-장 모델

그림 3.20 새로운 윤활제 공급공정을 위한 DSM

표준 1.1에 따라서, $S_{1\text{윤활제}}$에 기계장을 제공하는 $F_2 \rightarrow S_2$ 쌍을 도입함으로써 이 ISM을 완성해야 한다(그림 3.20).

이제 우리는 S_2와 F를 확인해야 한다. 이상적인 S_2는 윤활제를 전달하고, 압연 공정을 방해하지 않을 것이다. 이것은 S_2가 변형 영역에서 윤활제 전달과 동시에 사라져야 한다는 것을 의미한다. F_2에 관해서는 시스템에서 이용 가능한 자원 장을 사용하는 것이 이상적일 것이다. 그것은 회전하는 롤러의 기계장과 변형 영역의 열장이다.

◎ **해결책**

계속되는 논의는 실제적인 해결책에 이르도록 우리를 돕는다 : 액체 윤활제로 침지

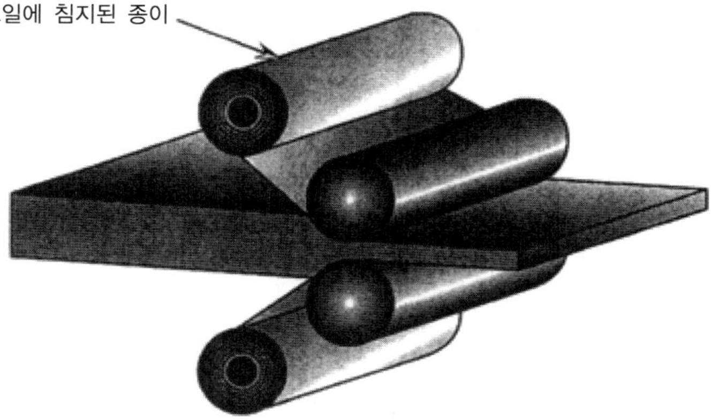

그림 3.21 종이가 변형 영역에 윤활제를 전달한다.

시킨 종이를 롤러와 금속판 사이에 공급한다. 종이는 변형 영역에서 높은 온도 때문에 탄다(그림 3.21).

알 수 있는바와 같이, 물질-장 분석이 독립적으로 문제에 대한 구체적인 답을 주지는 못하지만, 일련의 개념 해결책들을 생각하도록 우리를 돕는다. 그러한 대안들에 대한 이어지는 공학 및 비용 분석이 우리로 하여금 최선의 해결책을 고르도록 한다.

3.4.2 물질-장에서 해로운 작용의 제거

다음 표준 그룹은 완전한 물질-장의 물질 사이(S_1, S_2)에 유용한 상호작용과 해로운 상호작용이 동시에 존재할 때, 시스템의 갈등 상황을 해결한다. 과제는 해로운 상호작용을 제거하는 한편, 유용한 상호작용을 유지하는 것이다. 종종, 이것은 원래 물질을 분리하는 새로운 제3의 물질을 도입함으로써 성취될 수 있다[1].

1) 기본적으로 해로운 작용의 제거에 대한 이러한 표준들은 시스템 갈등을 해결하기 위한 3번째 접근법에 대한 물질-장 해석이다: 새로운 도구의 도입(2장, 2.6.4를 볼 것). 이러한 해석은 물질이나 장으로써 시스템에 도입할 새로운 보조도구를 확인하도록 우리를 돕는다.

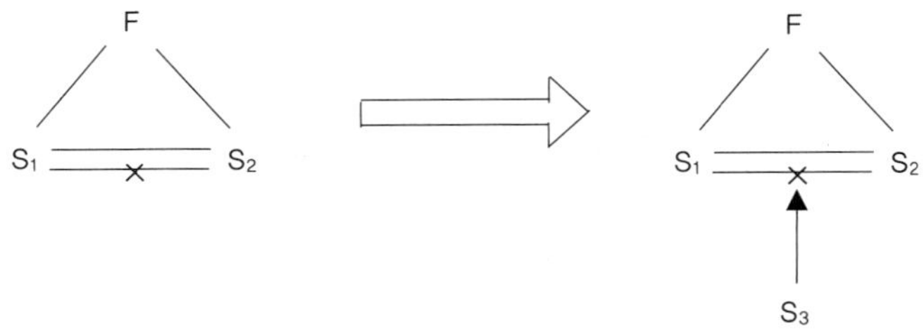

그림 3.22 분리 물질로 외부 물질의 도입

표준 1.2.1

유용한 작용과 해로운 작용이 동시에 두 개의 물질 사이에 생기고, 외부 물질의 사용이 가능하다면, 제3의 물질을 두 물질 사이에 도입해야 한다(그림 3.22).

추가 물질은 가능한 한 값싸고, 우선적으로 즉시 이용 가능한 자원이어야 한다.

문제 3.3

과학 실험을 하기위해서, 정확하게 0.01밀리미터 두께로 둥글게 자른 수천 개의 알루미늄 디스크(알루미늄 호일로 만든)가 필요하다(그림 3.23). 그러나 선반 위에서 약하고, 얇은 알루미늄 디스크를 돌리면 디스크가 구부러지고, 그 모서리 부분이 찢어지는 결과를 초래할 것이다.

◎ 분석

초기 물질-장 모델(그림 3.24)은 S_1(디스크), S_2(절단기), 그리고 $F_{기계}$로 구성되어 있다. 이 ISM에서 디스크의 절단은 유용한 기능이지만, 그것을 손상시키는 것은

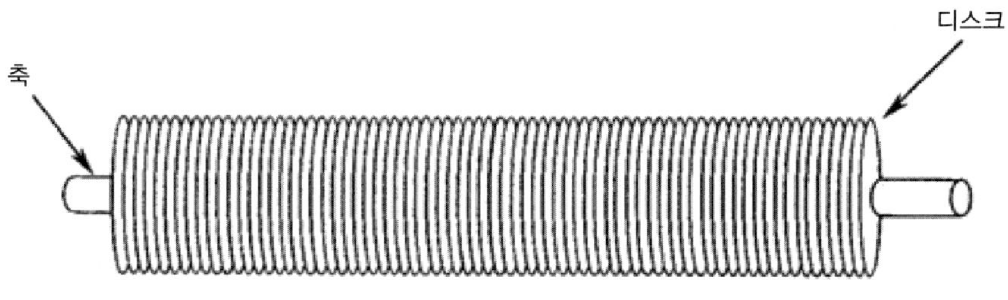

그림 3.23 약한 디스크 가공법은?

해로운 기능이다.

표준 1.2.1에 따라서, 가공 기간 동안에 S_1을 강하게 해줄 수 있는 다른 물질 S_3을 S_1과 결합시키면, 상황이 개선될 수 있다(그림 3.25).

◎ **해결책**

물이 들어있는 용기에 가공되지 않은 디스크들을 가지런히 넣고, 물을 얼리면 문제가 해결된다. 가공되지 않은 디스크를 잡고 있는 단단한 얼음 덩어리는 쉽게 가공된다.

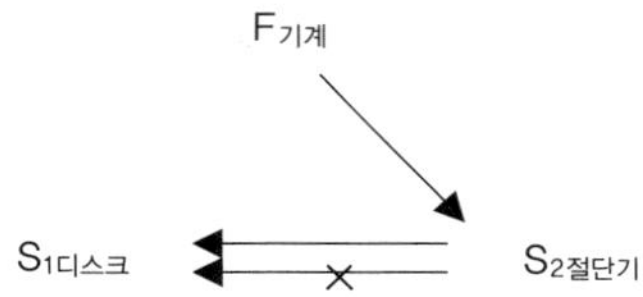

그림 3.24 디스크 가공 문제에 대한 ISM

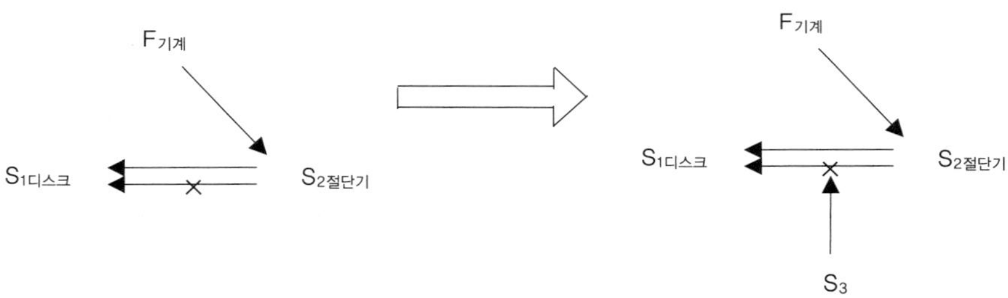

그림 3.25 디스크를 강화하기 위해서 S_3의 도입

그러나 종종, "외래" 물질의 도입이 시스템을 매우 복잡하게 할 수 있다. 그래서 시스템 갈등이 생긴다: 해로운 작용을 깨기 위해서 제3의 물질을 도입해야 하지만, 그것이 시스템을 너무 복잡하게 할 수 있다.

이 시스템 갈등은 다음 표준에 따라, 원래 물질로부터 제3의 물질을 만듦으로써 해결될 수 있다.

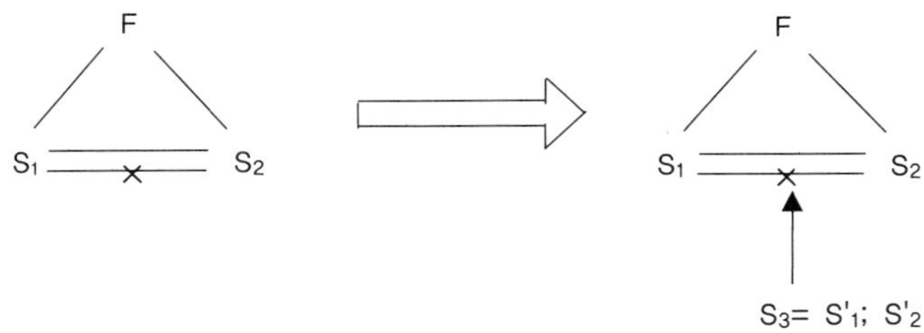

그림 3.26 추가된 물질은 원래 물질의 변형물이다.

표준 1.2.2

유용한 작용과 해로운 작용이 두 물질사이에 동시에 생기고, 외부 물질의 도입이 금지되어 있거나, 바람직하지 않다면, 내부 물질 중에서 적어도 하나를 변형한 제3의 물질을 두 물질 사이에 도입해야 한다(그림 3.26).

변형된 물질을 만들기 위해서, 여러 가지 접근법을 사용할 수 있다. 이용 가능한 자원 물질의 응집 상태를 변경할 수 있다. 예를 들어 물로 얼음이나 증기를 만들 수 있으므로, 이것들은 물의 변형 물질이라 할 수 있다. 다른 방법은 기존 물질을 그 구성 요소로 분해하는 것이다(예, 물 분자를 산소와 수소 원자로 나누는 것). 또한 원래 물질의 물리적 상태를 바꿈으로써 변형 물질을 얻을 수 있다: 자화, 이온화, 정지 물체를 움직이게 하거나 움직이는 물체를 정지시키는 것, 온도를 변경하는 것, 원래 두 물질을 결합시키는 것 등.

물질-장에 S_3(다른 물질 또는 장)의 도입이 S_3을 제어하기 위해서(예, 그것을 만들고, 움직이고, 잡기 위해서) 그림 3.27에 나타낸 바와 같이 **보조 물질-장**의 구성을 요구할 수 있다.

문제 2.9(강철구슬 발사 기기의 마모)는 이 접근법의 좋은 사례이다(그림 3.28).

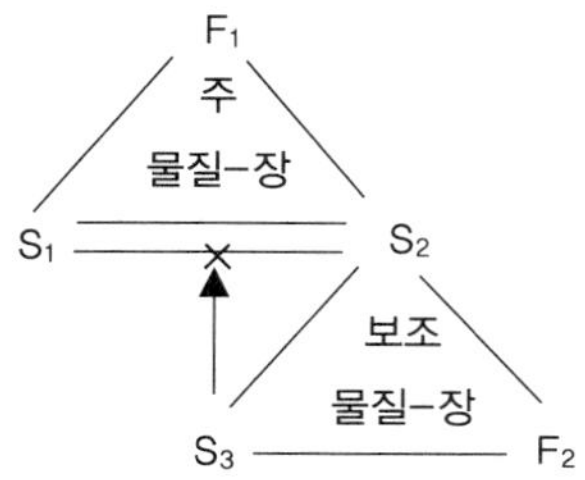

그림 3.27 보조 물질-장이 추가된 물질을 제어한다.

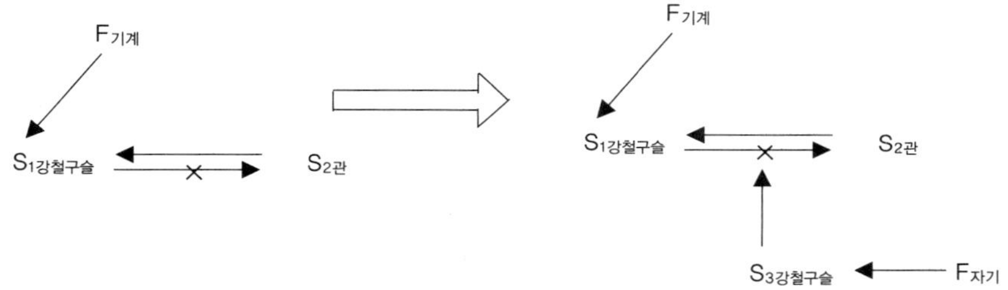

그림 3.28 강철구슬 발사 문제의 물질-장 해결책

물질-장 분석을 수행할 때, S_1과 S_2를 포함하는 주 물질-장을 먼저 구성해야 한다. 보조 물질-장이 필요하다면, S_3을 확인한 후, 항상 나중에 그것을 구성할 수 있다. 간단히 하기 위해서 보조 물질-장은 보통 물질-장 모델에 나타내지 않는다.

표준 1.2.2는 가장 많이 사용하는 표준 중에 하나이다. 다른 예제를 살펴보자.

문제 3.4

수중익선(水中翼船)은 종종 군사용과 상업용에 사용된다(그림 3.29). 수중익이 물 밖으로 배 선체를 들어 올려서, 항력을 줄인다. 수중익이 강력한 캐비테이션 부식을 겪는다. 캐비테이션은 물속에서 움직이는 고형체에 생기는 기포(공동)의 현상이다. 기포가 안쪽으로 붕괴해서, 순간적으로 매우 높은 압력 변화(충격파)를 일으켜 수중익 표면을 손상시킨다. 공동이 강하면, 수중익 표면이 수많은 우묵한 곳과 바늘구멍으로 덮인다. 수중익을 내화 금속으로 만들거나, 여러 가지 보호층을 사용하는 것은 그 효과가 충분하지 못하다.

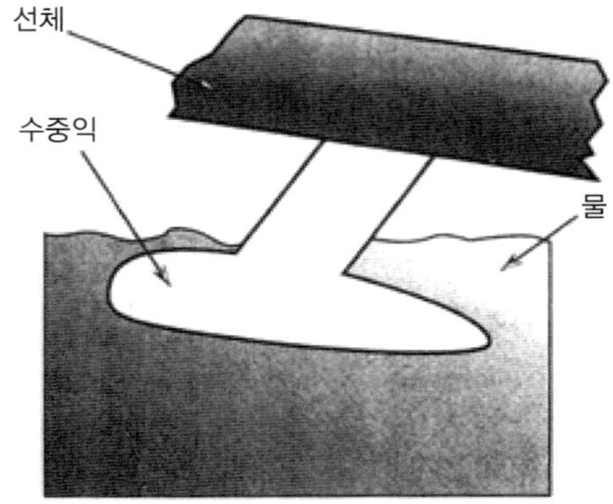

그림 3.29 물속에 있는 수중익

◎ **분석**

이 문제에서, 수중익이 S_1이고, 물은 S_2, 장은 배를 추진하는 기계장인 $F_{기계}$이다. 문제의 조건에 의하면 다른 물질로 물과 수중익을 분리하는 것은 바람직한 결과를 주지 못한다. 이 문제는 앞 문제와 유사하고, 그 해결책도 그렇다: S_3은 변형된 수중익 또는 변형된 물이어야 한다(그림 3.30). 수중익의 변형은 이미 시도했기 때문에, 우리는 물의 변형을 시도해야 한다. 그것은 증기, 얼음, 다른 특성이 변형된 물, 즉 여러 속도 또는 압력을 갖는 물일 수 있다.

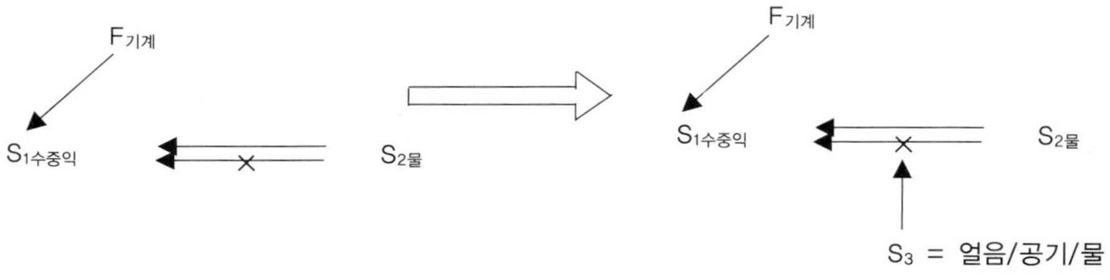

그림 3.30 수중익 부식 문제의 물질-장 해결책

◎ **해결책**

두 가지 해결책이 가능하다 : (a) 프로펠러 앞쪽 가장자리에 있는 미세구멍을 통해 공기를 펌핑함으로써 수중익 주위에 공기 커튼을 만듦, (b) 수중익 표면에 얇은 얼

음 층을 만들고 유지함(배에 있는 작은 냉동 장치로); 얼음 층은 계속해서 동공에 의해 파괴되지만, 즉시 재생된다.

때때로, 문제의 조건이 S1과 S2의 어떤 분리를 금지한다. 그땐, 다음 표준을 적용한다(그림 3.31).

표준 1.2.4

유용한 작용과 해로운 작용이 동시에 두 물질 사이에 생기고, 물질 사이에 직접 접촉을 유지해야 한다면, 기존의 장 F_1이 유용한 작용을 제공하는 한편, 제2의 장 F_2가 해로운 작용을 중화해야 한다.

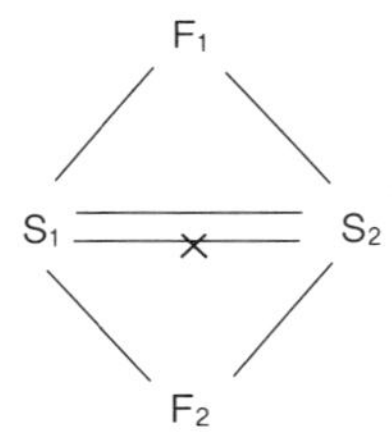

그림 3.31 제2의 장이 해로운 상호작용을 중화/제거한다.

문제 3.5

증기 터빈은 증기와 물방울의 혼합 환경에서 작동한다. 상대적으로 큰 물방울(전형적으로 50~800마이크로미터 직경)은 빠르게 회전하는 날개와 충돌하여, 날개를 부식시킨다(그림 3.32).

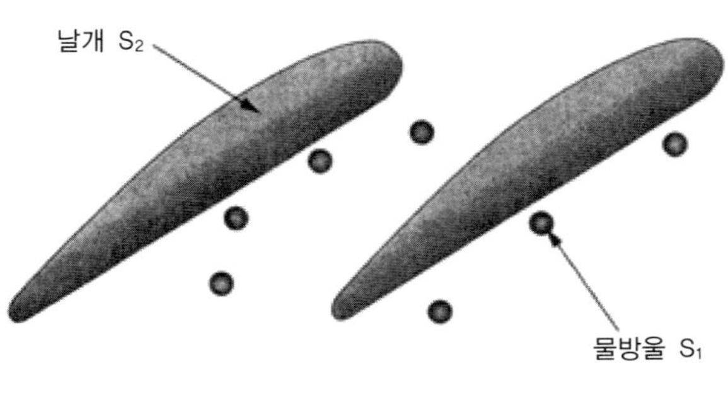

그림 3.32 물방울이 날개를 손상시킨다.

◎ 물질-장 분석

물질-장 분석 관점에서, 이 상황은 이전의 수중익 부식 문제와 유사하다(그림 3.33). 그러나 날개 표면에 얼음 보호층을 만드는 것과 같은 비슷한 해결책은 현실적이지 못하다. 이것은 표준 1.2.4의 적용을 요구한다(그림 3.34). 새로운 장 F2의 임무는 분명하다: 날개 표면과 물방울 사이의 접촉을 막는 것. 기초 물리를 찾아보면, 정전기장의 사용이라는 아이디어를 얻을 수 있다.

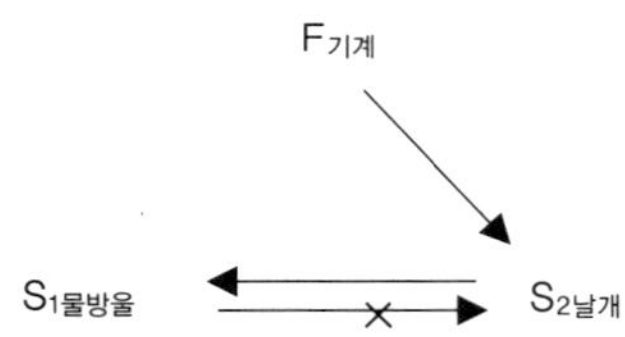

그림 3.33 날개 부식 문제에 대한 IMS

◎ 해결책

정전기 필터에서 사용하는 코로나 방전 기술을 사용하여 물방울과 터빈 날개에 같은 전하를 부여한다(그림 3.35). 그러면, 물방울과 날개가 서로 반발해서, 물방울이 날개에 가하는 상대속도를 효과적으로 줄인다.

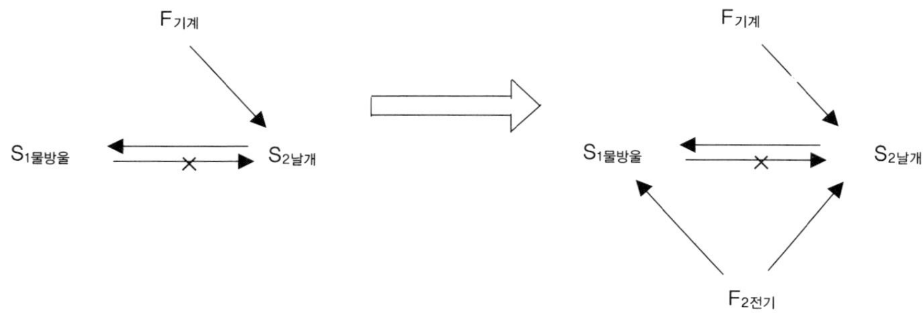

그림 3.34 DSM은 제2의 장을 포함한다.

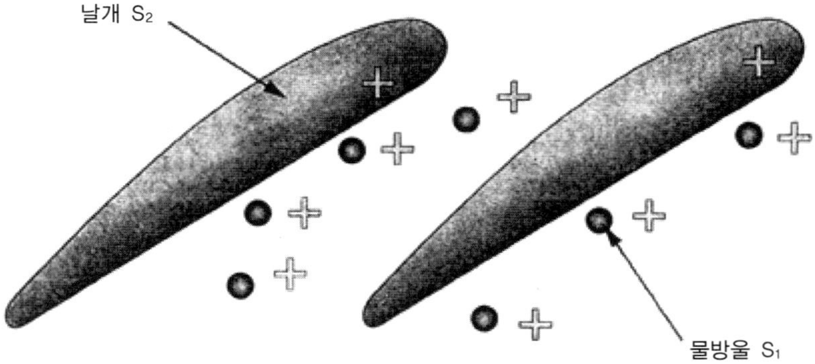

그림 3.35 전하를 띈 물방울과 날개가 서로 반발한다.

3.4.3 검출과 측정의 물질-장

공학 실무에서 마주치는 두 종류의 문제가 있다. 변경의 문제와 측정/검출의 문제. 첫 번째 종류의 문제에서는 주어진 시스템의 기능을 개선해야 한다. 이런 문제들은 일반적으로 시스템을 개선하거나, 시스템의 환경을 개선함으로써 해결된다. 앞 문제들은 모두 변경의 문제들이다.

측정과 검출의 문제는 파라미터나 물리적 상태를 측정해야 하는 시스템이 주어져 있고, 측정과 검출을 할 수 없는 경우이다. 측정과 검출의 문제를 해결하는 첫 번째 접근법은 문제 해결을 다른 방향으로 돌리는 것이다. 대부분의 시스템에서 측정과 검출은 중요하지만, 그것은 보조 기능이다. 시스템의 일부 파라미터를 측정하거나 검출해야 한다는 것은 시스템 성능에 어떤 결점이 있다는 표시이다(즉, 시스템이 규격 범위 내에 그러한 파라미터를 유지할 수 때문에 어떤 제어 요소가 필요하다). 이상적인 시스템은 파라미터의 측정/검출이 필요 없어야 한다. 이 접근법은 다음 표준으로 분명해진다.

표준 4.1.1

시스템에 측정이나 검출이 필요한 문제가 있다면, 측정과 검출이 필요 없도록 시스템을 바꾸어야 한다.

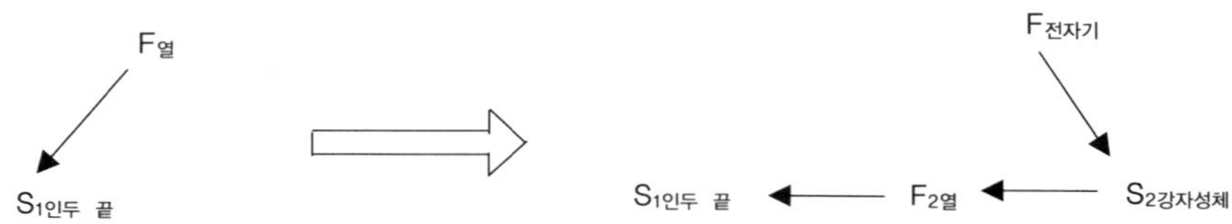

그림 3.36 온도 안정화 문제의 물질-장 해결책

문제 3.6

값비싼 인쇄 회로기판을 재작업하거나 수리하기 위해서 용접인두를 사용한다. 성분과 기판의 손상을 피하기 위해서 인두 끝의 온도를 미세한 조건으로 제어해야 한다. 여러 작업에서 다른 온도를 필요로 하기 때문에, 인두를 계속적으로 재조정해야 하고, 이것이 전체 생산성을 떨어뜨린다. 또한 이것은 기술자들을 귀찮게 한다. 또한, 기술자들은 종종 필요 온도보다 높게 인두 끝 온도를 설정함으로써 처리량을 증가시킨다. 이것은 성분과 기판의 과열 위험을 크게 증가시킨다. 자동 온도조절 시스템을 사용하는 것은 시스템을 복잡하게 하고, 비용을 추가할 것이다.

◎ 분석

정밀한 온도조절을 위한 복잡한 시스템이 규격 범위 내로 온도를 유지할 수 있는 물질로 "수렴"한다면 이상적일 것이다. 이것을 수행하기 위해서, 큐리 온도(강자성체가 자기특성을 잃는 온도)를 통한 전이를 사용하는 것이 자연스럽다(그림 3.36).

◎ 해결책

멧칼(Metcal, Inc)사가 만든 납땜인두에서 인두 끝은 교환 가능한 카트리지 부품이다. 이것은 얇은 철-니켈 합금 층으로 코팅한 구리 막대이다(그림 3.37). 감싸고 있는 코일이 일으키는 고주파 교류 자기장이 철-니켈 층에 맴돌이 전류를 유도하여, 그것을 가열한다. 층 온도가 미리 정해진 큐리 온도에 도달하면, 층이 자기장을 투과할 수 없게 되고, 내부 구리심으로 전류의 방향을 바꾼다. 결과적으로 유도가열 강도가 떨어진다. 층이 냉각되면, 그것은 다시 자기장을 투과할 수 있게 된다. 전류가 돌아오고, 가열 사이클이 계속된다. 이 납땜인두의 정밀도는 ±1.1도이다. 다른 큐리 온도를 갖는 철-니켈 합금을 사용해서 다양한 끝 온도를 갖는 인두를 얻는다.

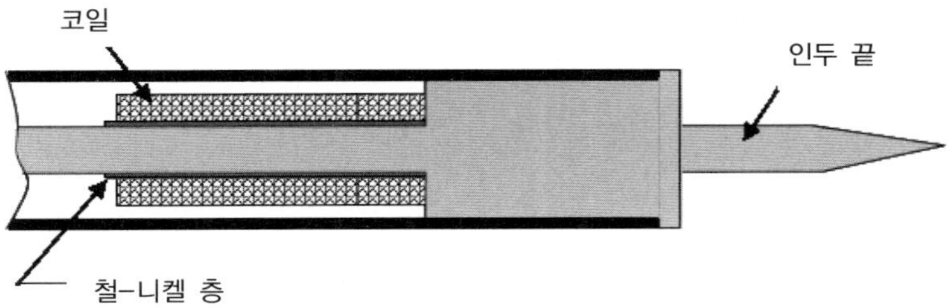

그림 3.37 자기 조절 인두 끝을 갖는 교환 가능한 카트리지

표준 3.1.1을 적용할 수 없는 상황(예들 들어, 쉽게 바꿀 수 없는 시스템)에서는 완전한 물질-장 개념으로부터 도움을 받을 수 있다.

측정/검출의 문제에서 관심 대상은 물질 S_1이라 할 수 있다. 물질-장 분석의 관점에서, 측정과 검출을 하기 위해서 S_1은 물질의 조건에 대한 정보를 전달하는 출력장을 발생시켜야 한다(그림 3.38a).

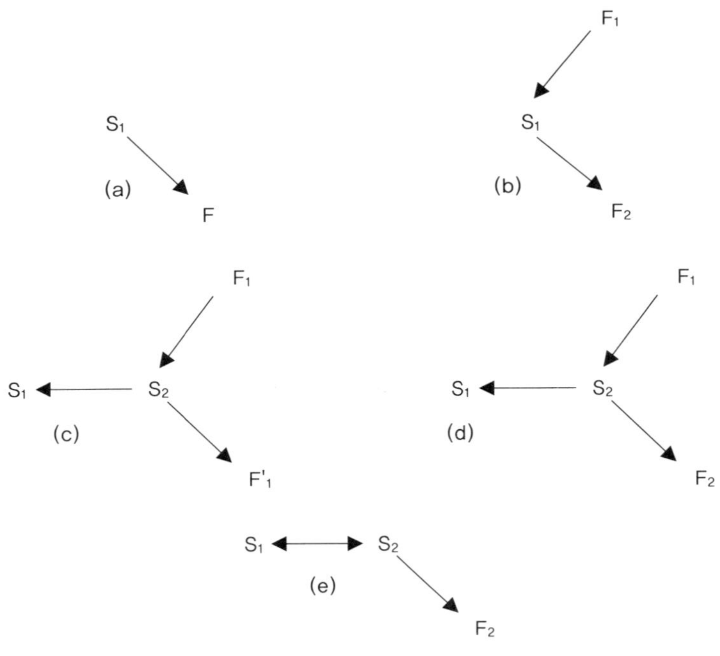

그림 3.38 전형적인 측정/검출 물질-장

만약 S_1이 스스로 그러한 장을 발생하지 않는다면, 다른 장을 S_1에 적용해서, 물질이 이 입력장을 필요한 출력장으로 전환하도록 한다. 출력장의 파라미터는 S_1의 물리적 상태에 의존한다(그림 3.38b).

만약 S_1이 실질적인 관심의 어떤 장에 반응하지 않거나 문제의 조건이 장의 사용을 제한한다면, 제2의 장 S_2를 추가한다. 이 물질이 입력장의 파라미터를 바꾸거나(그림 3.38c), 입력장을 다른 출력장으로 변환하고(그림 3.38d), 또는 필요한 출력장을 스스로 발생할 수 있다(그림 3.38e). 그림 3.38c와 3.38d로 나타낸 물질-장 그룹이 가장 전형적인 물질-장이다.

그래서 기술 시스템의 측정과 검출은 정보를 쉽게 전달할 수 있는 출력장을 갖는 물질-장을 구성하는 것을 포함한다. 측정/검출 시스템을 합성하기 위해서, 변경 시스템의 합성, 즉 물질-장의 완성과 유사한 접근법을 사용할 것을 추천한다. 측정/검출 물질-장의 합성에 해당하는 분명한 특징은 그 물질-장이 출력장의 발생을 보증해야 한다.

표준 4.2.1

만약 불완전한 물질–장 요소를 측정하거나 검출하기가 어렵다면, 이 물질–장을 완성해야하고, 출력측에 장을 가져야 한다.

현대 기술에서 이용 가능한 모든 장 중에서, 전자기장(즉, 자기, 전기, 광학)이 사용하기가 가장 편리하다. 왜냐하면, 우리가 그것들을 쉽게 측정, 검출할 수 있고, 다른 장으로 변환하고, 3차원 공간으로 전송할 수 있기 때문이다.

문제 3.7

냉장고 배관에 있는 냉매의 누출 여부를 검사하고자 한다. 단순하면서도 비용 대비 효율적이고, 신뢰성이 높은 시각적인 검출 방법이 필요하다(그림 3.39).

◎ 물질–장 분석

누출된 방울이 S_1이라 할 수 있다. ISM은 불완전한 물질-장이다. 새로운 S_2를 도입해야 한다. 이것이 광학장 $F_{광학}$과 상호작용해서, 방울이 보이도록 하거나 광학장

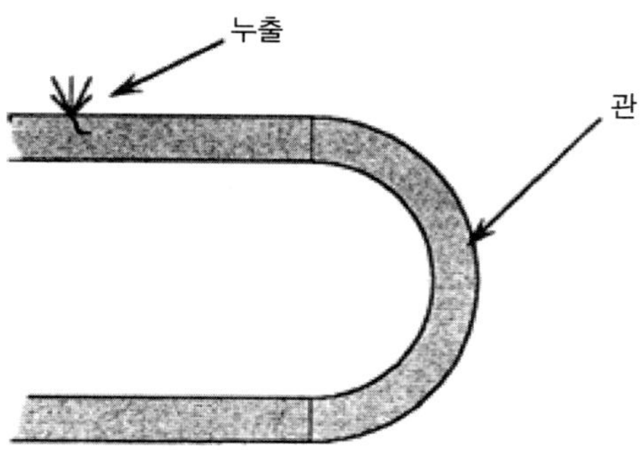

그림 3.39 냉장고 배관에서 새는 곳을 검출하는 방법은?

$F_{광학}$을 다른 장으로 전환할 것이다(그림 3.40).

◎ **해결책**

두 가지 접근법이 사용된다. 첫 번째 접근법은 냉장고 배관 외부면에 코팅한 페인트 층의 도움으로 실현된다. 누출이 일어나면, 육안 검사가 쉽도록 페인트가 부푼다.[2)]

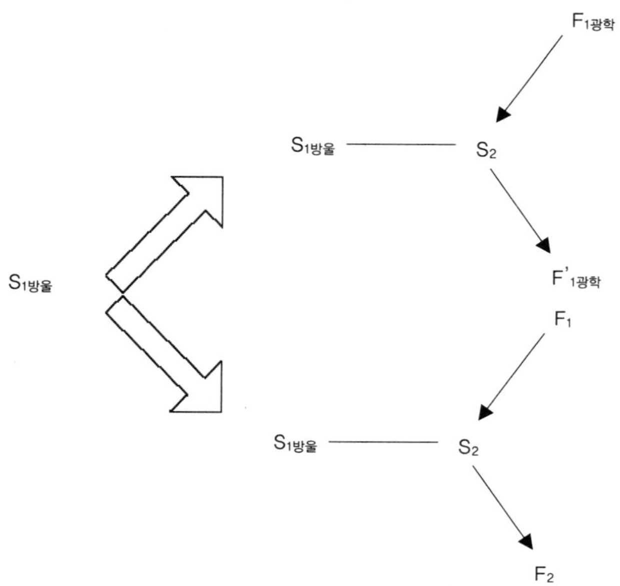

그림 3.40 방울 검출에 대한 물질-장 모델

2) 온도 민감 페인트를 적용해서 누출 시 페인트의 색깔을 바꿀 수도 있다.

다른 접근법은 UV 복사를 가시광선으로 변환하는 발광체를 활용한다. 냉장고 배관을 UV로 조사(照射)하면 냉매에 첨가된 작은 양의 발광체가 누출 위치에서 발광할 것이다.

3.5 물질-장에 새로운 물질을 도입하는 방법

물질-장의 기본 개념은 기존 시스템에 없는 물질 또는 장을 도입함으로써 물질-장 요소들을 완성하도록 우리를 안내한다. 종종 이것이 시스템을 복잡하게 하고, 바람직하지 않은 기술적 효과를 일으킬 수도 있다. 그래서 물질-장을 구성하는 동안, 우리는 갈등과 마주칠 것이다: 효과적인 물질-장(시스템)의 구성은 어떤 물질 또는 장의 도입을 필요로 하지만, 그것이 시스템을 과도하게 복잡하게 할 수 있다. "물질과 장을 도입하지 않고 그것들을 도입하는" 간접적인 방법을 사용해서 이러한 갈등을 해결할 수 있다.

다음과 같은 접근법으로 물질의 도입을 피할 수 있다.

표준 5.1.1

물질을 시스템에 추가할 필요가 있지만, 그것이 문제의 상세설명이나, 성능 조건 때문에 바람직하지 않다면, 약간의 간접적인 방법을 사용해야 한다.

• 이미 시스템 환경의 일부분인 물질을 사용하라.

예제 : 2장에 있는 스스로 짐을 부리는 바지선의 문제 2.4.

• 물질 대신에 빈 공간을 사용하라.

"빈공간"은 반드시 "진공"을 의미하지 않는다. 고체 물질에서 "빈공간"은 세공 또는 모세관이다. 액체에서 빈공간은 간단하게 기포이다. 빈공간은 대단히 유용한 자원이다. 이것은 언제나 이용가능하고, 제한이 없으며, 값이 매우 싸다. 그리고 이것을 예를 들어 공동, 다공구조, 거품, 기포 등을 형성하는 다른 자원과 쉽게 "섞을" 수 있다.

문제 3.8

광학적으로 투명한 액체를 만드는 제조회사는 액체의 불순물을 확인해야 한다. 만약 액체 시료가 기준치 이상의 불순물을 담고 있으면, 액체 전량을 재처리해야 한다. 불순물은 작은 여러 특성의 비자성 입자로, 생산 공정의 여러 단계에서 액체에 들어갈 수 있다. 선택된 검출 방법은 광학이다: 레이저 빔을 액체 시료에 주사하고, 입자에서 되 튀겨 나오는 광의 반사량을 잰다.

그러나 직경이 580나노미터 이하의 매우 작은 입자들은 빛을 잘 반사하지 않는다(빛 파장이 입자 크기와 거의 같아서, 빛이 입자 주위로 "통과" 한다).

작은 입자를 검출하기 위한 광학적인 방법을 고안할 필요가 있다.[3)]

◎ 물질-장 분석

문제의 ISM은 광학장 $F_{1광학}$과 그것과 작용하지 않는 입자 S_1입자로 구성되어 있다. $F_{1광학}$을 $F'_{1광학}$으로 변환하기 위해서 S_1과 연결된 제2의 물질 S_2를 추가해야 한다(그림 3.41).

S_2는 세 가지 주요 요구조건을 만족해야 한다 : (1) 이것은 입사광을 확실하게 반사하도록 충분히 커야 한다. (2) 이것은 입자에 스스로 부착하도록 점착성이 있어야 한다. (3) 이것은 액체를 오염하지 않아야한다. 1과 2의 요구조건을 충족시키기는 상대적으로 쉽지만, 마지막 요구조건은 진정한 도전이다. 이상적으로는 액체 자체를 변화시켜서 S_2로 사용해야 한다.

◎ 해결책

입자를 검출하기 위해서 기포를 사용한다. 샘플 액체를 가열한다. 만약 입자가 액체에 존재한다면, 입자 주위에 있는 액체가 작은 기포를 일으키면서 끓기 시작한

3) 문제를 다르게 해결할 수도 있다. 예를 들어, *액체의 오염을 예방하는 법*, 또는 *입자를 검출하지 않고 액체로부터 입자를 제거하는 법*, 또는 *비 광학적 방법을 사용해서 입자를 검출하는 방법* 등. 그러나 문제 3.8은 정확한 트리즈 접근법의 설명을 목적으로 한다. 모든 가능한 해결책 방향의 완전한 분석은 본서의 설명 범위를 벗어난다.

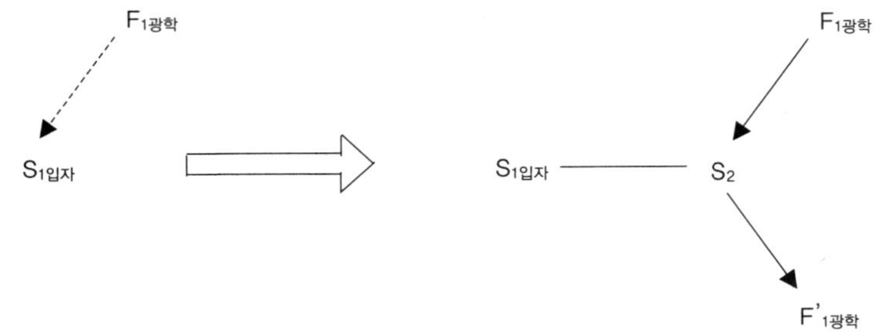

그림 3.41 입자 검출 문제의 물질-장 분석

다[Talanquer, 2002]. 기포가 빠르게 커져서, 쉽게 검출된다.

• 도구로써 대상 또는 그 부분(성분)의 변형품을 사용하라.

문제 3.9

순수 산화베릴륨 결정은 용융 산화베릴륨으로부터 성장시켜서 만든다. 이 공정을 위해, 오염이 없는 환경에서 산화베릴륨 분말을 2000도까지 가열해야 한다. 내화금속으로 만든 도가니에서 이 산화물을 가열하는 것은 도가니 재료의 일부 원자가 용융금속에 들어가지 않는다는 보장이 없다. 이 상황은 분명한 물리적 모순을 갖는다 : 용융 도가니는 금속을 담기 위해서 있어야 하고, 도가니는 금속 용융물의 오염을 예방하기 위해서는 없어야 한다.

◎ 분석

이 모순을 해결하기 위해서, 산화베릴륨 내부에서 산화베릴륨을 녹이자는 제안이 있었다. 만약 우리가 고주파 전류로 산화베릴륨 분말 중심을 가열(유도 가열)할 수 있다면, 분말의 용융 부분이 산화베릴륨 외에 다른 것에 노출되지 않을 것이다. 그러나 산화베릴륨은 절연체이고, 용융 상태에서만 전도성이 된다. 한편, 분말에 도체(이것은 다른 금속 입자이다)의 도입은 산화베릴륨을 오염시킬 수 있다.

이것은 예시적 상황이다 : 문제를 해결하기 위해서, 우리는 하나가 아니라, 많은 장벽, 소위 말해서 "모순 사슬"을 극복해야 한다. 두 번째 물리적 모순 : 도체는 유도 가열을 위해서 분말에 있어야 하고, 산화베릴륨을 오염시키지 않기 위해서는 없어야 한다. 상식적으로 생각해 보면, 도체로써 산화베릴륨 변형품을 사용하라는 아이디어가 떠오른다.

◎ **해결책**

도체로써 금속 베릴륨을 사용한다. 이것은 유도장의 흡수와 산화물의 가열을 보장한다. 높은 온도에서 베릴륨이 산화되어 산화베릴륨이 되므로 용융물을 오염시키지 않는다.

• 화학 물질로부터 물질을 얻어라.

문제 3.10

미세금속분말을 기름에 넣어서 콜로이드 현탁액으로 만든 윤활제[Malinovsky, 1988]가 있다. 작동 중에 입자들이 용액으로부터 침전, 마찰면에 쌓여서, 보호층을 형성한다. 보통, 연마기로 금속 분말을 가늘게 분쇄한 다음, 기름과 그것을 기계적으로 혼합하여 윤활제를 만든다.

이 제조방법은 매우 효과적이다. 그러나 만약 용액 내의 금속 입자가 두 마찰면 사이의 틈새보다 크면, 그러한 윤활제는 사용할 수 없다. 더욱 강력하고 길게 분말을 분쇄하는 것은 다소간에 더 미세한 입자를 만들 수는 있겠지만 제조비용이 증가할 것이다.

◎ **물질-장 분석**

금속 입자를 사용하는 완벽한 방법은 콜로이드 현탁액을 참용액으로 전환하는 것이다. 참용액에서는 금속이 분자나 원자 형태로 존재한다. 그러나 금속은 일반적으로 기름에 용해되지 않는다. 물리적 모순이 분명하다 : 금속은 표면을 도포하기 위해서 윤활제에 있어야 하고, 기름에 용해되지 않기 때문에 금속은 윤활제에 없어야 한다. 이것은 문제의 상세설명이나 시스템의 성능 조건이 물질의 도입을 불가능하게 하지만 물질을 도입하야 하는 전형적인 문제이다.

◎ **해결책**

필요한 금속을 포함하는 화학 화합물을 사용한다. 이러한 화합물은 두 가지 요구조건을 만족해야 한다 : 이것은 기름에 용해되어, 참용액을 만들어야 하고, 마찰력 효과에 의해 금속을 내놓아야 한다. 기름은 유기 물질이므로, 유기금속 화합물을 사용하는 것이 첫 번째 요구조건을 충족시킬 수 있다.

이러한 화합물은 마찰면이 일으키는 열장에 의해 분해되기 때문에, 두 번째 요구조건은 자동적으로 충족된다.

알 수 있는바와 같이, 마지막 두 개의 접근법은 서로 반대이다. 전자(문제 3.9)는 기능을 마칠 때 화합물의 일부분이 되는 간단한 물질의 사용을 추천하는 한편, 후자(문제 3.10)는 화합물로부터 필요한 물질의 추출을 제안한다.

• **물질 대신에 장을 사용하라.**

문제 3.11

케이블카 설비에서 무한궤도 케이블의 늘어남과 곤돌라의 속도를 감시해야 한다(그림 3.42). 케이블의 온도, 습도, 오염과 같은 여러 가지 환경 인자들이 제안된 방법의 정확성에 영향을 주지 않아야 한다.

◎ 물질-장 분석

그림 3.43은 초기 측정 물질-장을 나타낸다. 여기서 "표식"은 어떤 가능한 물질이다(예, 페인트). 시스템 갈등은 분명하다 : 외부 "표식"이 케이블 조건에 대한 측정을 제공하지만, 케이블의 환경이 그것을 손상시킨다.

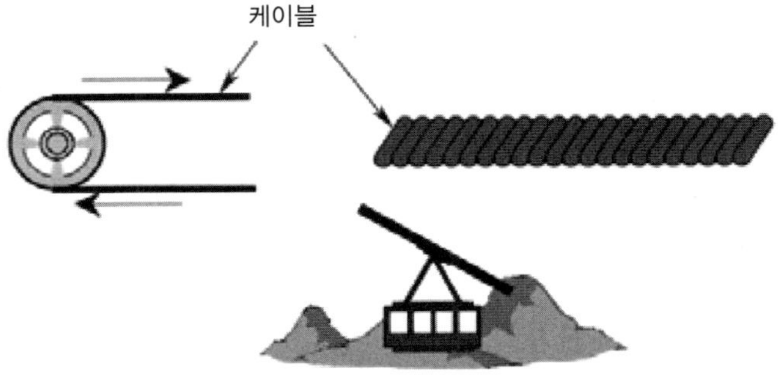

그림 3.42 케이블카

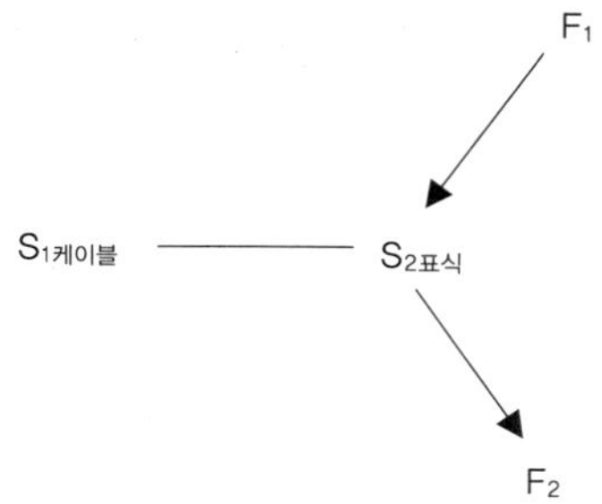

그림 3.43 케이블 측정 문제에 대한 IMS

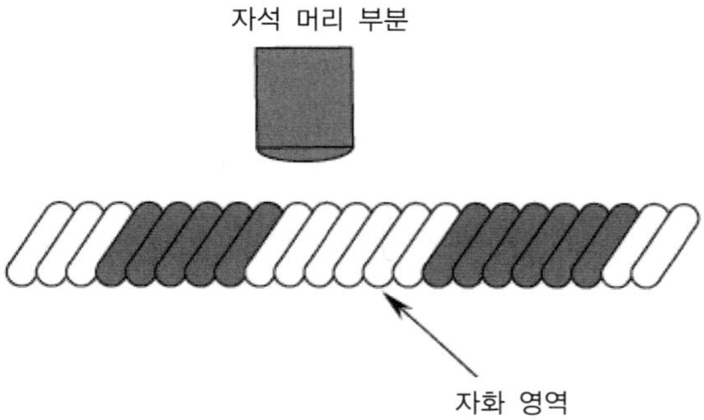

그림 3.44 자기 표식이 케이블 측정을 가능하게 한다.

◎ **해결책**

이상성 전략 2(2장)로 시스템 갈등을 해결한다 : "표식"을 케이블 안으로 옮긴다.

페인트 대신에 자기 표식을 사용한다(그림 3.44). 펄스의 길이가 케이블 신장도에 관한 정보를 전달하는 한편, 펄스의 빈도수는 케이블 속도에 비례한다. 케이블의 자화 영역이 환경 요인에 의한 영향을 훨씬 덜 받아서, 감시 공정의 정확성과 신뢰성이 증가한다.

3.6 물질-장에 새로운 장을 도입하는 방법

물질의 도입과 유사하게, 장의 도입도 기존의 물질과 장 자원 중 하나에 기능을 위임하는 일반적인 원리를 따른다.

표준 5.2.1

시스템에서 쉽게 이용가능한 장을 사용하라.

문제 3.12

로켓 탱크에 액체 산소를 채울 때, 산소기체의 기포가 탱크에 들어가지 않도록 해야 한다.

◎ 물질-장 분석

ISM은 두 물질, $S_{1\text{기포}}$와 $S_{2\text{액체산소}}$로 구성된다(그림 3.45). 이 물질의 분리를 제어할 수 있는 장이 없다. 부력(즉, 중력)은 제어할 수 없기 때문에 ISM에 포함되지 않는다는 것을 주의하라.

쉽게 제어할 수 있는 장으로 물질-장을 완성해야 한다. 이 장이 두 물질에 다르게 작용해서, 물질들을 분리시켜야 한다. 물질의 물리적 특성에 어떤 대비, 즉 그들의 질량 차이가 장과 물질들 사이에 다른 상호작용을 도울 수 있다. 그러므로 분리 장으로써 원심력을 사용하는 것이 자연스러워 보인다(그림 3.46).

원심력의 도입이 시스템을 너무 복잡하게 하지 않아야 한다. 이것은 우선 기존의 자원 장인, 액체 산소의 흐름이 만드는 기계장을 고려할 것을 제안한다.

$S_{1\text{기포}}$ ——— $S_{2\text{액체산소}}$

그림 3.45 기포 제거 문제에 대한 ISM

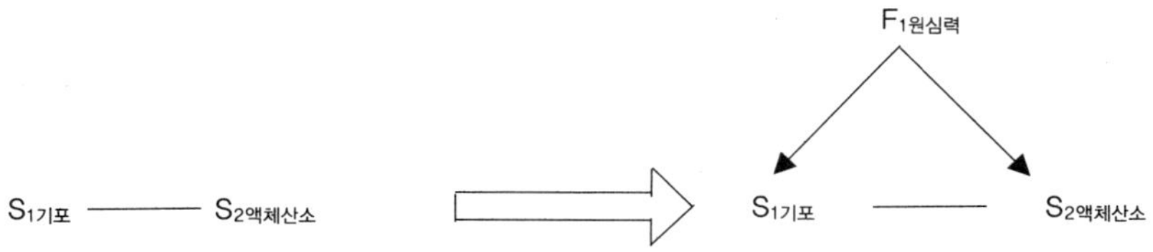

그림 3.46 원심력이 기포를 제거한다.

◎ 해결책

문제를 해결하기 위해서, 액체 산소의 흐름을 소용돌이치게 함으로써 액체 산소와 기체의 운동 유형을 변형하는 것으로 충분하다. 흐름 축 방향으로 약간 기울어진 판을 관 내부에 설치함으로써 빠른 액체의 회전을 얻을 수 있다. 원심력은 냉매를 벽 쪽으로 압박하고, 기체를 관 중심 쪽으로 몰아낸다. 기체는 흐름으로부터 여러 수단, 예를 들어 도뇨관(導尿管)의 도움으로 제거된다.

표준 5.2.2

만약 내부 장을 이용할 수 없다면, 시스템 환경에 있는 장을 사용하라.

오늘날 대부분 자동차의 디젤 엔진용 분진 필터는 약 12만 킬로미터마다 점검(청소)이 필요하다. PSA 푸조 시트로엥(Peugeot Citroen)사가 개발한 새로운 분진 필터는 300~500킬로미터마다 스스로 청소를 한다.[4)]

필터는 촉매 피복제로 코팅된 실리콘 카바이드의 모세관 구조로 되어있다. 자기 청소는 필터에 누적된 분진을 주기적으로 태우는 절차를 포함한다. 센서가 분진 필터 안의 온도와 압력을 감지하여, 필터 구멍에 쌓인 검댕이의 양에 관한 정보를 연료 분사 컴퓨터에 통지한다. 연료 분사 컴퓨터는 주 분사 다음에, 연료를 한번 더 분사한다. 배기가스 온도가 분진 연소의 한계온도(550도)이상으로 상승하고, 과열된 가스가 필터를 휙 하고 통과하여, 검댕이를 태운다.

4) http://www.psa-peugeot-citroen.com/modules/fap/fap_en.pdf

표준 5.2.3

만약 내부나 외부 장을 쉽게 이용할 수 없다면, 시스템이나 시스템 환경에 이미 있는 물질이 제공하는 장을 사용하라.

문제 3.13

고가 기기의 회전축을 지지하는 미끄럼 베어링의 과열을 검출하기 위해 열 센서가 사용된다(그림 3.47). 과열되는 경우에 센서가 전기신호를 안전 스위치에 보내, 즉시 축의 회전을 멈춘다. 열 흐름이 베어링으로부터 센서에 도달하기까지 너무 오래 걸려서, 스위치의 반응을 늦추고, 기기를 위태롭게 한다.

◎ 물질-장 분석

이것은 측정 물질-장의 구성의 전형적인 문제이다. ISM(그림 3.48의 도식 왼쪽 부분)은 $S_{1베어링}$과 $F_{열}$로 구성된다. 이것은 불완전한 물질-장이다. 따라서 없는 요소를 추가해야 한다. DSM(도식의 오른쪽 부분)은 완전한 물질-장을 보여주는데, 여기서 $S_{1베어링}$과 S_2의 열적 상호작용이 바람직한 전기장 F전기를 만든다. 따라서 $S_{1베어링}$과 연결해서 전기장을 일으킬 수 있는 물질 S_2를 찾는 것으로 문제가 줄어든다.

표준 5.2.3은 기존 시스템 자원 중에서 이러한 물질을 찾아야 한다고 제안한다. S2로써 축 덮개의 사용이 제안되었다. 온도가 다른 두 개의 전도성 물질이 접촉

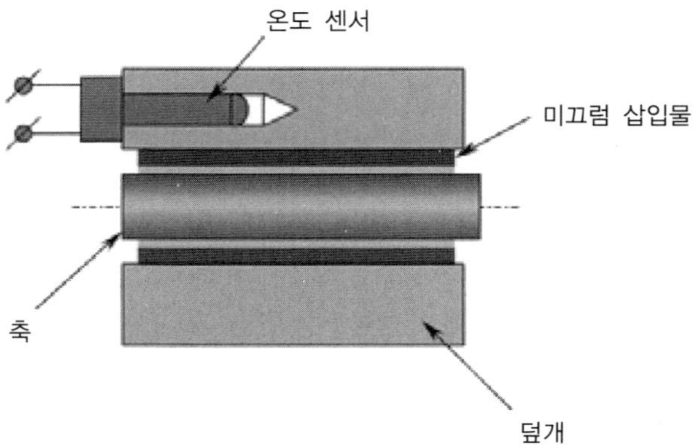

그림 3.47 베어링 온도의 측정

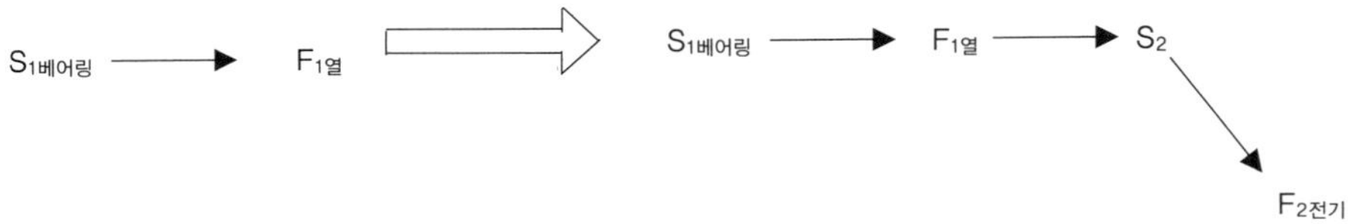

그림 3.48 베어링 온도 측정을 위한 물질-장 모델

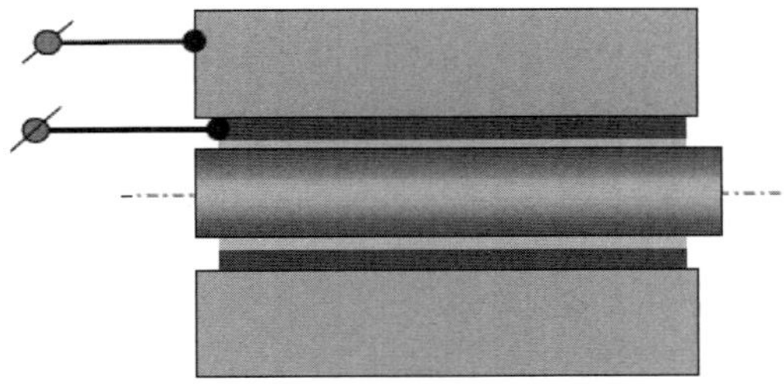

그림 3.49 자원 물질로 구성된 열전쌍

하고 있을 때, 그들 사이에 전위차가 생기는 것은 잘 알려져 있다(제벡(Seebeck) 효과)[5]. 문제의 해결에 이 현상을 적용하였다. 덮개와 미끄럼 삽입물에 의해 발생된 열전압이 안전 스위치를 제어한다(그림 3.49).

3.7 요약

물질-장은 문제에 주어진 시스템의 어떤 (우선적으로 가장 중요한) 물리적 성질을 반영하는 기술 시스템 모델이다. 모델로써, 물질-장은 매우 보편적이다; 이것은 물질-장 상호작용의 용어로 넓은 범위의 기술 구조와 그들의 변화를 설명해 준다. 시스템의 물질-장 구조를 개선하는 주목적은 시스템의 제어능력을 높이는 것이다.

5) 이것은 펠티에(Peltier) 효과의 반대이다(다른 두 종류의 금속 접촉면을 따라 전류가 흐르면, 온도 구배가 생긴다. Nolas 등, 2001).

적절하게 구성된 물질-장 모델은 문제의 핵심을 반영하고, 주어진 문제에 대해서 2차적인 효과를 포함하지 않는다. 물질-장 모델링 접근법은 문제에 주어진 것과 얻어야 하는 것을 기록하는 수단을 제공한다.

3.8 연습문제

3.1 다음 기능의 물질-장 모델을 세워라.

- 앉기
- 머리 빗기
- 주전자에 물 끓이기
- 이 닦기
- 스키타기
- 그림 3.50의 전구불 켜기

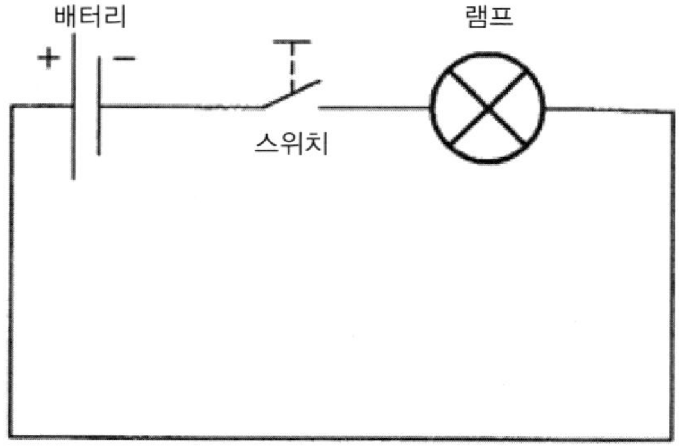

그림 3.50 전구 불빛을 위한 회로

3.2 종종 특별한 수압으로 금속관의 나팔모양 만들기를 실행한다(그림 3.51). 그러나 이 기술은 긴급 수리가 필요한 현장조건에서 항상 이용할 수 없다. 관 나팔모양 만들기를 위한 간단하면서도 비용 효율이 높은 방법이 필요하다.

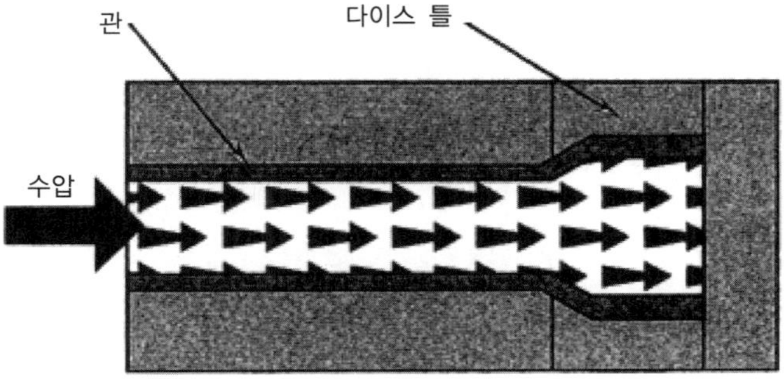

그림 3.51 수압 방법으로 관 나팔모양 만들기

3.3 굴착기로 작업하는 동안에, 진흙이 굴착기 버킷 내부 표면에 종종 달라붙는데, 이것은 바람직하지 못하다(그림 3.52). 이 불편을 제거하기 위한 간단하면서도 비용 대비 효율이 높은 방법을 제안하라.

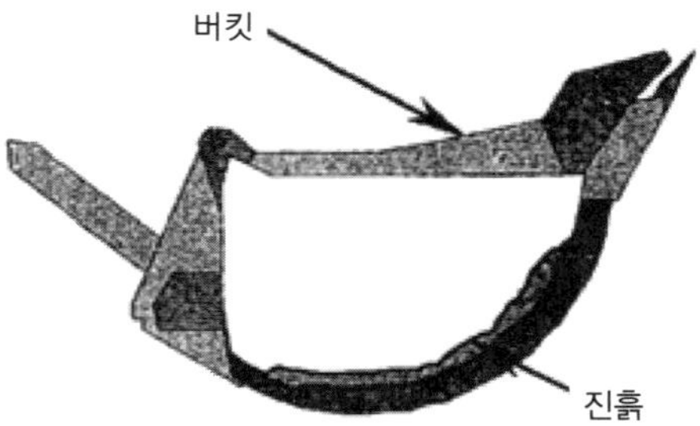

그림 3.52 굴착기 버킷

3.4 덜 채워진 컨테이너로 다양한 성긴 재료를 이송하는 일이 종종 있다(그림 3.53). 이송 중에 재료가 출렁거리는 진동을 받아, 입자가 여기저기로 움직이면서, 입자들 사이에 마찰이 생기고, 컨테이너 벽면과도 마찰이 생긴다. 이것이 입자 먼지를 일으키고, 폭발 가능한 정전기가 누적된다. 이런 현상을 예방할 수 있는 개념 해결책을 제안하라.

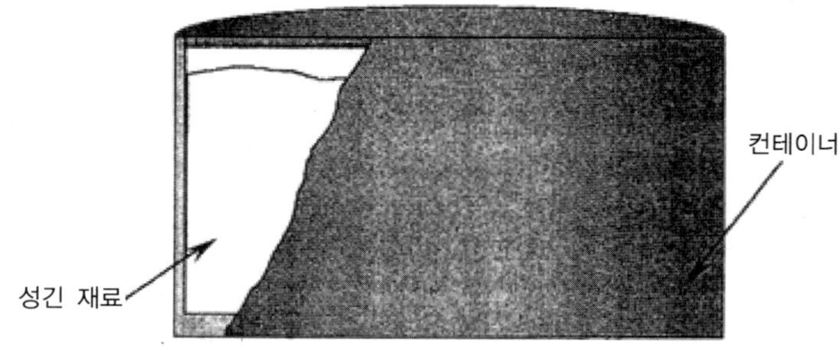

그림 3.53 컨테이너로 성긴 재료 이송하기

3.5 제지공업에서 통나무는 종이 제품의 제조를 위한 원료이다. 공장에 운반된 통나무들에 종종 플라스틱 조각들이 섞인다(환경오염의 결과). 통나무를 나무 조각으로 쪼갤 때, 플라스틱 역시 쪼개져, 종이 제품을 오염시킨다. 자주 사용하는 방법은 통나무를 눈으로 검사하고, 눈에 보이는 플라스틱 조각을 제거하는 것이다. 이 방법의 낮은 효율에 대해서 논의할 필요는 없다. 플라스틱을 제거하기 위한 더 나은 방법을 개발하라.

3.6 회전하는 유정 굴착 장치는 기름이나 가스 저장소를 개발하기 위해서 굴착줄이라 하는 일련의 회전하는 관을 사용한다(그림 3.54). 유정(油井)탑이 굴착 줄을 지지하고, 유정탑 층에 있는 회전 테이블이 이 줄을 움직인다. 드릴에 끼운 날이 기름이나 가스 저장소 주위에 있는 암반에 구멍을 뚫을 때, 암반 조각들이 생기는데, 펌프에 의해 순환되는 진흙 같은 액체가 이 조각들을 제거한다.

굽어진 유정을 뚫기 위해서 특수 전향(轉向) 장치(디플렉터)를 사용한다. 유정의 곡선 반경이 변함에 따라, 굴착 줄에 새로운 전향 장치를 연결해야 한다. 이것을 하기 위해서, 전체 굴착 줄을 들어 올린 다음, 다시 유정에 내려야 한다. 이것은 굴착 과정의 전반적인 효율을 크게 저하시킨다.

위의 결점이 없는, 전향 장치에 대한 개념 설계를 제안하라.

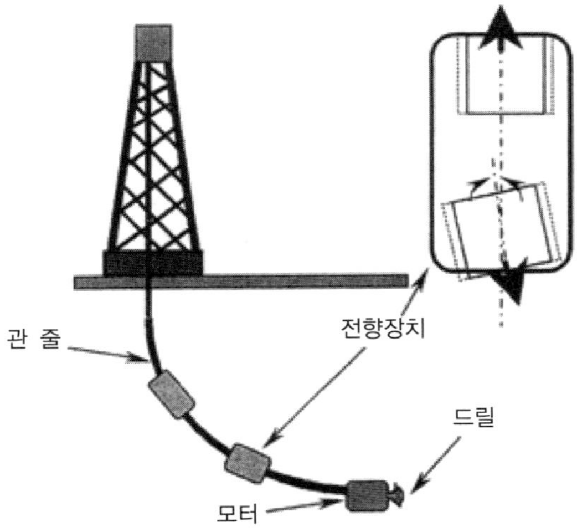

그림 3.54 굽은 유정의 굴착

3.7 유동층에서 분말을 건조할 때(그림 3.55), 뜨거운 공기 흐름이 분말 층을 가열하는 한편, 소리 진동이 분말 층을 휘젓는다. 진동이 건조 과정을 도와준다. 만약 소리 진동의 진동수를 입자의 자연 진동수와 일치시키면, 최선의 결과를 얻을 수 있다. 입자가 작기 때문에 입자의 자연 진동수는 초음파 범위에 있다. 그러나 초음파는 분말에서 잘 전파하지 못한다. 최소문제를 정형화하고, 물질-장 분석을 사용해서 문제를 해결하라.

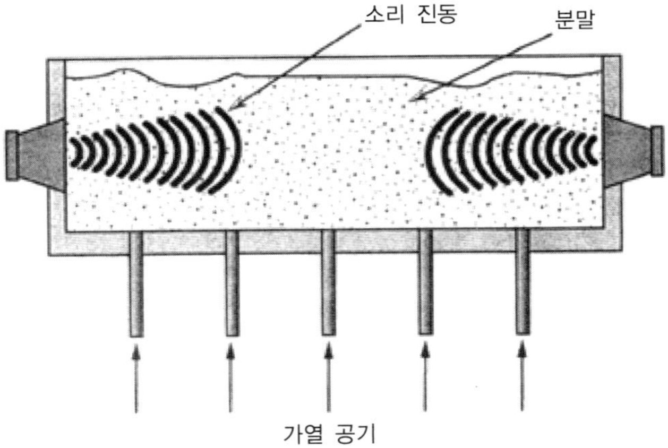

그림 3.55 유동층에서 분말 건조

Chapter 04

발명문제 해결을 위한 알고리듬(아리즈)

2장과 3장에서 설명한 바와 같이, 트리즈의 도구들은 새로운 개념 해결책을 찾고자 할 때 매우 유용하다. 그러나 복잡한 상황에서 트리즈 도구들의 직접적인 적용은 종종 약간 까다로울 수 있다 : 어떤 시스템 갈등을 해결해야 하는지, 시스템의 어떤 요소를 변경해야 하는지, 또는 어떤 물질-장 모델이 가장 정확하게 문제를 설명하는지 분명하지 않을 수 있다. 이런 저런 중요한 결정을 할 때 문제 해결사를 돕기 위해서, 알트슐러는 발명문제 해결을 위한 알고리듬, 러시아어 약어로 **아리즈** (ARIZ, Algoritm Reshenia Izobretatelskih Zadach)를 개발했다.

4.1 아리즈의 목표

아리즈[1]는 세 가지 주요 목표를 추구한다 : 문제의 정형화, 심리적 관성 깨뜨리기, 여러 트리즈 도구들의 결합된 능력.

1) 알트슐러는 아리즈 개념과 많은 아리즈 버전을 만들었다 : 아리즈-61, 아리즈-64, 아리즈-69, 아리즈-71, 아리즈-75, 아리즈-77, 아리즈-85C 등(숫자는 각 버전의 개발년도를 의미한다). 이 책의 버전은 빅터 페이가 개발한 아리즈-85C의 변형물이다.

4.1.1 문제 정형화

문제 해결의 전통적인 접근법은 문제가 제시되자마자 즉시 가능한 해결책으로 뛰어드는 것이다. 어려운 문제를 해결하고자 할 때, 수많은 비약을 필요로 할 것이다. 트리즈 관점에서, 만약 문제를 쉽게 해결할 수 없다면, 보통 그것은 문제를 잘못 정형화했다는 것을 의미한다. 적절하게 정형화된 문제는 자동적으로 쉽게 해결될 수 있다. 만약 그렇지 않다면, 해결책 탐색에 필요한 이용 가능한 과학지식이나 기술이 분명히 없을 것이다. 많은 경우에 올바른 문제 정형화는 변경해야 할 시스템 요소의 선택, 그리고 이 요소에 대한 물리적 모순의 정형화로 구성된다.

이런 이유 때문에 아리즈는 초기의 모호한 문제 또는 잘못 정의된 문제로부터 시스템 갈등과 물리적 모순의 명료한 정형화로 문제 해결사를 안내하는 일련의 단계를 담고 있다. 아리즈의 각 단계는 해결책에 이르는 길이 훨씬 쉬워지도록 초기 상황의 이해에 수정을 가한다. 종종, 아리즈의 앞 단계를 올바르게 정형화하면, 물리적 모순의 정형화 없이도 해결책에 이를 수 있다. 그래서 아리즈는 초기 문제의 재 정형화에 주로 관심을 갖는다; 해결책은 올바르게 수행된 분석의 결과로써 나타나야 한다.

4.1.2 심리적 관성 깨뜨리기

아리즈의 현재 구성으로 볼 때, 아리즈는 컴퓨터가 아니라 인간을 위해 설계된 알고리듬이다. 그러므로 아리즈는 문제 해결사의 심리적 관성을 깨뜨리기 위한 여러 도구들을 갖추고 있다.

첫 번째 도구는 전문 용어를 사용하지 않고 문제를 설명하라는 추천이다. 전문용어는 시스템에 대한 기존 인식을 반영하고, 효과적인 해결책에 이르는 길에 심리적 장벽이 된다.

두 번째 도구는 시스템 갈등의 강화이다. 전통적인 사고방식은 시스템 갈등을 명백하게 인식하지 않거나, 그것들을 완화시키려고 한다. 이와는 반대로, 아리즈(트리즈의 모든 것들 역시)는 시스템 갈등을 키운다. 시스템 갈등을 부드럽게 하는 우리의 자연적 성향을 누그러뜨리기 위해서, 아리즈는 반대 접근법, 즉 그것의 악화를 제시한다. 시스템 갈등을 극한 쪽으로 몰고 가면, 그것이 문제 해결사를 도와 심리적 관성을 억누르고, 종종 문제를 보다 깊게 이해할 수 있게 해준다.

4.1.3 여러 트리즈 도구들의 결합된 능력

아리즈는 이상 시스템, 시스템 갈등, 물리적 모순, 물질-장 분석, 표준, 진화법칙과 같은 트리즈의 기본 개념과 기법들 모두를 결합한다. 이렇게 함으로써 아리즈는 현대 트리즈에서 문제 분석과 해결책을 위한 매우 강력한 도구가 된다.

4.2 아리즈의 구조

아리즈의 네 부분의 구조를 그림 4.1로 나타내었다.

1부(**시스템 갈등의 정형화**)는 주어진 시스템의 주기능을 상술하면서 시작된다. 그러면, 시스템의 주요소와 그것들이 수행하는 작용이 확인된다. 다음에 대상, 도구 그리고 **환경 요소**를 구체화한다. **환경 요소**는 **시스템 환경 또는 인접 시스템에 속해 있는 요소이며, 시스템 요소에 악영향을 준다**(예를 들어, 바람직하지 않은 산화를 일으키는 공기 중에 산소). 도구는 주도구와 보조도구로 분류된다.

아리즈는 초기 상황과 연관 지어 두 종류의 역 시스템 갈등을 구별한다. 시스템 성분 중 하나의 물리적 상태가 다른 성분들과 상호작용을 결정한다. 만약 이 성분이 반대의 물리적 상태에 있다면, 상호작용이 반대가 될 것이다(그림 4.2). 예를 들어, 문제 2.3에서 동흡진기(DVA)의 두 가지 물리적 상태는 그림 4.3의 두 가지 시스템 갈등 도식으로 정의된다. 아리즈 분석의 결과는 어떤 시스템 갈등을 해결하는가에 달려 있을 것이다.

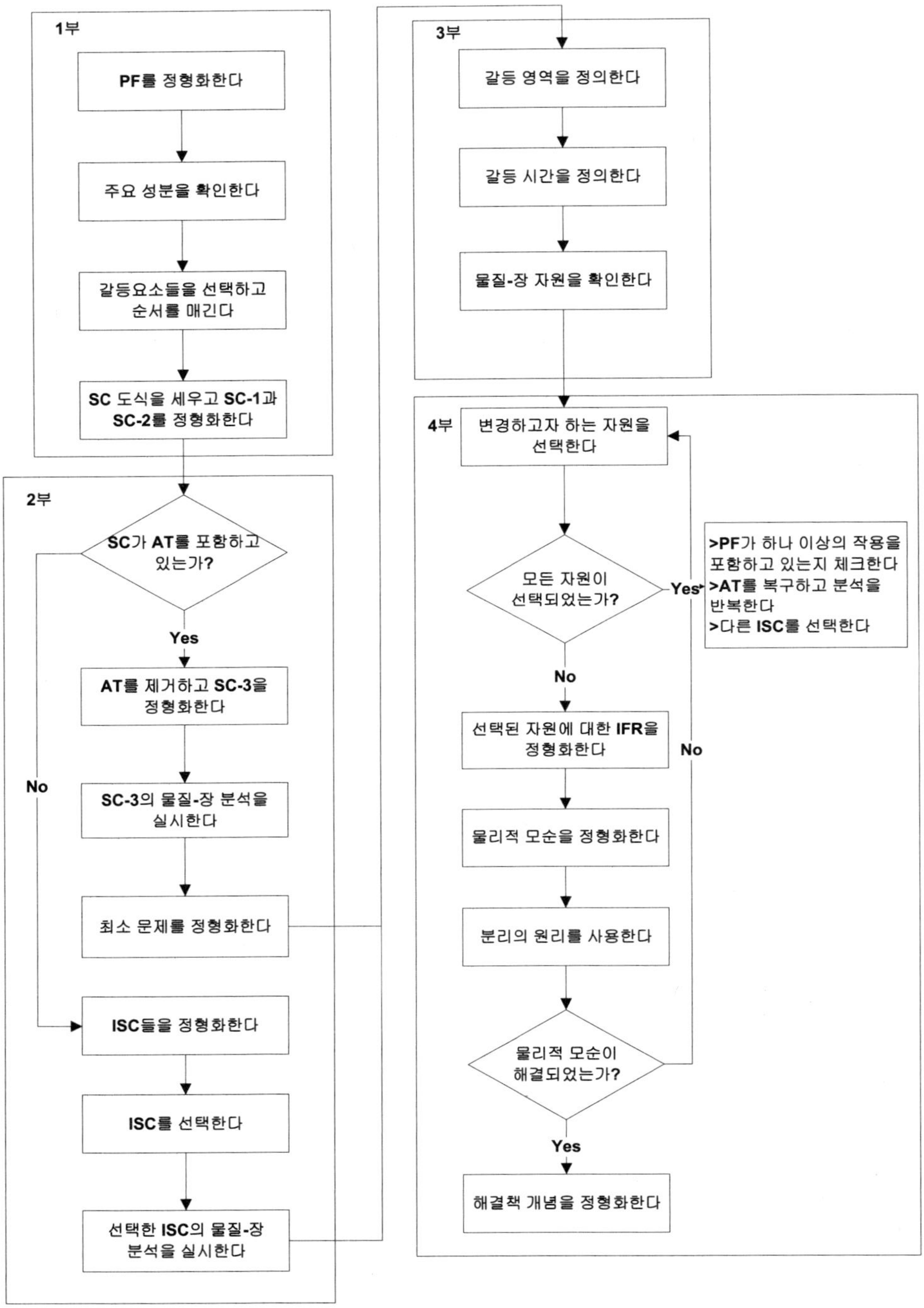
1부
PF를 정형화한다
주요 성분을 확인한다
갈등요소들을 선택하고 순서를 매긴다
SC 도식을 세우고 SC-1과 SC-2를 정형화한다
2부
SC가 AT를 포함하고 있는가?
Yes
No
AT를 제거하고 SC-3을 정형화한다
SC-3의 물질-장 분석을 실시한다
최소 문제를 정형화한다
ISC들을 정형화한다
ISC를 선택한다
선택한 ISC의 물질-장 분석을 실시한다
3부
갈등 영역을 정의한다
갈등 시간을 정의한다
물질-장 자원을 확인한다
4부
변경하고자 하는 자원을 선택한다
모든 자원이 선택되었는가?
Yes
>PF가 하나 이상의 작용을 포함하고 있는지 체크한다
>AT를 복구하고 분석을 반복한다
>다른 ISC를 선택한다
No
선택된 자원에 대한 IFR을 정형화한다
No
물리적 모순을 정형화한다
분리의 원리를 사용한다
물리적 모순이 해결되었는가?
Yes
해결책 개념을 정형화한다

그림 4.1 아리즈의 구조

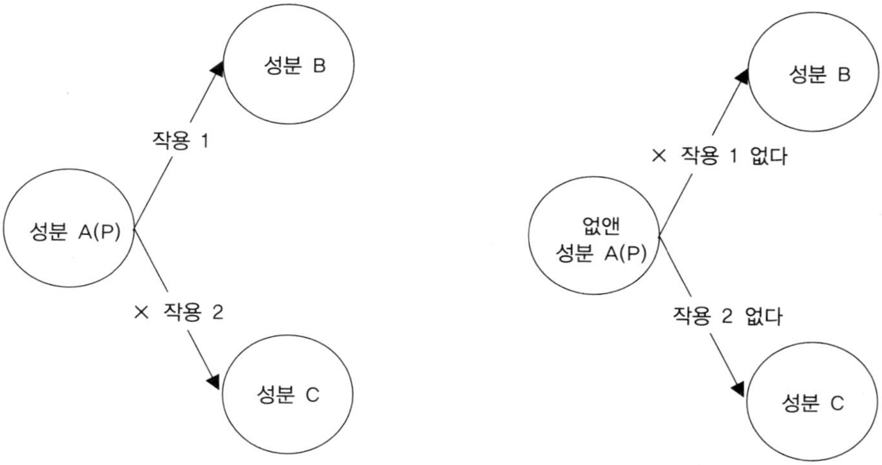

그림 4.2 시스템 갈등은 항상 쌍으로 움직인다.

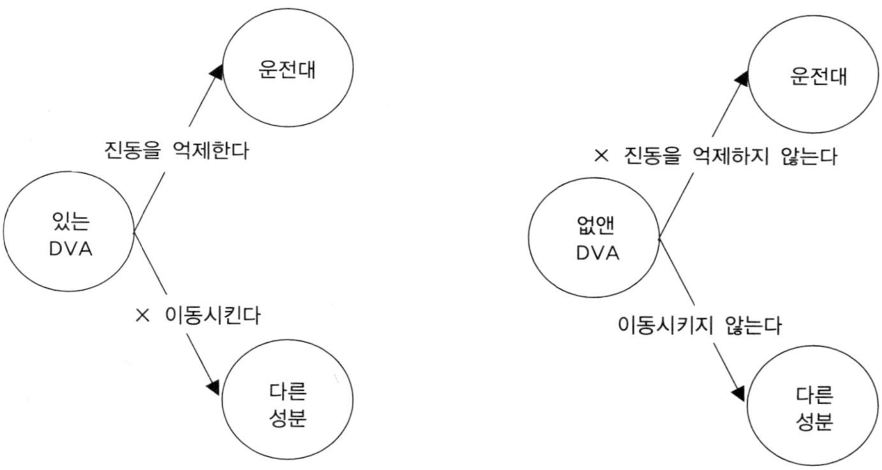

그림 4.3 DVA의 두 가지 물리적 상태가 두 종류의 시스템 갈등으로 정의된다.

2부(**시스템 갈등의 분석과 최소문제의 정형화**)는 다음 사항의 점검으로 시작된다 : 정형화된 시스템 갈등이 보조도구를 포함하고 있는가? 2장에서 설명한바와 같이, 만약 시스템 갈등이 보조도구를 포함하고 있다면, 그 도구를 제거하고 그것의 유용한 작용을 기존의 다른 성분이나 시스템 환경에 위임함으로써 시스템 갈등을 해결할 수 있다. 그래서 만약 이 질문에 대한 답이 yes이면 보조도구를 제거하고(유용한 작용과 해로운 작용 모두), 새로운 시스템 갈등을 정형화한다. 대부분 시스템 갈등은 보조도구의 물리적 상태로 두 가지가 포함된다 : 있다와 없다. 이 경우에 보조도구가 없는 시스템 갈등을 선택한다.

만약 시스템 갈등이 보조도구를 포함하고 있지 않으면, 시스템 갈등을 강화한다. 즉, 주도구의 반대되는 물리적 상태나 해로운 작용을 상상의 극단까지 몰고 간다. 많은 경우에, 강화된 시스템 갈등 중 하나를 극복하고자 하면, 그것이 우리를 최대문제의 해결로 안내해 줄 것이고, 반면에 다른 갈등을 해결하고자 하면 그것은 우리를 최소문제 접근의 체제로 안내해 줄 것이다.

시스템 갈등의 강화가 주기능의 실행을 불가능하게 하거나 전체 시스템에 커다란 해로움을 일으킬 때, 이러한 규칙 중 하나가 상황을 처리할 것이다. 이러한 환경에서는 주도구를 제거하고, 새로운 시스템 갈등을 정형화해야 한다. 이 규칙은 강화된 시스템 갈등이 시스템 또는 시스템의 주요 물리적 원리의 진화 가능성을 밝히는데 도움이 된다는 관점에 기반을 두고 있다. 일부 주성분의 주요 파라미터가 크게 변동됨으로 인해서 시스템의 결정적인 악화가 발생되었다면 그 성분이 진화 발전의 한계에 도달하였으며, 장차 주요 개선을 기대할 수 없다는 확실한 표시이다. 이때는 필요한 물리적 작용을 수행하기 위해서 새로운 성분을 도입하거나, 기능(새로운 물리적 작용)의 새로운 물리적 원리를 검토해야 한다.

다음 단계에서 물질-장 분석을 실시하고, 선택된 시스템 갈등이 표준 중 하나에 의해서 해결될 수 있는지를 확인한다. 해결책이 이 단계에서 분명해지더라도 분석을 계속하는 것이 합리적인데, 그 이유는 다음 단계들이 해결책을 다듬고 강화해주기 때문이다.

2부의 마지막 절차는 최소문제의 정형화이다. 이전 단계들을 종합하면, 3개의 시스템 갈등 분석(그리고 해당하는 세 가지 최소문제)이 가능하다.

- 보조 도구를 제거한다. 그러면 그것의 유용한 작용도 제거된다. 최소문제는 이 작용을 수행할 수 있는 아직 알려지지 않은 자원(X－자원)을 찾는 것이다.
- 주도구를 제거한다. 문제는 비슷하다.
- 어떤 도구도 제거하지 않는다. 따라서 유용한 작용과 해로운 작용이 유지된다.

최소문제는 유용한 작용을 유지하면서 해로운 작용을 제거하거나 중화할 수 있는 X－자원을 찾는 것이다.

- 3부(**가용 자원의 분석**)는 갈등 영역, 즉 시스템 갈등 요소가 점유하고 있는 시스템 내의 공간을 상술하면서 시작된다. 갈등 요소들은 공간을 차지할 뿐 아니라 어느 시간에 존재하기 때문에, 나중에 자원이 된다. 작동 시간은 시스템 갈등을 우선적으로 해결해야하는 기간이다. 다음에 가용한 물질, 장, 시간자원의 목록을 함께 나열한다. 물질-장 자원을 다음과 같이 세 그룹으로 나눈다.

(1) **시스템 내부 자원**. 이것은 갈등 영역의 자원들, 대상과 도구의 자원들이다.
(2) **환경 자원**. 이것은 지구의 자기와 중력장과 같은 어떤 환경의 당연한 일반 자원들, 갈등영역과 관련된 환경자원들이다.
(3) **전반적인 시스템 자원**. 이 그룹은 다른 시스템이 만든 부산물(예, 폐기물) 또는 값싸고 공짜인 "외부" 물질과 장을 포함한다.

먼저 시스템 내 자원을 활용해서 문제를 다루고, 만약 이 방법이 잘되지 않으면, 다른 그룹의 자원으로 시도할 것을 추천한다.

4부(**개념 해결책의 개발**)는 명칭이 암시하는바와 같이 확인된 자원을 사용해서 시스템 갈등을 해결하기위한 단계들로 구성되어 있다. 먼저, 물질-장 자원(X－자원) 중에서 변경하고자 하는 하나를 선택한다. 그런 다음, 이상적인 최종 결과(IFR)를 정형화한다. IFR에서는 선택된 자원이 갈등 영역에서 이상적으로 기능을 한다. 본질적으로 선택된 자원들은 최소문제의 정형화에서 상술된 작용을 수행해야 한다.

만약 IFR이 쉽게 실현된다면, 문제는 해결된다. 그러나 종종, 선택된 자원의 물리적 상태에 대한 반대 요구조건(물리적 모순)이 IFR의 직접적인 실현을 불가능하게 한다. 그러면, 물리적 모순을 해결하기 위해서 분리의 원리를 사용한다. 필요하다면, 두 개의 물리적 모순(거시와 미시)을 정형화하고, 해결을 시도한다.

만약 선택된 자원에 대해서 물리적 모순을 정형화할 수 없다면, 또는 정형화는 했지만 해결할 수 없다면, 다른 자원을 선택해야 한다.

위의 모든 단계가 좋은 개념의 결과를 주지 못하면 어떻게 해야 할까? 먼저, 우리는 주기능의 정형화가 한 개 이상의 물리적 작용을 포함하고 있는지 다시 체크할 필요가 있다. 예를 들어, 로봇으로 "부품을 다루는" 주기능이 "X 축을 따라 부품을 움직이는 것"과 "부품을 회전하는 것"과 같은 별개의 물리적 작용의 조합으로 나타날 수 있다. 이러한 작용 중에 하나만이 타당한 시스템 갈등과 직접적으로 연관되어 있을 것이다: 이러한 작용을 함께 섞는 것은 계속되는 분석을 혼란스럽게 할 것이다. 비록 두 개 이상의 작용이 시스템 갈등을 직접적으로 일으키더라도 각각을 분리해서 분석해야 한다.

분석을 계속할 수 있는 다른 기회는 보조도구가 일으켰던 시스템 갈등과 함께, 2부에서 제거한 보조도구를 "되살리는" 것이다. 이러한 시스템 갈등의 해결로 혁신을 얻지는 못하더라도, 그것은 분명 두드러진 시스템 개선을 제공해 줄 것이다. 만약 보조도구가 갈등하는 상호작용의 부분이 아니라면, 강화된 다른 시스템 갈등을 분석하고 해결해야 한다(이것은 보통 최대문제와 연관되어 있다).

다음은 아리즈의 원문과 그 사용을 설명하는 예제들이다. 많은 경우에 일부 단계들은 관련이 없으므로, 그것들을 "건너 뛸" 수 있다.

4.3 아리즈 원문

1부. 시스템 갈등의 정형화

단계	액션, 규칙, *추천*
1.1 주기능 PF를 정형화한다	*추천 1 : 기능, 성분, 액션을 설명할 때 전문 용어를 피하라.*
1.2 시스템의 주요 성분 MC를 확인한다	**시스템과 그 환경의 MC를 나열한다.**
1.3 갈등 요소를 선택한다	**유용한 액션 및 해로운 액션과 관련된 MC를 선택한다.** • 대상(O) • 주도구(MT) • 보조도구(AT) • 환경요소(EE) 규칙 1 : 만약 주도구가 없다면, 물질-장을 완성한다(그룹1의 표준을 사용한다). 규칙 2 : 만약 동일한 갈등 요소가 한 쌍 이상 있다면, 한 쌍만을 분석한다. 규칙 3 : 만약 AT가 한 개 이상 있다면, 가능하게 하는 것, 향상시키는 것, 수정하는 것, 측정하는 것 순으로 순서를 매긴다.
1.4 시스템 갈등 SC를 정형화한다	**(a) 시스템 갈등도를 세운다.** **(b) 시스템 갈등 SC-1과 SC-2를 정형화한다.** 규칙 4 : 성분에 대해서는 명사를 사용하고, 성분이 수행하는 액션에 대해서는 동사를 사용해서 시스템 갈등을 정형화한다. 규칙 5 : 시스템 갈등을 파라미터에 대해서가 아니라, 물리적 실체(즉, 물질과 장)에 대해서만 정형화한다. 규칙 6 : 주도구와 보조도구의 반대 물리적 상태에 관해서 시스템 갈등을 정형화한다.

2부, 2.1단계로 간다.

2부. 시스템 갈등 분석과 최소문제의 정형화

단계	액션, 규칙, *추천*
2.1 SC들이 AT를 포함하고 있는가?	**만약 Yes라면, 2-1부, 2.2-1단계로 간다.** **만약 No라면, 2.2단계로 간다.**
2.2 강화된 시스템 갈등 ISC를 정형화한다	**시스템 갈등을 강화한다.** **(a) 포함된 요소들의 극단적인 상태(액션, 조건)를 보여주도록 ISC-1, ISC-2를 정형화한다.** **(b) ISC-1, ISC-2에 대한 시스템 갈등도를 세운다.**
2.3 ISC를 선택한다	**분석을 계속하기 위해서 한 개의 ISC를 선택한다.** 규칙 7 : PF를 더욱 강조하는 ISC를 선택한다. 규칙 8 : 만약 모든 ISC가 시스템이나 전반적인 시스템의 PF를 수행할 수 없게 하면, 주도구가 없는 ISC를 선택한다(또는 새로운 ISC-3을 정형화한다).
2.4 선택한 ISC의 물질-장 분석을 수행한다.	**• 선택한 ISC를 나타내는 물질-장 모델을 세운다** **• ISC를 해결할 수 있는 표준을 확인한다.**
2.5 최소문제를 정형화한다.	**선택한 ISC를 해결할 수 있는 X-자원의 액션을 상술한다.** (유용한 액션 UA를 상술한다)을 유지하면서, (해로운 액션 HA를 상술한다)을 제거하거나 중화할 X-자원을 찾아야 한다.

3부, 3.1단계로 간다.

2-1부. 시스템 갈등 분석과 최소문제의 정형화

단계	액션, 규칙, *추천*
2.2-1 AT를 제거한다	*추천 2 : AT의 우선 제거 순서 :* *• 향상시키는 것* *• 수정하고 측정하는 것* *• 가능하게 하는 것*
2.3-1 SC-3을 정형화한다	**• 다음 형태로 새로운 SC-3을 정형화한다 :** "만약 AT가 없다면, (HA를 상술한다)가 사라지지만, (기존의 AT가 수행한 UA를 상술한다) 역시 사라진다."
2.4-1 SC-3의 물질-장 분석을 수행한다	**• SC-3을 표현하는 물질-장 모델을 세운다.** **• SC-3을 해결할 수 있는 표준을 확인한다.**
2.5-1 최소문제를 정형화한다	SC-3을 해결할 수 있는 X-자원의 액션을 상술한다. PF의 성능을 방해하지 않고 (없앤 AT의 UA를 상술한다)를 제공하는 X-자원을 찾을 필요가 있다.

3부, 3.1단계로 간다.

3부. 가용 자원의 분석

단계	액션, 규칙, *추천*
3.1 갈등 영역 CD를 상술한다	**갈등을 일으키는 공간을 정의한다**
3.2 액션 시간 OT를 상술한다	**시스템 갈등을 극복해야 하는 시간 범위를 정의한다.** • 갈등 이전 시간 T1 • 갈등 시간 T2 • 갈등 이후 시간 T3
3.3 물질-장 자원을 확인한다	**CD 자원들** (a) 주도구의 물질(들) (b) 주도구의 장(들) (c) 대상의 물질(들) (d) 대상의 장(들) **환경 자원들** (e) 환경에 있는 자원(들) (f) 환경에 있는 장(들) **전반적인 시스템 자원** (g) 전반적인 시스템에 있는 자원(들) (h) 전반적인 시스템에 있는 장(들)

4부, 4.1단계로 간다.

없앤 AT[2)]의 경우에(단계 2.2-1~2.4-1), 4-1부, 4.1-1단계로 간다.

2) 원래는 있었는데, 제거했다는 의미이다. 처음부터 AT가 없는 경우와는 다르다.

4부. 개념 해결책의 개발

단계	액션, 규칙, *추천*
4.1 개선을 위해서 X-자원을 선택한다	**3-3단계로부터 개선을 위해서 자원 중 하나를 선택한다.** 규칙 9 : 먼저 CD에서 자원을 선택한다. *추천 3 : 자원 변경의 우선 순서* (1) 도구의 변경 (2) 환경의 변경 (3) CD에 있는 대상의 변경 (4) 전반적인 시스템의 변경
4.2 선택한 자원에 대해서 이상적인 최종 결과(IFR)를 정형화한다	**(a) IFR을 다음과 같이 정형화할 수 있다.** 선택한 X-자원이 CD 내에서 OT기간 동안에 (2.5단계의 UA를 사용한다)을 제공하는 한편, (2.5단계의 HA를 사용한다)을 제거하거나 중화한다. **(b) IFR를 실현하기 위한 기회를 조사한다. 만약 답이 긍정적이라면, 해결책 개념을 정형화한다: 그렇지 않으면 4.3단계로 간다.**
4.3 물리적 모순을 거시적으로 정형화한다.	**• UA를 제공하기 위해서, 선택한 X-자원이 (거시적 특성 P를 상술한다)을 가져야 한다.** **• HA를 제거하기 위해서, 선택한 X-자원이 (거시적 반대 특성 -P를 상술한다)을 가져야 한다.** 규칙 10 : 만약 거시 물리적 모순을 정형화할 수 없다면, 4.1단계로 돌아가, 다른 자원을 선택한다. 그 자원에 대해서 4.2-4.3단계를 반복한다.
4.4 거시 물리적 모순을 해결한다.	**• 분리의 원리를 개별적으로 또는 조합해서 사용한다.**
4.5 미시적 물리적 모순을 정형화한다.	**• 거시적 특성 P를 갖기 위해서, 선택한 자원이 (특성 -μ P를 상술한다) 특성을 갖는 입자로 구성되어 있어야한다.** **• 거시적 특성 -P를 갖기 위해서, 선택한 자원이 (특성 -μ P를 상술한다) 특성을 갖는 입자로 구성되어 있어야한다.**
4.6 미시적 물리적 모순을 해결한다.	**• 4.4단계에서처럼 분리의 원리를 사용한다.**
4.7 만약 최소문제가 해결되지 않는다면	**• 다음의 기회를 검토한다.** · 다른 자원(4.1단계)을 선택하고, 4.2에서 4.6단계를 반복한다. · 2.5단계에서 정형화된 최소문제를 체크한다; 이것이 2개 이상의 다른 문제 집합체일 수 있다. · 위의 두 단계를 수행한 후에, 만약 아직도 최소문제를 해결하지 못했다면, 다른 ISC를 선택한다(즉, 최대문제를 해결한다).

4-1부. 개념 해결책의 개발

단계	액션, 규칙, *추천*
4.1-1 개선을 위해서 X-자원을 선택한다.	**3-3단계로부터 개선을 위해서 자원 중 하나를 선택한다.** 규칙 11 : 먼저 CD에서 자원을 선택한다. *추천 3 : 자원 변경의 우선 순서* (5) 도구의 변경 (6) 환경의 변경 (7) CD에 있는 대상의 변경 (8) 전반적인 시스템의 변경
4.2-1 선택한 자원에 대해서 이상적인 최종 결과(IFR)를 정형화한다.	**(a) IFR을 다음과 같이 정형화할 수 있다.** 선택한 X-자원이 (2.5-1단계으로부터 없앤 AT의 UA를 사용한다)을 제공하는 한편, PF의 성능을 방해하지 않는다. **(b) IFR를 실현하기 위한 기회를 조사한다. 만약 답이 긍정적이라면, 해결책 개념을 정형화한다: 그렇지 않으면 4.3-1단계로 간다.**
4.3-1 물리적 모순을 거시적으로 정형화한다.	**• UA를 제공하기 위해서, 선택한 X-자원이 (거시적 특성 P를 상술한다)을 가져야 한다.** **• HA를 제거하기 위해서, 선택한 X-자원이 (거시적 반대 특성 -P를 상술한다)을 가져야한다.** 규칙 12 : 만약 거시 물리적 모순을 정형화할 수 없다면, 4.1-1단계로 돌아가, 다른 자원을 선택한다. 그 자원에 대해서 4.2-1~4.3-1단계를 반복한다.
4.4-1 거시 물리적 모순을 해결한다.	**• 분리의 원리를 개별적으로 또는 조합해서 사용한다.**
4.5-1 미시적 물리적 모순을 정형화한다.	**• 거시적 특성 P를 갖기 위해서, 선택한 자원이 (특성 -μ P를 상술한다) 특성을 갖는 입자로 구성되어 있어야 한다.** **• 거시적 특성 -P를 갖기 위해서, 선택한 자원이 (특성 -μ P를 상술한다) 특성을 갖는 입자로 구성되어 있어야 한다.**
4.6-1 미시적 물리적 모순을 해결한다.	**• 4.4-1단계에서처럼 분리의 원리를 사용한다**
4.7-1 만약 최소문제가 해결되지 않는다면	**• 다음의 기회를 검토한다.** · 다른 자원(4.1-1단계)을 선택하고, 4.2-1에서 4.6-1단계를 반복한다. · 5-1단계에서 정형화된 최소문제를 체크한다; 이것이 2개 이상의 다른 문제 집합체일 수 있다. · 2.1단계로 돌아가, AT를 복구하고[3], 분석을 계속한다.

3) 제거했던 AT를 복구한 경우에 두 가지 방향이 있다 : ① 2.2단계로 가서 시스템 갈등을 강화한다. ② 2.2-1단계로 가서 다른 AT를 제거하고, 분석을 계속한다.

예제 4.1

진공을 사용하는 일부 시스템은 유리관을 용접해서 만든 도관으로 구성되어 있다. 관을 용접한 후에, 용접 부분의 구멍을 체크해야 한다. 이것을 하기위해서, 전극을 관 내부에 삽입하여 용접부에 가져가고, 또 다른 전극을 용접부 바깥쪽에 가져간다(그림 4.4). 전극에 고전압을 가하면, 코로나 방전이 유리를 가로질러 생긴다(이것은 전극 사이에서 방전불꽃처럼 보인다). 만약 용접부에 작은 구멍이라도 있으면, 방전이 그 안쪽에서 집중되어, 구멍 안쪽에 있는 공기가 매우 밝게 빛을 낸다. 그 다음에 외부 전극을 제거하고, 가스 용접 토치로 구멍을 메운다. 그러나 외부 전극을 제거하자마자, 구멍은 더 이상 보이지 않는다. 그래서 작업자는 구멍 밀폐를 확실하게 보장하기 위해서 필요 이상으로 넓게 용접 영역을 녹인다. 이것은 해로운 열응력을 일으키기 때문에 바람직하지 않다. 만약 구멍 검사를 구멍 밀폐와 동시에 한다면, 외부 전극이 빨리 타버린다.

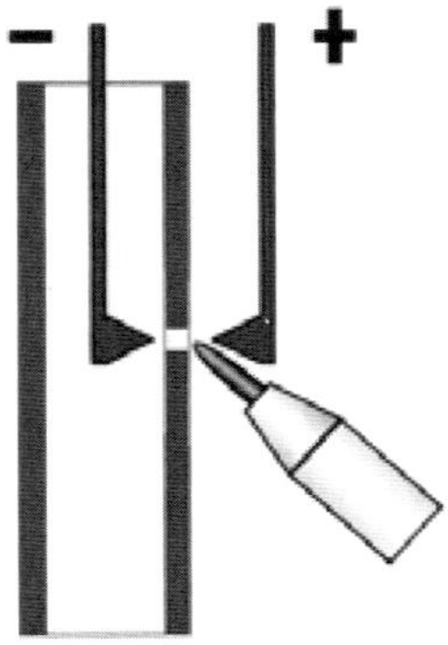

그림 4.4 유리관의 구멍을 검출하고, 밀폐한다.

1부 : 시스템 갈등의 정형화

1.1. 주기능

두 가지 공정이 설명된 시스템에서 일어나고 있다 : 유리관에 있을 수 있는 구멍(또는 보다 정확하게, 공기)의 검출과 검출된 구멍의 밀폐(즉, 구멍 주위 유리의 용융). 밀폐 공정이 외견상으로 주공정이다. 그래서 주기능을 다음과 같이 정형화 할 수 있다 : 유리관의 용융.

1.2. 주성분

유리, 토치(불꽃), 전극(내부와 외부), 공기(구멍에 있는).

1.3. 갈등 요소

대상 : 관

주도구 : 토치(불꽃)

보조도구 : 외부 전극

환경요소 : 공기(구멍에 있는)

1.4. 시스템 갈등

시스템 갈등 1(SC-1; 그림 4.5)

만약 외부 전극이 구멍 가까이에 있으면, 구멍에 있는 공기를 검출한다(즉, 공기를 이온화한다). 이때 불꽃이 유리를 적절하게 녹이지만, 외부 전극을 파괴한다.

시스템 갈등 2(SC-2; 그림 4.6)

없앤 전극은 구멍에 있는 공기를 이온화할 수 없지만, 유리를 과열시키는 불꽃에 전극이 파괴되지는 않는다.

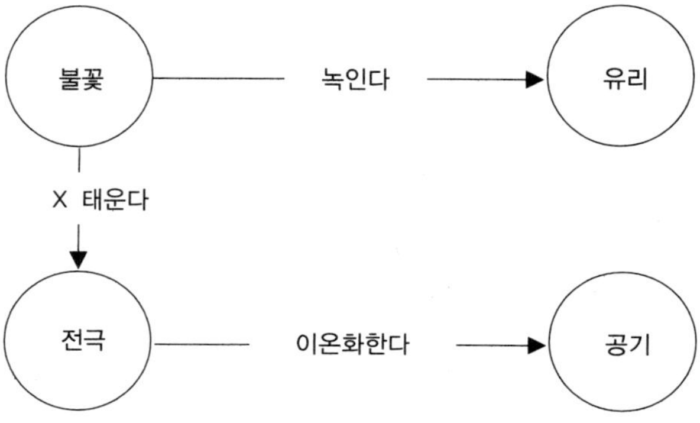

그림 4.5 시스템 갈등 1

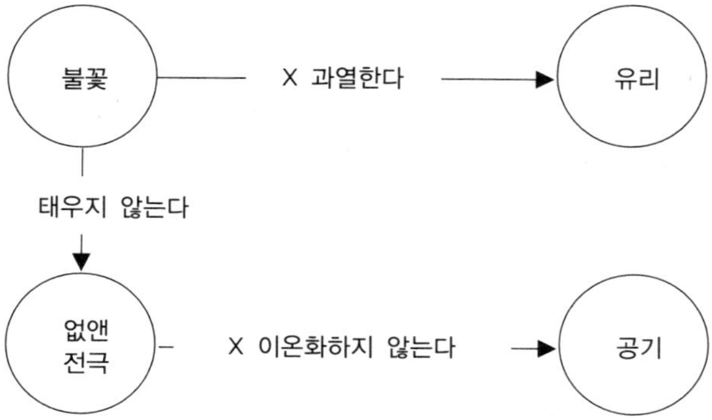

그림 4.6 시스템 갈등 2

2부 : 시스템 갈등 분석과 최소문제의 정형화

2.1. 체크포인트 1

SC-1과 SC-2 모두 보조도구(외부 전극)를 포함하기 때문에, 2.2-1단계에서 분석을 계속한다.

2.2-1. 보조도구의 제거

외부 전극(측정 보조도구)을 제거해야 한다.

2.3-1. 시스템 갈등 3(SC-3)의 정형화

그림 4.7은 물질-장 모델을 나타낸다. 외부 전극이 없는 경우, 전기장을 공기에 가할 수 없기 때문에 방전불꽃이 생기지 않는다 ; 이것은 제2 물질의 추가를 요구하고, 제2 물질은 이미 이용 가능한 자원 성분들에서 선택해야 한다. 전기장을 공기에 전달하기 위해서 자원 성분이 확실하게 전도성이어야 한다.

2.5-1. 최소문제의 정형화

유리 용접을 방해하지 않으면서 공기에 전기장을 가할 수 있는 X-자원을 찾을 필요가 있다.

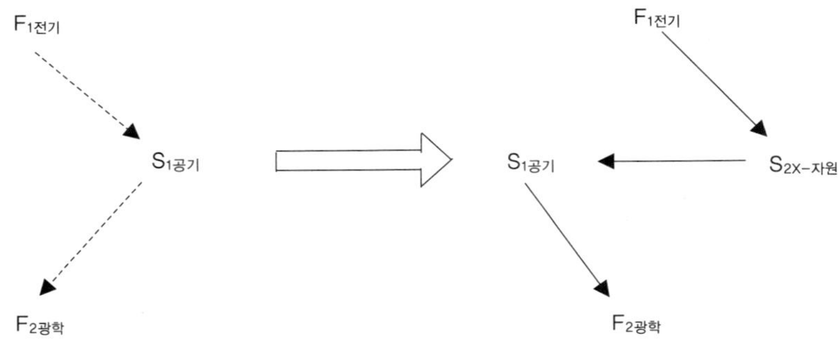

그림 4.7 일부 기존의 전기 전도성 요소를 외부 전극으로 사용해야 한다.

3부 : 가용 자원의 분석

3.1. 갈등 영역

이것은 이전에 외부 전극이 차지했던 공간과 이 공간의 주변이다.

3.2. 작용 시간

이것은 용접 이전과 용접 도중의 기간이다.

3.3. 물질-장 자원의 확인

실제 문제를 해결할 때는 3종류의 자원그룹 모두(시스템 내부(갈등 영역), 환경 및 전반적인 시스템 자원)를 고려해야 한다. 이 장에서는 단순화하기위해서 갈등 영역과 환경 자원만을 고려할 것이다. 이 경우에, 갈등 영역의 자원은 불꽃(플라즈마, 즉 이온과 전자), 유리, 공기 그리고 전기장이다. 환경에서 두드러진 자원은 공기이다.

4부 : 개념 해결책의 개발

4.1-1. X-자원의 선택

불꽃이 주도구이기 때문에, 그것을 X-자원에 대한 첫 번째 후보로 선택해야 한다.

4.2-1 이상적인 최종 결과(IFR)

최소문제의 정형화에 있는(2-5-1단계) "X-자원"을 앞 단계에서 선택한 자원의 이름으로 대체함으로써 IFR를 정형화한다.

갈등 영역에서 작동 시간 동안 불꽃이 유리 용접을 방해하지 않으면서 공기에 전기장을 가한다. 불꽃이 이러한 요구를 만족할 수 있는가? 대답은 yes이다. 그 이유는 불꽃(플라즈마)은 전기를 전도할 수 있는, 전기적으로 하전된 입자 집합체이기 때문이다. 용접을 시작하기 전에 불꽃을 전극으로 사용할 수 있다(그림 4.8).

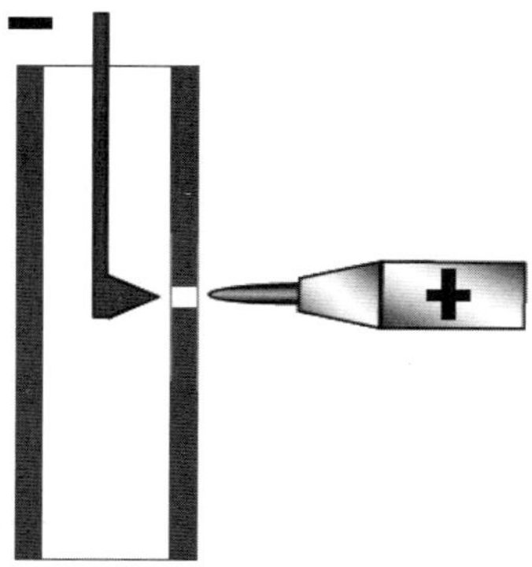

그림 4.8 토치를 전극으로 사용함

예제 4.2

군사용 터보팬 엔진은 종종 재연소(애프터 버닝) 방법을 사용한다. 재연소 과정에서 터보팬 엔진의 배기가스에 연료를 분사, 발화시켜 부가적인 추진력을 얻는다. 배기가스가 탈 때 가스밀도를 낮추고, 엔진이 적절하게 작동하도록 공기 흐름을 유지하기 위해서 배기 노즐을 약간 넓혀주어야 한다. 불충분한 배기 노즐 면적은 이 공기 흐름 속도를 제한하고, 터보팬으로 역 압력을 일으키는데, 이것은 매우 바람직스럽지 못하다. 역 압력의 생성을 예방하기 위해서, 배기가스 면적을 조절할 수 있는 노즐이 사용된다. 재연소 버너를 켤 때, 노즐목 둘레가 커진다. 이것은 배기가스를 배기실로부터 쉽게 빠져나가게 해서, 배기실 압력을 떨어뜨린다.

이 접근법은 많은 핸디캡을 갖는다. 배기가스 면적을 조절할 수 있는 노즐은 일반적으로 연결장치 및 수압 작동장치와 연결된, 크고 무거운 금속 플랩(flap)들로 구성되어 있다(그림 4.9). 결과적으로 그러한 노즐은 고정식 노즐보다 설계가 복잡하고, 무게가 많이 나가며, 제조 및 운전비용이 많이 든다.

게다가 가동 플랩(movable flap) 각각은 그 자체와 인접 구조 사이에 모서리와 틈새들을 가져, 노즐의 레이더 인식력을 증가시키는데, 이것은 군용기에 대해서 매우 큰 핸디캡 특성이다.

배기가스 면적을 조절할 수 있는 노즐의 레이더 인식력 때문에 스텔스 기는 재연소 장치를 사용할 수 없다. 현재 스텔스기는 고정식 노즐을 사용해야 한다. 결과적으로 스텔스 특성은 기체(機體)가 재연소에 의한 추가 추진력을 제공받지 못하기 때문에 탑승원에 대한 공격 취약성이 증가하는 대가를 지불한다.

주기능의 다른 정형화가 아리즈 분석 과정에 어떻게 영향을 주는지 알아보기 위해서, 먼저 재연소 시스템 제조회사의 관점에서 이 상황을 분석해보자.

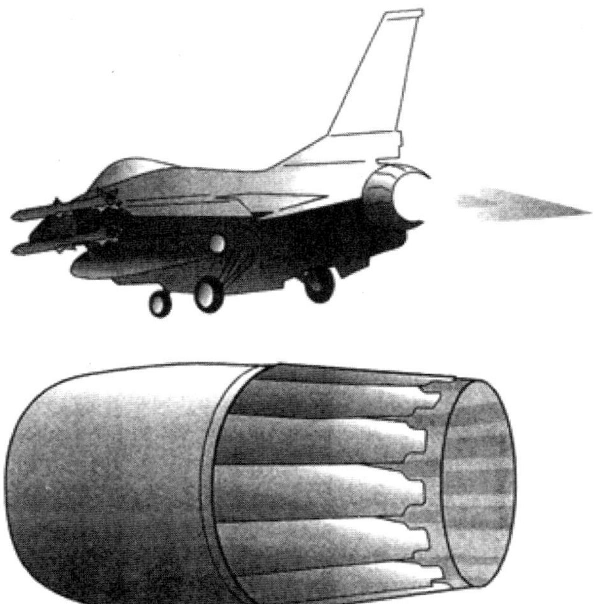

그림 4.9 배기가스 면적을 조절할 수 있는, 플랩들이 있는 노즐

<버전 1>

1부 : 시스템 갈등의 정형화

1.1. 주기능

전체 재연소 시스템의 주기능은 빠르게 비행기를 가속하는 것이다.

1.2. 주성분

비행기, 배기가스, 플랩, 레이더 신호

1.3. 갈등 요소

대상 : 비행기

주도구 : 배기가스

보조도구 : 플랩

환경요소 : 레이더 신호

1.4 시스템 갈등

시스템 갈등 1(SC-1, 그림 4.10)

플랩이 비행기를 추진하는 배기가스를 조절(편향(偏向))하지만(재연소 전과 후에), 그것이 레이더 신호를 반사한다.

시스템 갈등 2(SC-2, 그림 4.11)

만약 플랩이 없다면, 그것이 레이더 신호를 반사하지 않지만, 배기가스 역시 편향시키지 못하므로, 비행기 추진력에 나쁜 영향을 준다.

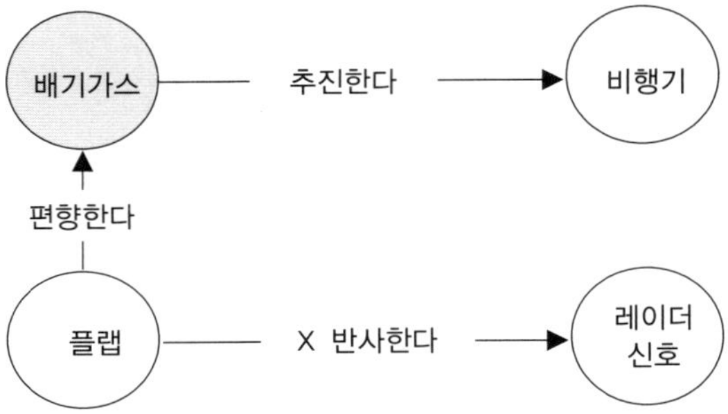

그림 4.10 플랩과 연관된 시스템 갈등

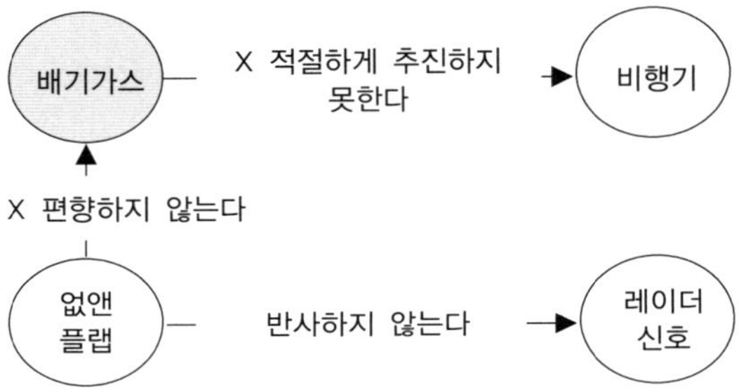

그림 4.11 플랩을 없앴을 경우, 시스템 갈등

2부 : 시스템 갈등 분석과 최소문제의 정형화

2.1. 체크포인트 1

SC-1과 SC-2 모두 갈등 보조도구(플랩)를 포함하고 있기 때문에, 2.2-1단계에서 분석을 계속할 필요가 있다.

2.2-1. 보조도구의 제거

플랩(수정 보조도구)을 제거해야 한다.

2.3-1. 시스템 갈등 3(SC-3)의 정형화

분명하게 SC-3은 SC-2이다.

2.4-1 SC-3의 물질-장 분석

그림 4.12는 물질-장 모델을 나타낸다: 플랩 없이는 배기가스를 편향시킬 수 없다. 이 작용을 수행하기 위해서 새로운 물질과 장을 도입해야 한다.

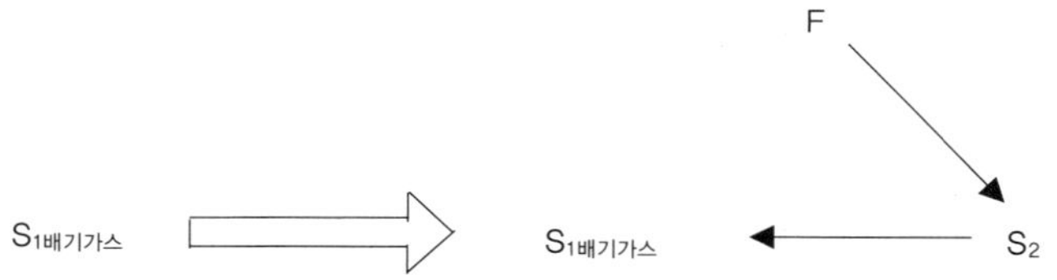

그림 4.12 우선적으로 기존의 자원으로 만든, 새로운 배기가스 "편향기"가 필요하다.

2.5-1. 최소문제의 정형화

재연소 전후로 비행기의 추진력을 방해하지 않고 배기가스를 편향할 수 있는 X-자원을 찾을 필요가 있다.

3부 : 가용 자원의 분석

3.1. 갈등 영역

이 공간을 이전에는 플랩이 차지하였다(그림 4.13).

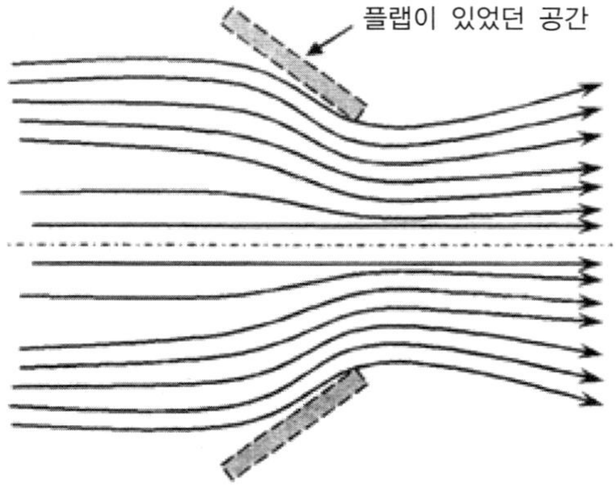

그림 4.13 X-자원은 플랩이 이전에 했던 것처럼 배기가스를 편향해야 한다.

3.2. 작동 시간

재연소 이전과 재연소 동안의 기간

3.3 물질-장 자원을 확인한다.

갈등 영역에 있는 유일한 물질 자원은 배기가스이므로 이용 가능한 장은 기계장과 열장이다. 환경에 있는 풍부한 물질-장 자원은 차가운 공기이다.

4부 : 개념 해결책의 개발

4.1-1. X-자원의 선택

갈등 영역이 도구를 포함하고 있지 않기 때문에, 환경 자원을 X-자원으로 사용해야한다(그림 4.12에서 S2). 분명하게 공기가 X-자원이다.

4.2-1. 이상적인 최종결과(IFR)

갈등 영역에서 작동 시간 동안에 공기는 비행기의 추진을 방해하지 않고 배기가스를 편향한다.

그림 4.14가 이 아이디어를 구체화시킨 하나의 개념 설계도이다. 이 설계에서 유효 흐름 면적은 노즐목 둘레의 선택된 위치에서 압축공기가 분사됨으로써 바뀐다. 압축공기가 배기가스의 유효 면적을 제한한다. 그래서 그것이 공기역학적으로 배기가스의 흐름면적을 제어한다. 결과적으로 움직이는 플랩 없이, 노즐을 기계적으로 고정할 수 있다. 작동장치나 움직이는 부분이 없기 때문에 노즐 무게가 줄어들고, 그 구조는 훨씬 효과적이다. 이 노즐은 어떤 설계모양으로도 만들 수 있기 때문에, 비행기의 설계 구조와 쉽게 통합될 수 있다. 노즐의 표면이 어떤 틈새도 없이 매끄럽기 때문에 레이더 인식력이 크게 줄어든다.

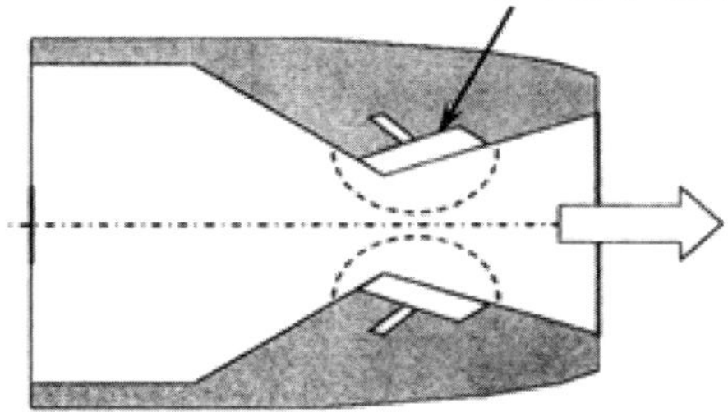

그림 4.14 노즐로 펌핑되는 외부공기가 "플랩"으로 쓰인다.

이제, 플랩 제조회사의 관점에서 같은 상황을 분석해 보자.

<버전 2>

1부 : 시스템 갈등의 정형화

1.1. 주기능

플랩은 가스를 제어(편향)하기 위해서 존재한다.

1.2. 주성분

비행기, 배기가스, 플랩, 레이더 신호

1.3. 갈등 요소

대상 : 배기가스

주도구 : 플랩

보조도구 : 없음

환경요소 : 레이더 신호

1.4 시스템 갈등

시스템 갈등 1(SC-1, 그림 4.15)

플랩이 배기가스를 편향(偏向)하지만(재연소 전후에), 그것이 레이더 신호를 반사한다.

시스템 갈등 2(SC-2, 그림 4.16)

만약 플랩이 없다면, 그것이 레이더 신호를 반사하지 않지만, 배기가스 역시 편향시키지 못한다.

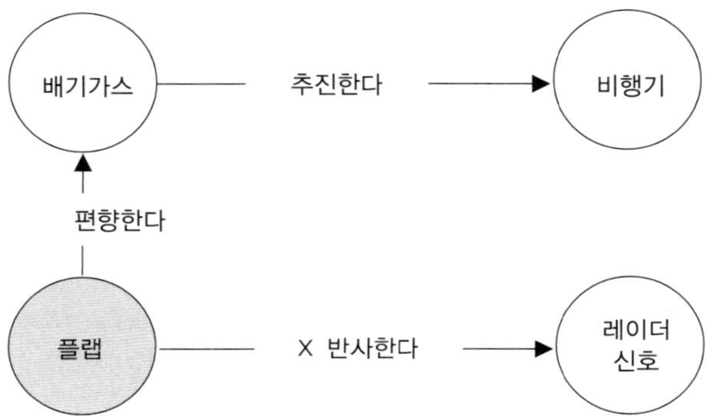

그림 4.15 플랩과 연관된 시스템 갈등

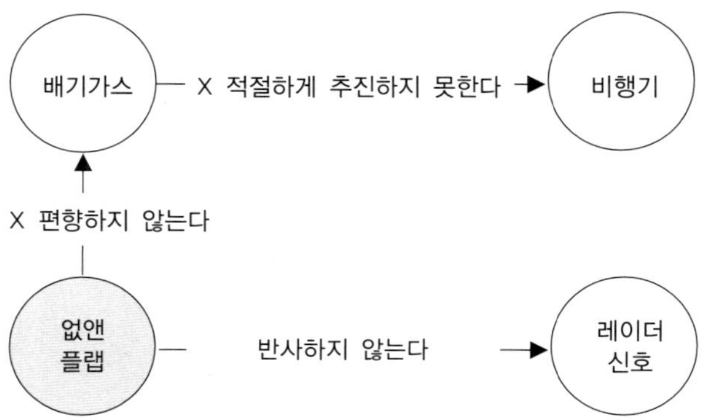

그림 4.16 플랩을 없앴을 경우, 시스템 갈등[4)]

4) 그림 4.11과 도식이 같다. 단 주도구가 플랩이라는 것만 다르다.

2부 : 시스템 갈등 분석과 최소문제의 정형화

2.1. 체크포인트 1

SC-1과 SC-2 모두 갈등 보조도구를 포함하고 있지 않기 때문에, 2.2단계에서 분석을 계속할 필요가 있다.

2.2. 시스템 갈등의 강화

ISC-1(그림 4.17)

플랩이 배기가스를 편향하지만, 증폭된 레이더 신호를 반사한다(이것은 적 미사일이 비행기를 타격할 가능성을 크게 증가시킨다).

계속해서 분명히 SC-2의 강화는 갈등 상호작용에 질적 변화를 주지 않을 것이다(즉, ISC-2는 실질적으로 SC-2이다).

2.3. 강화된 시스템 갈등의 선택

두 개의 ISC은 비행기의 주기능에 근본적인 해로움을 주기 때문에(기능 수행을 어렵게 함) 규칙 8(플랩을 제거해야 한다)에 따라 ISC-2를 선택한다.

이 단계 이후, 이어지는 분석(그리고 그 결과)은 버전 1의 해당 부분과 비슷하다.

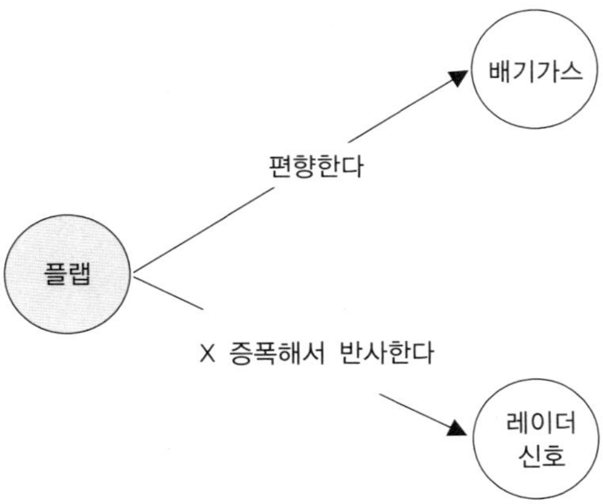

그림 4.17 플랩의 해로운 작용을 악화시킴으로써 ISC-1을 얻는다.

일반적으로 어떤 기술 시스템이라도 시스템은 상위시스템의 부분이기 때문에, 다음과 같이 두 종류의 주기능에 대해서 아리즈 분석을 각각 수행하는 것이 바람직하다: 하나는 주어진 시스템에 대해서, 다른 하나는 상위시스템에 대해서. 만약 두 번의 분석이 같은 개념을 가져온다면(예제 4.2의 경우에서처럼), 그것은 그 개념이 매우 유망하다는 믿을 수 있는 증거가 된다. 역으로, 만약 결과가 일치하지 않으면, 상위 수준과 연관된 개념에 우선권을 주어야 한다. 예를 들어, 만약 위의 아리즈 분석에서 버전 1과 2의 결과가 다르다면(즉, 버전2가 플랩의 개선은 가능하지만, 계속해서 플랩을 유지해야한다는 결론이 나왔다면), 버전 1의 결과(플랩의 제거)가 보다 유망하다고 판단해야 한다(이것이 상위 수준의 재연소 시스템과 연관되어 있기 때문에). 이렇게 한쪽으로 치우쳐서 개념을 다루는 이유는 시스템이 상위 수준으로 진화한다는 진화 우성 개념이 있기 때문이다(6장에서 이것에 대해 자세히 다룸).

예제 4.3

플라즈마 절단은 금속 부품을 절단하기 위해서 이온화된 기체(즉, 플라즈마)의 고속 분사를 사용하는 공정이다(그림 4.18). 플라즈마를 만들기 위해서, 전극과 부품사이에서 전기 불꽃이 튀긴다. 고온 플라즈마가 작업부품을 가열하여, 금속을 녹인다. 고속 플라즈마 제트가 녹은 금속을 날려 보내면서, 작업부품을 자른다. 전통적인 플라즈마 절단이 갖는 중대한 문제는 3000도까지 올라가는 전극이 약해진다는 것이다. 전형적으로 전극은 하프늄, 또는 지르코늄, 또는 티타늄 복합재료로 구성되어 있다. 이러한 재료는 고온에서 견딜 수 있는 그것들의 능력 때문에 사용되지만, 매우 비싸고 자주 갈아주어야 한다. 전극을 냉각하는 것은 전체 시스템을 복잡하게 하고, 약간의 효과만 있을 뿐이다.

1부 : 시스템 갈등의 정형화

1.1. 주기능

작업부품을 절단하는 것이다.

1.2. 주성분

플라즈마, 작업부품, 가스, 노즐, 전극

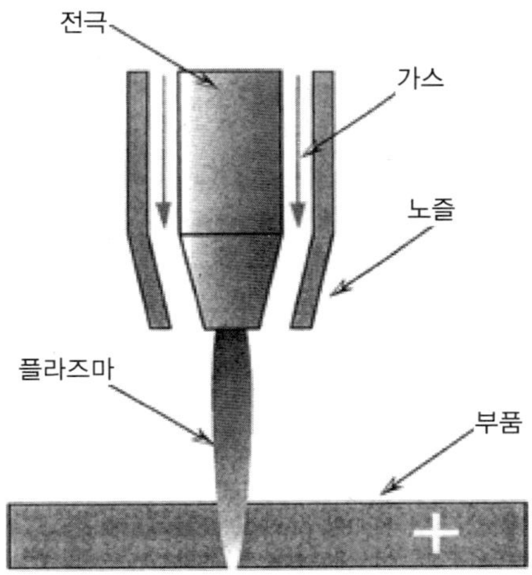

그림 4.18 플라즈마 토치 장치의 핵심 부분

1.3. 갈등 요소

대상 : 작업부품

주도구 : 플라즈마

보조도구 : 전극

1.4 시스템 갈등의 정형화

시스템 갈등 1(SC-1, 그림 4.19)

강력한 플라즈마가 작업부품을 빠르게 자르지만, 전극 역시 빠르게 소모시킨다

(녹인다).

시스템 갈등 2(SC-2, 그림 4.20)

덜 강력한 플라즈마는 전극을 천천히 녹이지만, 작업부품 역시 천천히 녹인다.

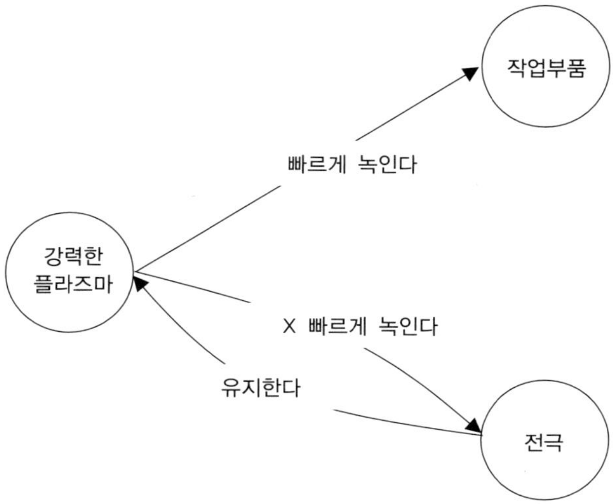

그림 4.19 SC-1은 강력한 플라즈마를 포함한다.

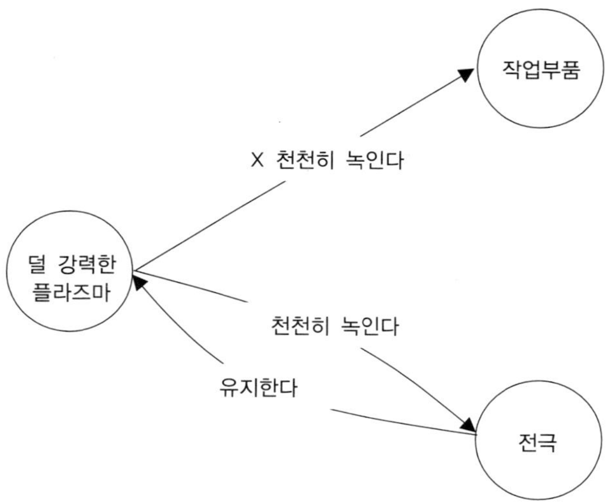

그림 4.20 SC-2는 덜 강력한 플라즈마 때문이다.

2부 : 시스템 갈등 분석과 최소문제의 정형화

2.1. 체크포인트 1

이러한 시스템 갈등 모두는 보조도구를 포함하고 있기 때문에, 2.2-1단계에서 분석을 계속한다.

2.2-1. 보조도구의 제거

전극(가능하게 하는 보조도구)을 제거해야 한다.

2.3-1. 시스템 갈등 3(SC-3)의 정형화

플라즈마가 "없앤 전극"을 소모할 수는 없지만, 주기능의 수행 또한 불가능하게 한다(그림 4.21).

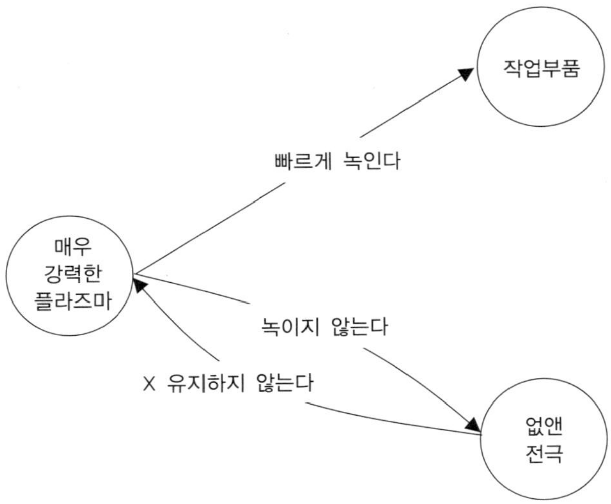

그림 4.21 전극의 제거가 새로운 시스템 갈등을 일으킨다.

이제 우리는 아리즈 다음 단계에서 무엇이 일어나야 하는지 쉽게 기대할 수 있다: 전극의 유용한 작용(전류를 플라즈마에 공급하는 것, 단순하게 플라즈마를 유지하는 것)을 이용 가능한 성분 중 하나에 위임해야 한다. 이 성분은 두 가지 매우 중요한 요구조건을 만족해야 한다: 그것은 매우 높은 온도에서 전기전도성과 내열성이 있어야 한다. 전기전도성 재료인 성분(즉, 노즐)을 확인하는 것은 쉬운 반면, 두 번째 요구조건을 만족할 수 있는 다른 이용 가능한 성분을 확인할 수 없다. 그래서 이어지는 분석(그리고 개념 개발)은 다음과 같은 세 가지의 가능한 길 중 하나를 따라갈 수 있다.

- 플라즈마를 사용하지 않고 두꺼운 금속판을 절단하는 새로운 공정 개발
- 전극 없이 강력한 플라즈마를 일으키는 새로운 공정 개발. 이러한 공정은 과학실험에서 고온 플라즈마를 얻을 때 사용하는 물리현상을 사용할 수 있다. 어떤 과학실험에서는 초전도 코일이 일으키는 매우 강력한 자기장이 기체 원자로부터 전자를 빼앗아, 플라즈마를 만든다.
- 전극의 사용기간을 크게 늘리는 새로운 접근법을 찾음

이론적으로는 가능할지 모르지만, 처음 두 개의 길은 광범위한 R&D 노력 또는 상당한 설비 공구의 대체 비용과 관련되어 있어서(최대문제 접근법), 전통적인 플라즈마 절단 장비의 사용자들은 대부분 이것을 비현실적이라 생각할 수 있다. 결과적으로 최소문제를 그대로 유지하면서 사례 연구를 계속하기 위해서 전극을 "복구"하고, 2.2단계에서 분석을 다시 시작해야한다.

2.2. 시스템 갈등의 강화

ISC-1(그림 4.22)
매우 강력한 플라즈마 토치는 작업부품과 전극을 순간적으로 동시에 증발시킨다.

ISC-2(그림 4.23)
매우 "차가운"(즉, 없는) 플라즈마는 작업부품과 전극을 증발시키지 않는다.

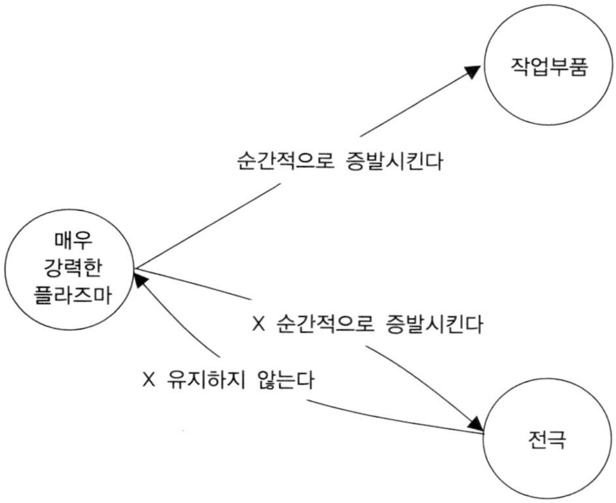

그림 4.22 플라즈마 강도를 최대화함으로써 생긴 ISC-1

2.3. 강화된 시스템 갈등의 선택

ISC-1은 주기능의 수행을 불가능하게 하기 때문에, 계속되는 분석을 위해서 ISC-2를 선택한다(규칙 8).

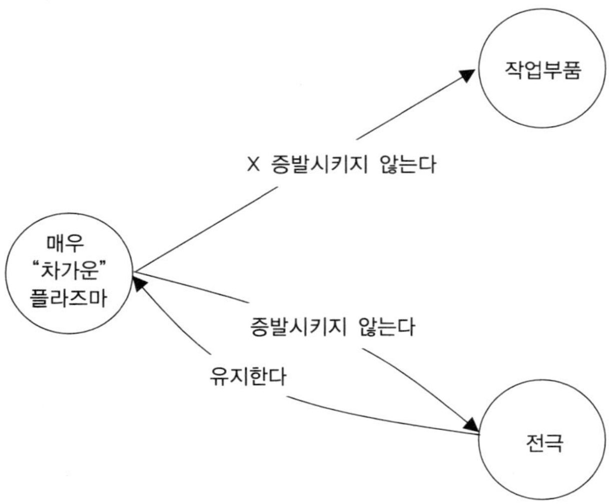

그림 4.23 플라즈마를 제거함으로써 생긴 ISC-2

2.4. ISC-2의 물질-장 분석

그림 4.24의 물질-장 "수식"의 처음 부분은 완전한 물질-장을 나타내며, 여기서 두 개의 물질이 유용한 상호작용과 해로운 상호작용을 동시에 참가한다. 전극의 증발을 예방하거나 또는 최소한 극적으로 증발 속도를 늦추기 위해서 3장에서 설명한 해로운 작용을 제거하기 위한 표준 중 하나(또는 표준 조합)를 사용할 수 있다.

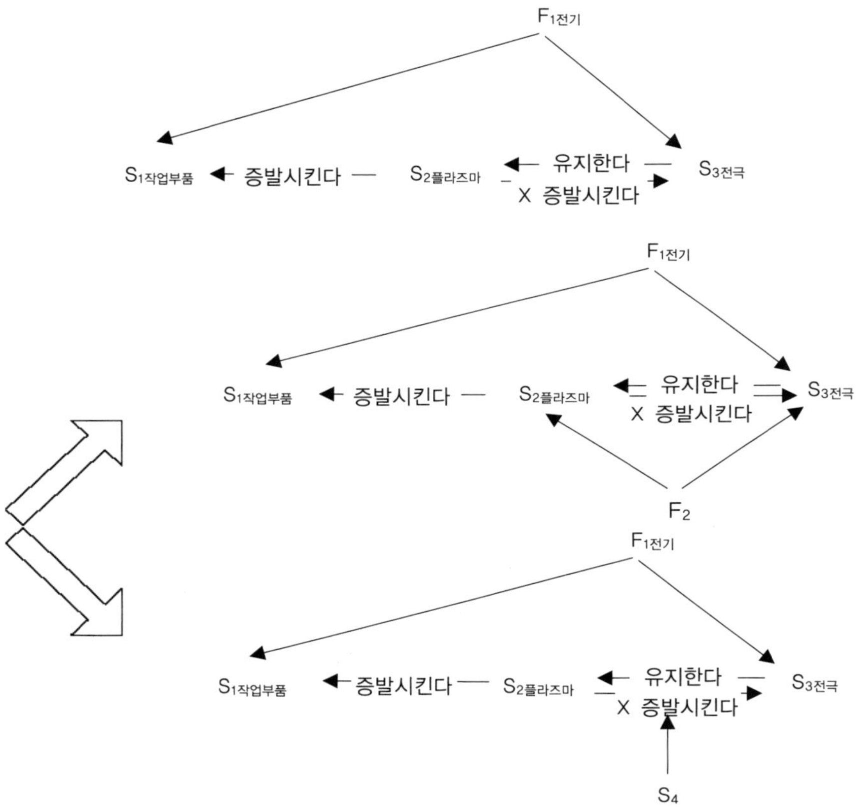

그림 4.24 가능한 해결책의 물질-장 모델

2.5. 최소문제의 정형화

작업부품의 증발을 방해하지 않고 플라즈마에 의한 전극의 증발을 예방할 수 있는 X자원을 찾아야 한다.

3부 : 가용 자원의 분석

3.1. 갈등 영역

갈등 영역은 유용한 작용과 해로운 작용을 직접 일으키는 갈등 요소의 부분을 포함한다: 전극의 끝, 전체 플라즈마 그리고 토치가 영향을 주는 작업부품의 부분.

3.2. 작용 시간

부품 절단 기간

3.3. 물질-장 자원의 확인

갈등 영역에서 물질 자원은 전극과 플라즈마이다. 그러므로 쉽게 이용가능한 장은 전기와 열이다.

갈등 영역의 환경에 있는 자원 물질은 가스(아직 플라즈마로 전환되지 않은), 노즐 그리고 공기이다. 그러므로 장 자원은 기계장과 움직이는 가스이다.

4부 : 개념 해결책의 개발

4.1. X-자원의 선택

아리즈 추천 3이 플라즈마(주도구)를 변경 대상으로 선택하도록 돕는다.

4.2. 이상적인 최종 결과(IFR)의 정형화

갈등 영역에서 작동 시간 동안 플라즈마가 부품의 증발을 방해하지 않고 전극의 증발을 중화한다. 분명하게 플라즈마가 이 IFR을 수행할 수 없다.

4.3. 거시 물리적 모순의 정형화

전극의 증발을 예방하기 위해서, 플라즈마는 전극과 접촉하지 않아야 한다.

작업부품의 증발을 유지하기 위해서(즉, 주기능), 플라즈마는 전극과 접촉해야 한다.

4.4. 거시 물리적 모순의 해결

2장에서 설명한 분리의 원리를 사용하자.

시간으로 반대 요구조건을 분리한다는 것은 전극이 증발이 안 되도록 짧은 시간 동안만 플라즈마가 전극과 접촉해야한다는 의미이다. 이것은 생산 속도를 크게 줄이기 때문에 받아들일 수 없다.

공간으로 반대 요구조건을 분리한다는 것은 플라즈마가 전극의 한 부분과만 접촉한다는 의미이다. 이것 역시 이해할 수 없다.

전체와 부분으로 분리는 전체 플라즈마가 전극과 접촉하지 않고, 그 성분의 일부가 전극과 접촉해야하는 것을 제안한다. 이 접근법을 구체화하는 것도 어렵다.

분리의 원리를 개별적으로 적용하는 것이 좋은 개념을 주지 않기 때문에, 이런 원리들의 일부 조합을 시도해야한다. 예를 들어, 시간과 공간 양면으로 반대 요구조건의 분리를 시도해 보자. 이것은 매우 짧은 시간동안에 플라즈마가 전극 표면의 한 점과만 접촉하고, 다른 점으로 이동한다는 의미이다. 플라즈마와 전극 사이에 열전달이 순간적으로는 일어날 수 없기 때문에, 전극 표면을 따라 플라즈마의 빠른 이동은 전극의 침식을 크게 줄일 수 있다. 그림 4.24의 물질-장 모델은 플라즈마 운동을 제어하기 위해서 새로운 장 F_2를 도입해야 한다는 것을 나타낸다. 이 문제를 해결할 수 있는 이용가능한 장 자원에 대한 간단한 분석으로부터 움직이는 가스의 기계장, 전기장과 자기장을 확인할 수 있다.

그림 4.25의 개략도는 이 원리에 기초한 내구성 전극을 보여준다(상세한 설명은 미국 특허 4,034,250에 있다). 가스를 전극 내에 공극을 통해 작업부품으로 공급한다. 플라즈마 불꽃의 위쪽 뿌리가 소용돌이 공기 흐름의 작용에 의해서 속이 빈 전극 안쪽 내부 면을 매우 빠르게 회전한다. 전극을 감싸고 있는 코일이 일으킨 자기장이 전기역학적 힘을 만들어, 그것이 플라즈마 불꽃의 위쪽 뿌리를 움직이게 한다. 이 힘은 작동 전류에 비례해서 변한다.

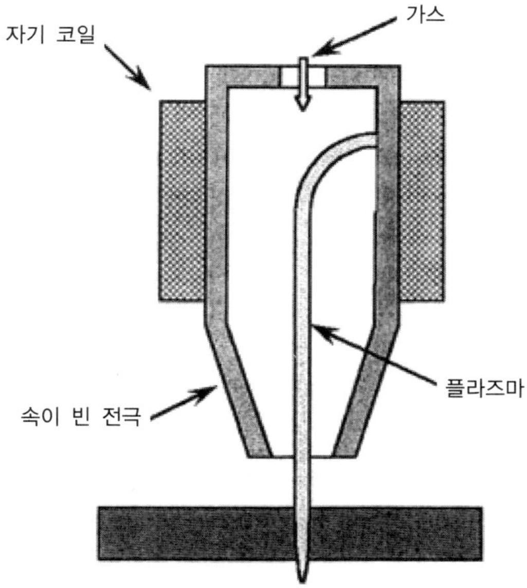

그림 4.25 움직이는 플라즈마는 전극의 사용기간을 늘린다.

4.4 요약

아리즈는 트리즈의 핵심 분석 도구이다. 그 기초는 모호하거나 잘 정의되어 있지 않은 초기 문제/상황을 분석하고, 그것을 명확한 시스템 갈등으로 전환하기 위한 논리적 절차의 순서이다. 시스템 갈등 분석은 물리적 모순의 정형화로 안내하고, 그 모순은 대상 시스템의 자원을 최대로 활용함으로써 제거된다. 아리즈는 이상적 기술 시스템, 시스템 갈등, 물리적 모순, 물질-장 분석, 표준, 그리고 기술 시스템 진화 법칙과 같은 트리즈의 기본적인 개념과 기법들 대부분을 하나로 통합한다.

4.5 연습문제

4.1 많은 열교환 장치들은 뜨거운 표면으로 평행하게 흐르는 유체(액체나 기체)를 사용한다. 유체가 표면을 따라 흐르므로, 표면은 더 뜨거워지고, 유체와 표면 사이의 온도차가 줄어들기 때문에 열교환 능력이 줄어든다. 표면과 유체 사이에 열을 전달하기 위한 보다 나은 방법을 개발하라.

4.2 1931년 5월 27일에 피카드(Auguste Piccard)는 그의 동료 파울 킵퍼(Paul Kipfer)와 함께 최초로 성층권까지 유인 기구(氣球)비행을 하였다. 그들은 그 당시 기록으로 15,838미터 고도까지 올라갔다. 피카드의 성층 기구는 기체 기구와 알루미늄으로 만든 밀폐된 승객실로 구성되어 있었다(그림 4.26). 기구의 배기 밸브 조절 케이블이 승객실 천장을 통과해야 한다. 승객실 안쪽의 공기를 유지하기 위해서, 케이블과 천장 판 사이에 틈새가 존재하지 않아야 한다. 하지만 이것은 케이블의 자유로운 움직임을 방해할 것이다. 시험했던 여러 가지 밀폐 장치들은 믿을 수 없었다. 아리즈를 사용해서 피카드가 발견한 해결책을 재발명해 보아라.

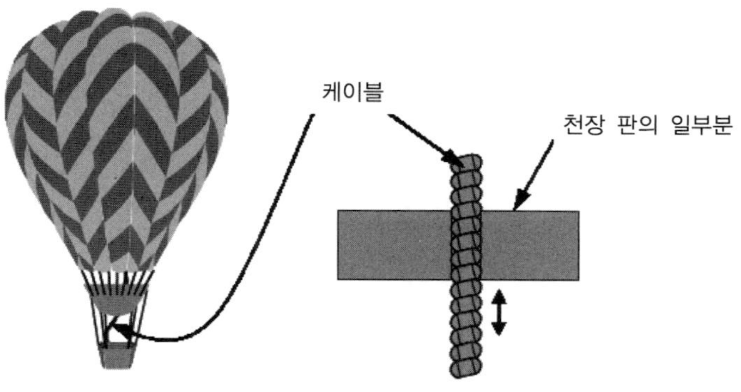

그림 4.26 객실에서 배기 밸브를 조절하기 위해서 케이블이 천장 판을 통과한다.

4.3 단단하고 긴 나일론 관으로 만든 두 개의 공기라인이 로봇 집게를 움직인다(그림 4.27). 하나의 공기라인은 집게손가락을 움직이고, 다른 공기라인은 집게를 회전시키는 공기식 모터를 움직인다. 라인들은 실패 위쪽과 ±270도 회전하는 집게에 단단하게 고정되어 있다. 집게의 회전이 나일론 관의 비틀림을 일으켜, 집게 운동에 높고 다양한 비틀림 저항을 가져오고, 결과적으로 집게의 위치 정확도를 떨어뜨린다.

부드러운 PVC 관은 집게와 연결된 위치에서 빠른 피로 파괴를 보인다.

단단한 나일론 관을 사용하면서 비틀림 저항을 낮출 수 있는 방법은 없을까?

4.4 열팽창 계수가 IC 칩 재료와는 다른, 회로기판 위에 IC 칩을 탑재한다. 이것이 열팽창 응력을 일으켜, 연결 부분에 금이 가게 할 수 있다(그림 4.28). 열팽창 속도가 달라서 생기는 좋지 않은 효과를 경감시킬 수 있는 방법을 찾아라.

4.5 웜 구동의 효율은 접촉면의 마찰 계수와 웜의 나사각에 의해 결정된다. 나사각을 증가시켜서 효율을 개선할 수 있다. 그러나 나사각을 증가시키는 것은 주어진 웜/바퀴 직경 대비 웜 구동의 변속률을 떨어뜨린다. 이러한 갈등 요구조건을 만족시킬 수 있는 웜 구동 개념을 개발하라.

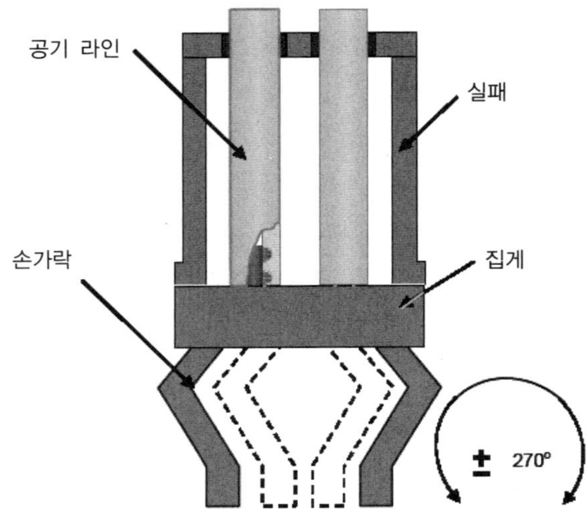

그림 4.27 나일론 공기관이 집게의 위치 정확성에 영향을 준다.

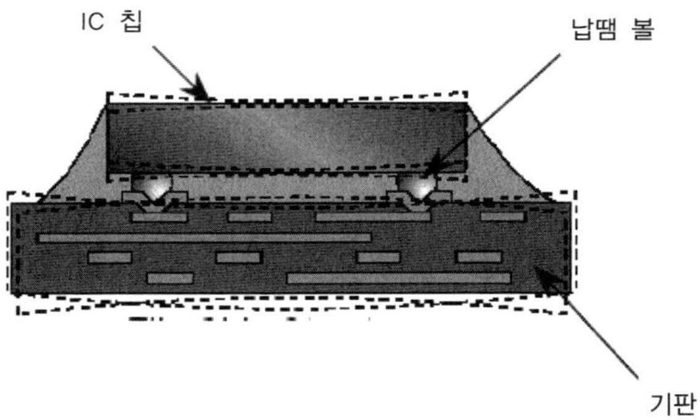

그림 4.28 전통적인 IC 칩 탑재

그림 4.29 웜 구동

Chapter 05 기술 시스템의 진화 법칙

알트슐러는 예측할 수 있는 기술 시스템 진화의 개념을 제안하였다. 이 개념에 의하면 혁신 발명을 하는 개인의 노력, 시장의 힘, 정치적 조건, 전통 문화 등과 같은 여러 가지 영향 인자들이 기술 시스템의 진화 속도에 크게 영향을 주지만(그것을 가속하거나 늦춤), 그것들이 진화의 방향을 크게 바꿀 수는 없다. 증기 엔진, 전기 모터, 자동차, 비행기, 라디오, 볼펜, 레이저, 트랜지스터, 집적 회로, 그리고 다른 모든 주요 혁신들은 그것들의 창조자가 태어나지 않았더라도 언젠가는 발명되었을 것이다.

이 장은 트리즈 개념의 기초인 기술 시스템의 진화 법칙을 설명한다. 기술 리더와 설계자들은 이 법칙을 이용하여 다양한 후보들 중에 가장 유망한 혁신을 식별할 수 있기 때문에, 이러한 법칙들의 적절한 사용은 비즈니스와 공학 실행의 성공에 크게 기여할 것이다. 이러한 법칙들은 또한 새로운 기술과 제품을 효율적으로 개발하기 위해서, 그러한 시스템의 비즈니스 가능성을 객관적으로 평가하기 위해서, 그리고 어떤 경쟁자들이 나타날지 예측하기 위해서 사용될 수 있다.

5.1 기술 시스템의 진화 법칙

기술 시스템은 얼어 있는 실체가 아니다. 그들은 사회의 변화 욕구를 만족시키고, 매우 경쟁적인 세계시장에서 생존하기 위해서 계속해서 변화한다. 어떤 기술 시스템의 진화는 이전 단계의 시스템과 구별되는 여러 단계들로 표현될 수 있다. 이러한 단계들 사이에서 시스템은 점차적으로 수많은 발전을 누적해서 겪은 다음, 다음 단계 시스템으로 이동한다.

기술 시스템 진화의 역동성을 지난 50년 동안의 자동차 설계의 발전으로 설명할 수 있다. 자동차 설계는 1950년대 팔들이 달린 거대한 구조에서부터, 이전 설계와 비교할 때 난쟁이처럼 보이지만 비교적 훨씬 큰 내부 공간을 갖는 맵시 있는 현대차까지 다양하다. 수백 종류의 차 모델은 공기 역학적 요구조건, 새로운 재료와 시스템의 가용성(예를 들어, 에어백, 잠김 방지 브레이크), 전동기구의 변화(예를 들어, 전륜 구동, 작지만 강력한 엔진), 소비자의 구미, 그리고 설계자의 예술적 감각에 의해 좌우된 다양한 설계 변화들을 통합하였다. 많은 변화는 흔적도 없이 사라졌고, 어떤 것들은 계속 진화하였지만, 3~5년마다 새로운 설계 경향이 나타난다.

기술 시스템은 보다 나은 성능 시스템으로 적은 자원을 들이고 제조할 수 있는 시스템으로, 또는 여러 가지 성능 기능이 결합된 시스템으로 진화하기 위해 사회로부터 직접적으로 또는 시장의 힘을 통해 계속해서 압력을 받고 있다. 이 진화는 혁신으로만이 아니라 점진적인 변화로도 설명된다. 그러한 변화는 보통 발명 때문에 일어난다. 전문 엔지니어만이 아니라 수천 명의 사람들이 매년 크고 작은 발명을 한다. 이러한 발명들은 일부분만이 실행에 옮겨지지만, 그들 모두는 일반 공학과 특별한 분야의 최신기술(즉, 특별한 종류의 기술 시스템) 양쪽에 기여한다.

발명가들은 자신의 자산(능력)을 제어하지 못한다. 발명가들은 시장과 사회적 힘 또는 그들의 고용주에 의해 압력을 받겠지만, 자신들의 창의성에 크게 의존한다. 그리고 그들은 종종 자신과 같은 기술 시스템에서 일하고 있는 다른 발명가들의 노고를 깨닫지 못한다. 그들의 노력은 겉으로 볼 때 불규칙한 방향을 향해 있다.

우리는 많은 발명들이 거부되는 이유로 자금의 부족, 투자자들의 심리적 관성, "여기서 발명되지 않았다(NIH, Not-Invented-Here)"는 태도 등과 같은 요인들을 들고 있다. 그러나 결국 발명의 최종적인 수용은 객관적인 기술 시스템의 진화 논리에 달려 있다.

기술 시스템의 진화 법칙은 진화 과정에서 시스템 요소들 사이에 있는, 그리고 시스템과 그 환경 사이에 있는 의미 있는, 안정적인, 반복되는 상호작용들로 설명된다.

알려진 진화의 법칙들은 이미 1장에서 언급하였지만, 여기서 다시 한 번 더 나열해 보는 게 좋겠다.

- 이상성 증가의 법칙
- 하위시스템의 불균일 진화의 법칙
- 높은 수준으로 전이의 법칙
- 동적특성(유연성) 증가의 법칙
- 미시수준으로 전이의 법칙
- 완전성의 법칙
- 에너지 전달 경로를 짧게 하는 법칙
- 물질-장 상호작용 증가의 법칙
- 리듬조화의 법칙

이러한 법칙들은 수만 건의 특허와 많은 실생활 시스템의 시대적 개발품을 분석한 후에 정형화되었다. 그 과정은 시스템 진화의 전형적인 단계들을 구별할 수 있도록 혁신 발명의 선택과 그 분석을 포함하였다.

이러한 법칙 전부를 시스템 진화의 모든 단계에 일반적으로 적용할 수는 없다. 그들의 일부(이상성 증가, 하위시스템의 불균일 진화, 높은 수준 시스템으로 전이, 그리고 유연성 증가의 법칙)는 시스템의 시대적 발전의 모든 단계에서 기술 시스템의 진화를 지배한다. 예를 들어, 새롭게 개발된 시스템과 성숙한 시스템을 포함해서 모든 기술 시스템의 하위시스템들은 불균일한 속도로 진화한다. 이 불균일 진화는 하위시스템 사이에서 해결되어야 하는 갈등을 일으킨다.

다른 법칙들은 어떤 단계에서만 시스템의 진화를 결정한다. 리듬조화의 법칙이 한 예이다. 대부분의 생존 가능한 시스템의 핵심 부분들은 서로 동조화된(조화된) 기능을 갖고 있다. 시스템이 일단 이러한 리듬조화를 성취하면, 이 법칙은 더 이상 적용할 수 없다.

자연의 법칙과 다르게, 진화의 법칙은 '유연'하여서, 일시적으로 그 법칙을 위반할 수도 있다. 자연 법칙은 위반하거나 무시할 수 없는 반면, 진화 법칙의 위반은 매우 일반적이다. 종종, 비싼 기존 제조 설비를 계속해서 활용하고자 하는 경제적인 압력, 정치적인 이해, 심리적인 관성과 같은 여러 가지 비기술적 요인들이 차세대 제품 또는 공정의 출현을 지연시킨다. 진화 궤도로부터 이탈은 항상 귀중한 자원을 낭비하고 경쟁력을 잃는 결과를 초래한다.

▌사례 5.1

스위스 시계산업의 몰락은 이러한 관점에서 시사하는 바가 있다. 1974년 스위스의 기계식 시계 제조회사들은 세계 수출 시장의 약 40%를 점하고 있었다 [Glasmeier, 1997]. 그 시기에 전자시계가 소개되었다. 기계식 시계에서 전자기계로의 전이는 조만간 일어나도록 되어 있었다. 왜냐하면 미시수준으로 전이와 유연성 증가의 법칙이 기계 시스템에서 전기 현상을 기초로 한 시스템으로 이동을 "처방해 놓았기" 때문이다. 스위스 시계산업 리더들은 이 급격한 새로운 시계 장치의 생존능력을 의심하였다. 10년 후에 세계시장에서 스위스의 기계식 시계의 시장 점유율은 일본 시계 제조회사들이 개척한 전자시계의 출현 결과로 10%까지 가파르게 떨어졌다.

5.1.1 진화 라인

진화의 법칙은 차세대 시스템의 일반적인 발전 방향을 정의한다. 일부 이러한 법칙들의 예측력은 일반적인 방향에 따라 시스템 진화의 단계들을 상세히 설명하는 진화 라인과 연관 지음으로써 크게 강화된다. 진화 법칙이 나침반이라면 진화

라인은 지도이다: 전자가 목적지로 방향을 정하는데 도움을 주는 반면, 후자는 그 목적지까지 여행할 수 있는 상세한 길을 안내해준다. 예를 들어, 유연성 증가의 법칙은 진화 과정에서 기술 시스템이 보다 동적으로, 보다 적응할 수 있게 된다는 것을 말한다. 유연성 증가의 라인은 어떤 유연성 단계, 예를 들어 "분할된 시스템", "탄성 시스템" 등에 대해서 알려준다.

모든 시스템이 모든 단계를 거쳐 가지 않는다; 특별한 시스템의 성질에 따라서 시스템은 특정 진화 라인의 일부 단계를 건너뛸 수 있다.

5.2 이상성 증가의 법칙

이것은 기술 시스템 진화의 제1법칙이다.

기술 시스템은 이상성이 증가하는 방향으로 진화한다.[1)]

이것은 진화 과정에서 어떤 기능을 수행하는 시스템이 복잡성과 비용이 줄고, 또는 문제가 줄어들고, 또는 그 기능을 더 잘 수행할 수 있게 되거나, 더 많은 기능을 수행할 수 있게 된다는 것을 의미한다. 이러한 진화 과정의 조합 또한 종종 일어난다.

▌사례 5.2

그림 5.1은 1947년에서 1997년에 이르는 동안 미국 가전제품의 가격 변동을 보여 준다(1997년 미국 달러 기준). 1997년에 세탁기/건조기, TV, 냉장고의 전체 기능은 눈에 띠게 많아진 반면, 그들의 가격이 이전 제품(1947년)보다 훨씬 낮아졌다. 이 비교는 가전제품이 이상 시스템을 향한 긴 여정을 어떻게 가고 있는지를 분명하게 보여준다.

1) 2장에서 이상성의 개념을 소개하였다.

많은 일반 시스템들의 진화에서 이상성의 증가를 볼 수 있다.

휴대전화의 가격은 지난 10년 동안 거의 10배나 떨어졌고, 전원 소비량도 그렇다. 같은 시기에 휴대전화는 새로운 능력들을 얻었다 : 이메일, GPS, PDA, TV, 게임, 그리고 다른 것들(일부 기능들은 아마도 이 책이 쓰이고 있는 동안에도 추가되고 있을 것이다).

힘이 세고, 정밀도가 높고, 속도가 빠른 현대 공작기계의 가격은 올라가고 있지만, 이러한 공작기계로 생산되는 부품 비용은 공작기계의 생산성이 꾸준히 증가함에 따라 줄어들고 있다. 동시에, 생산된 부품의 정밀도와 표면 마무리 정도는 계속해서 증가하고 있다.

이상성이 높은 시스템은 시장의 선택 과정에서 승리자가 되고, 시장을 오랫동안 주도할 기회가 훨씬 많다. 이것이 시장의 기술 선택 과정을 잘 설명해 준다: 일부 기술은 왜 널리 퍼져 있는데, 다른 기술은 무시되거나 잊혀지기까지 했는가?

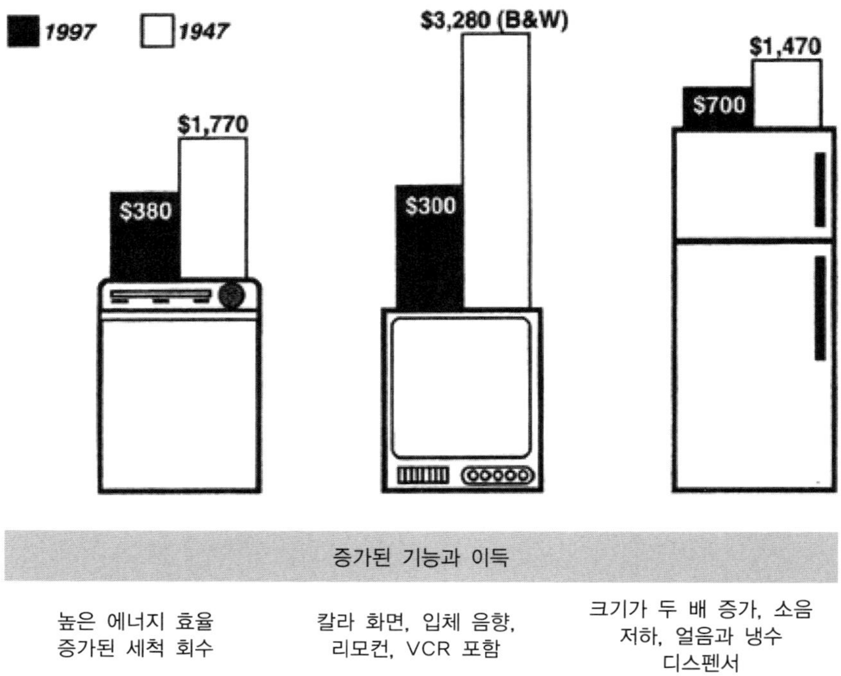

그림 5.1 가전제품에 대한 이상성의 발달 형태

▌사례 5.3

20세기 초에 3종류의 동력장치가 차의 엔진 자리를 두고 자리다툼을 하였다. 내연엔진, 증기엔진, 전기모터가 그것이다. 내연엔진은 기술적으로 우수할 뿐 아니라 비기술적인 문제가 거의 없었기 때문에 이 경쟁에서 승리하였다. 그 당시 초기 가솔린엔진의 열효율은 잘 발달된 증기엔진보다 높았다. 이것은 또한 배터리 동력의 전기모터보다 '재충전' 기간이 훨씬 길었다. 그러나 이러한 기술적 이점들만이 가솔린엔진의 최종 승리를 결정한 유일한 인자가 아니었다.

1913년에 한 영국 조사자가 다음과 같이 기록하였다. "미국 구매자는 기구에 대해서 전혀 묻지 않는다. 그는 자신이 원하는 차량의 가격만을 알고 싶어 한다. 그가 차량 가격을 지불하고, 기구에 대해선 어떤 느낌도 없이 차로 할 수 있는 것을 즐긴다. 반면에, 평균적인 유럽 구매자는 차대의 기계적 상세 사항에 대해서 많이 알거나, 최소한 알고 싶어 한다. 전설적인 스탠리(Stanley) 증기선은 정기검사가 필요한 게이지들로 치장되어 있다: 보일러 수위, 증기 압력, 주 탱크 연료 압력, 점화 연료탱크 압력, 기름관찰 유리, 탱크 수위. 증기선을 단순히 출발시키기 위해서 13개의 밸브, 레버, 손잡이, 펌프들을 제어해야했다. 전기차는 도시의 소형 자동차로써 훌륭하게 쓰이지만, 대부분의 운전자들은 주로 그들의 차를 보통의 목적으로 사용할 때조차도 운전할 때 약간의 허세와 흥분을 원했다. 전기차는 또한 "여성용 차량"으로 인식되는 치명적인 결점을 경험하였고, 자동차가 남성 문화와 견고하게 얽혀있는 시점에 큰 실패를 경험하였다"[Volti, 1996].

이상성 증가의 법칙은 기술 시스템의 시대적 발전에 대한 제1 벡터 방향을 설정하기 때문에 진화 법칙 중에서 핵심이다. 다른 진화 법칙들은 이상성 증가를 목표로 한, 차세대 시스템의 개발을 위한 기법들로 간주될 수 있다.

5.3 하위시스템의 불균일 진화의 법칙

어떤 기술 시스템은 시스템의 개선보다 보통 빠르게 증가하는 부분의 요구조건들을 충족시킨다. 이것이 진화에 압력을 가해서, 시스템 갈등이 생기는 원인이 된다.

기술 시스템의 불균일 진화의 법칙

시스템의 여러 부분들의 진화 속도가 균일하지 않다. 시스템이 복잡해질수록, 부분의 불균일 진화가 더욱 많아진다.

이 불균일성이 시스템의 갈등을 낳고, 그 해결책은 새로운 발명품 개발을 필요로 하며, 그렇게 함으로써 진화과정이 촉진된다. 수많은 기술 시스템의 진화로 이 법칙을 설명할 수 있다.

예제 5.4

[자전거의 진화]

표 5.1은 자전거 진화의 이정표를 보여준다[Altshuller and Shapiro, 1956]. 표 5.1은 주 시스템의 진화만을 반영하고 있다는 것을 염두에 두자; 진화 나무에는 이동이 용이한 실용적인 자전거(접이식, 분리식)의 개발 등과 같은 작은 가지들도 있다.

표 5.1 자전거 진화의 이정표

년도	자전거 세대	시스템 갈등
1813 	최초의 자전거: 두 개의 나무 바퀴와 손잡이 막대. 페달과 전동장치가 없다. 타는 사람이 자신의 발로 지면을 차면서 이동하였다.	타는 사람의 고유 능력이 속도의 증가를 제한한다.
1840 	**페달**이 도입된다. 바퀴와 페달이 개선됨에 따라 자전거의 속도가 증가하였다. 브레이크가 없고, 타는 사람의 신발 밑창이 브레이크 기능을 한다.	브레이크 기능이 적절하지 않았기 때문에 속도의 증가가 타는 사람을 위험하게 하였다.
1845	**브레이크**가 도입된다. 앞바퀴의 직경을 증가시킴으로써 자전거의 속도를 올린다. 페달 한 바퀴 당 이동거리가 증가하였다.	바퀴 재료의 낮은 내구성 때문에 계속적인 속도의 가속이 제약을 받는다.
1860s 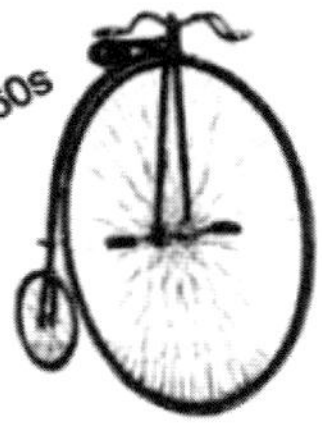	나무 바퀴가 금속 **바퀴**로 바뀐다. 앞바퀴의 직경이 증가함에 따라, 속도가 계속해서 증가한다.	바퀴 직경이 커질수록, 바퀴를 돌리기 위해서 더 큰 힘이 필요해진다.
1870s	바퀴 축에 **베어링**이 도입된다. 앞바퀴의 직경이 계속 증가한다. 따라서 자전거 높이가 너무 증가하였다.	높이, 즉 바퀴의 직경이 커질수록, 속도는 빨라지지만, 타는 사람이 더욱 위험해진다(자주 자전거에서 떨어져 심한 상처를 입는다).
1884 	**체인** 전동장치가 도입되어, 바퀴 직경을 증가시킬 필요성이 없어졌다. 발명가들은 주로 새로운 전동장치의 설계에 집중하였고, 바퀴는 변화를 겪지 않았다.	울퉁불퉁한 도로에서 고속으로 자전거를 운전할 수 없다.
1890 	공기 **타이어**가 바퀴에 장착된다. 속도는 계속해서 증가한다.	전동장치의 최신기술이 바퀴의 최신기술보다 뒤처져 있다: 가속한 후에 타는 사람이 고속으로 회전하는 페달을 제어할 수 없다.
1897	**오버런**(자유 회전) 클러치가 발명된다; 이제 원하는 속도에 도달한 후에 페달을 움직이지 않고 그대로 둘 수 있다. 이때 이후 자전거는 현재의 외관을 유지하고 있다.	

▌사례 5.5

컴퓨터 시스템은 컴퓨터와 주변기기로 구성되어 있다. 한 가지 중요한 주변기기는 프린터이다. 1960년대, 텔레타이프(1930년대 전보를 보내기 위해서 개발됨)는 상대적으로 속도가 낮은 컴퓨터의 요구를 만족시키고 있었다. 그러나 컴퓨터 속도는 마이크로칩 기술이 완성된 후에 특별히 빠르게 증가하였고, 상대적으로 무겁게 움직이는 기계식 텔레타이프는 높은 계산 속도에 대처할 수 없었기 때문에 무용지물이 되었다. 또한, 고속 컴퓨터는 그래픽 문제를 다룰 수 있었지만, 플로터만이 인쇄 출력 그래픽을 제공할 수 있었다. 이 시스템 갈등이 고속 출력과 어떤 패턴(여러 가지 폰트와 문자, 수 문자와 그림 정보의 조합, 데스크톱 출판)의 인쇄 출력을 제공하는, 출력 장치의 개발을 향한 대량 노력을 끌어냈다. 이러한 발전은 다음의 길을 따라갔다.

- 문자 이동 장치를 빠르게 변경할 수 있는 고속 수 문자 인쇄기(문자 볼과 데이지 휠[2])을 갖춘 고속 인쇄기); 이것은 제한된 유연성을 제공하였다.
- 어떤 문자와 패턴을 만들 수 있는 가벼운 범용 인쇄 요소(핀)의 도입; 이 도트 인쇄기는 매우 큰 유연성을 갖고 있었지만(5.4장을 볼 것), 기계설계의 한계가 도트의 크기와 밀도를 제한하였기 때문에 인쇄 품질이 다소 떨어졌다(또 다른 시스템 갈등).
- 잉크젯 인쇄기는 상당히 비싼 가격으로 높은 인쇄 품질을 제공하지만, 상대적으로 낮은 해상도 때문에 복잡한 패턴 인쇄 업무에는 이러한 시스템의 사용이 제한된다.
- 레이저 프린터는 최고의 품질 수준을 제공하지만, 현재 제일 비싸다.

또 다른 한계가 있는 주변 기기 시스템은 정보저장 장치이다. 빠르게 증가하는 계산 속도와 뒤처진 중간 범위의 기억 용량 사이에 시스템 갈등이 자기 디스크 기억 장치의 계속적인 개선을 이끌었다.

2) 전동 타자기와 컴퓨터 용 프린터의 인자부로 쓰이는 소형 바퀴

▌사례 5.6

최초의 냉장고는 1803년에 무어(T. Moor)가 발명하였다. 그는 워싱턴 DC에서 고객들에게 버터를 배달하고 있었고, 여름철에는 냉동이 매우 절실하게 필요했다. 무어는 벽 사이 공간에 얼음을 채운, 매우 큰 이중 벽 상자를 사용하고 있었다. 시스템 갈등 : 유용한 기능을 얻었지만, 얼음은 겨울철에 만들어졌고, 냉동은 여름에 필요했다.

얼음을 다루는 것은 매우 어려운 일이였다. 1850년에 플로리다 애팔라치콜라(Apalachicola)에 사는 존 고리(John Gorrie)가 냉동 압축기를 발명하였다. 고리는 말라리아 환자들을 시원하게 해주면서 그들을 치료하고 있었지만, 얼음이 매우 고가($1.25/LB)로 매사추세츠로부터 배달되고 있었다. 그가 압축기를 특허화 하였지만, 막연한 불신 때문에 투자자들을 구할 수 없었다. 뉴욕타임스 신문은 고리를 괴짜라고 하였고, 그의 기계를 조롱하였으며, 오직 전능자만이 얼음을 만들 수 있다고 말하였다. 1890년에, 얼음 만드는 기계가 자연 얼음의 부족 때문에 생산에 들어갔고, 음식 도매점과 초콜릿 캔디 공장을 위해 처음으로 얼음을 생산하였다. 시스템 갈등 : 최초의 기계는 너무 커서, 가정용으로는 적절하지 않았다.

19세기 말쯤, 최초로 가정용 얼음 만드는 기계가 개발되었다. 시스템 갈등 : 이러한 기계들은 연료(나무, 석탄, 석유)를 먹어 없앴다 – 그래서 평균 가정이 쓰기에는 너무 비쌌다.

1918년에 제너럴 일렉트릭(GE)이 현대형 자동 냉장고, 또는 부엌용 "켈빈네이터(Kelvinator)"의 생산을 시작하였다. 시스템 갈등 : 벨트 구동 압축기가 매우 시끄러웠고, 가스(암모늄과 황산화물)가 새어나왔다. 1926년에 소음과 불쾌한 냄새를 줄이기 위해서 밀봉 덮개로 압축기를 감쌌다. 압축기가 없는 부엌용 냉장고(흡수형)가 1922년에 발명되었고, 그 이후 두 종류의 시스템이 경쟁하고 있다. 시스템 갈등 : 흡수 냉장고는 소음이 적지만, 냉각 출력이 낮다.

1957년에 나사(NASA)는 또 다른 시스템(고체 상태 열 – 전기냉장고)을 발명하였다. 압축기가 있는 냉장고는 그 제조 회사들이 계속해서 유용한 기능(얼음 분배기, 자기 청소 냉동장치 등)을 추가했기 때문에 아직도 가정용을 위해 제1 리더이지만, 이제는 시장에서 수용할 수 있는 능력의 열 – 전기 냉방장치/난방장치들이 있다. 종이 성냥 크기의 통제 모듈이 10파운드 얼음 덩어리에 상당한 냉동력을 전달한다. 유리섬유와 같은 열 절연 재료, 반도체 냉각 기술, 그리고 상변화 에너지 저장 재료의 개발 결과들이 25~27입방피트에 이르는 초효율 가정용 냉장고에 통합되었다.

5.3.1 하위시스템의 불균일 진화 법칙의 사용

다음 단계들이 추천된다.

1. 대상 시스템의 주요 하위시스템과 그들의 주기능을 확인한다.
2. 주요 하위시스템 중 하나를 선택하고, 그것의 주기능을 크게 강화한다(상상으로).
3. 다른 하위시스템에서 위의 기능 강화 때문에 생긴 부적절하거나 부정적 효과를 확인한다. 결과로 생긴 시스템 갈등을 정형화한다.
4. 다른 모든 주요 하위시스템에 대해서 1~3단계를 반복한다.

▌사례 5.7

농업에 있는 전략적 경영 문제로 시스템의 불균일 진화의 법칙과 위 절차를 설명할 수 있다. 곡물 재배 시스템은 여러 하위시스템으로 구성되어 있다: 곡물의 성장, 수확, 그리고 수확된 곡물의 처리. 수확량이 적을 때, 곡물 재배 시스템은 그 하위시스템들이 약하게 연결되어 있었다; 수확은 큰 문제가 아니었다. 비료와 토양 준비 기법이 개선됨에 따라 수확량이 급격하게 증가하자, 수확이 병목이 되었다. 이것은 콤바인의 발명으로 해결되었다. 현재, 콤바인의 처리 시스템(트럭, 현지 곡물 창고)은 수용할 수 있는 것 보다 매우 높은 생산성을 갖고 있다(그림 5.2). 콤바인이 빠르게 움직일수록 해당 호퍼가 더욱 빨리 채워져 더 많은 호파가 필요해진다.

놀랍게도, 산업은 처리 시스템(실제 병목)을 무시한 채, 계속해서 생산성이 더욱 높은 콤바인을 만들고 있다. 만약 산업이 시스템의 갈등(콤바인의 생산성이 높아질수록, 수확 처리 시스템은 더욱 부적절해 진다)을 깨달았다면, 산업은 이익을 얻기

그림 5.2 곡물 수확과 수확물 처리 시스템 사이의 상호작용

위해서 노력의 방향을 바꾸었을 것이다. 이 문제를 처음으로 내다본 회사가 경쟁 이득을 얻었을 것이다.

따라서 불균일 진화의 법칙을 사용한 분석이 계속적인 발전(즉, 기술 예측, 6장을 볼 것)의 방향을 제시할 수는 있지만, 그것이 진화의 다음 단계가 무엇인지는 말해 주지는 못한다.

5.4 동적특성(유연성) 증가의 법칙

새로운 기술 시스템은 종종 특별한 문제, 즉 하나의 기능을 수행하기 위해서 개발된다. 이 시스템은 특별한 환경, 규정된 영역에서 기능을 수행한다. 따라서 그 설계는 시스템이 만족해야하는 특별한 요구조건을 반영한다. 보통 시스템의 구성 부분들은 서로 단단하게 고정되어 연결되어있고, 이것이 변화하는 환경에 대한 적응을 방해할 수 있다. 그러한 시스템은 핵심 설계 개념의 실행능력을 나타낸다. 시스템이 개발목적에 맞게, 주 임무를 만족스럽게 수행할지는 모르지만, 시스템의 적용 환경과 성능 잠재력은 제한을 받는다. 수많은 시스템의 진화 연구는 전형적인 진화 과정이 역동화(유연성) 단계를 포함한다는 것을 보여주었다. 유연화 단계를 거치면서 시스템의 구조는 변화하는 환경에 적응할 수 있게 되고, 많은 경우에 다기능화된다.

동적특성 증가의 법칙

기술 시스템은 다양한 성능 영역과 변화하는 환경 조건에 적응할 수 있는, 그리고 다기능화할 수 있는 보다 유연한 구조로 진화한다.

일반적인 많은 시스템에서 이 법칙의 보편적인 경향을 쉽게 확인할 수 있다.

▌사례 5.8

침구의 긴 역사는 적응성 증가의 이야기이다. 처음에 우리의 선조들은 딱딱한 바닥에서 선잠을 잤다. 그 다음 모피와 나뭇가지를 사용했고, 그 후에 짐승 가죽이나 직물을 모아 바느질을 한 다음, 밀짚, 동물 털 또는 가죽과 같은 쿠션 재료로 그 안을 채워서 만든 매트리스를 사용하였다. 하지만 그러한 매트리스는 신체 적응성이 부족했다. 그러자 상대적으로 최근에 강철 코일 스프링이 소개되었다. 스프링의 수가 점차 증가하면서, 우리의 신체 곡선에 적응성이 향상되었다. 이것은 무게 분포와 안락감을 더욱 개선하였다. 이 진화의 다음 단계는 신체 외형에 완벽하게 맞는, 물침대와 공기 매트리스였다. 오늘날의 최신 매트리스는 신체 외형에 완벽한 적응성, 매트리스의 여러 위치에서 진동 제어, 머리나 다리의 높이조절, 안마기능 등을 제공한다.

▌사례 5.9

최초의 비행기는 추가적인 공기저항을 일으키는 고정된 착륙장치를 갖고 있었다. 낮은 비행 속도에서는 이 저항을 무시할 수 있었지만, 속도가 증가함에 따라 착륙장치 시스템은 비행기에서 가장 진보가 덜 된 하위시스템 중 하나가 되었다. 그러자 이것이 다음과 같이 적응할 수 있게 진화하였다 : 비행 중에는 착륙장치를 집어넣고, 이륙이나 착륙을 위해서만 그것을 펼쳤다.

5.4.1 동적특성(유연성) 증가의 라인

동적특성(유연성) 증가의 여러 라인들이 지금까지 확인되었다. 그러한 라인들을 두 그룹으로 나눌 수 있다: 시스템 기능 요소의 기능 유연성이 증가하는 라인과 물리적 구조의 유연성이 증가하는 라인. 예를 들어, 보다 더 유연한 물리적 구조(공기 매트리스로 정점에 달했다)로 전이함으로써 적응력이 증가한 매트리스가 후자의 경우이다.

시스템 기능 요소의 기능 유연성이 증가하는 라인

연속 가변 시스템으로 전이

이것은 유연성 증가의 제1라인이다. 유연성 증가의 다른 라인들은 모두 이 라인의 여러 가지 표현이다(그림 5.3).

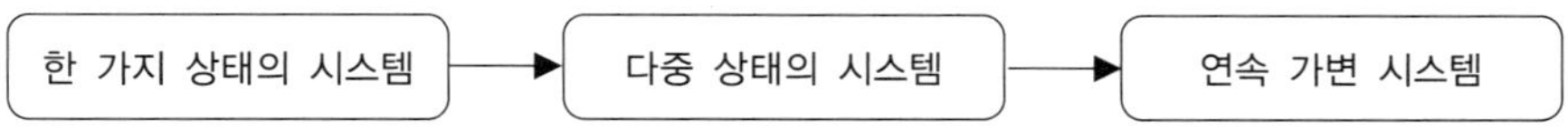

그림 5.3 연속 가변 시스템으로 전이 라인

▌사례 5.10

최초의 차는 엔진 속도의 변경으로 차 속도를 조정하는, 엔진과 구동 바퀴 사이에 고정된 변속기를 갖고 있었다. 다단 변속기의 도입으로 환경 조건에 따라 속도 변경이 쉬워졌고, 엔진의 속도 변경 역할이 줄어들었다. 이것은 전반적인 차의 성능을 개선하였고, 내연 엔진의 최적 속도 범위가 상당히 좁아져, 엔진 수명과 연료 효율이 증가하는 결과를 가져왔다. 최적화된 변속률은 최적 범위 부근에서 엔진의 작동이 가능하게 해주었다.

차 변속기의 적응성의 계속된 발전은 여러 방향으로 진행되었다. 그중 하나는 수동 변속기에서 기어 변속의 수를 증가시키는 방향이었다. 12~20단 기어변환 변속기는 전문 기사가 운전하는 상업용 트럭에 사용되었지만, 이러한 변속기는 일반 차용으로 너무 비싸고 불편할 것이다. 다른 하나는 일정하게 기어변환의 수가 증가하는, 자동 변속기를 사용하는 방향이었다. 이 변속기의 핸디캡은 여전히 기어변환의 불연속성, 유체 클러치에서 높은 마찰 손실, 그리고 높은 복잡성과 비용이다. 최적 효율을 제공하는 연속 가변 변속기(CVT)는 운전자의 추가적인 노력 없이, 보다 큰 유연성을 제공한다. 이러한 변속기는 눈자동차에 사용되고 있고, 점차 승용차, 특별히 하이브리드 차에 적용되고 있다. 그렇지만, 현재 가장 널리 사용되는 것은 자동 변속기이다. 이것은 수동식과 비교해서 변속율의 단계가 다소 적더라도, 정확한 순간에 항상 변속률을 바꾸어, 운전자의 기술이나 기분에 의존하지 않고, 보다 안락한 운전 조건을 제공한다.

능동 적응 시스템으로 전이 라인

3종류의 적응 시스템은 **능동**, **작동자 제어**, 그리고 **능동 시스템**이다(그림 5.4).

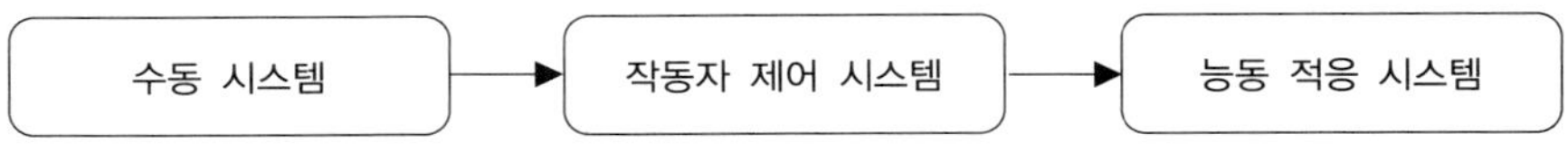

그림 5.4 능동 적응 시스템으로 전이 라인

수동 시스템은 변화하는 환경에 대해서 어떤 특별한 동력 구동 또는 서보 제어 장치 없는 시스템에 적응성을 제공한다. 동력전달 계통에서 차동기어가 수동 시스템의 한 예이다. 이것은 자동차의 회전 반경에 따라 구동바퀴의 속도를 자동적으로 바꾸어 준다.

작동자 제어 시스템은 작동자의 결정에 따라 그 구성을 바꿀 수 있다. 작동자 구동(수동 변속기에서처럼) 장치 또는 작동자 명령에 따른 동력 구동(비행기 착륙장치처럼) 장치가 이러한 시스템이다.

능동 적응 시스템은 환경 조건을 감시하는 센서를 갖고 있고, 시스템의 구성을 바꾸는 작동장치에 에너지를 공급하는 제어 수단들과 통신하는 센서를 갖고 있다(ABS 브레이크 시스템에서처럼).

수동 적응 시스템은 종종 사용이 가장 간단하고, 비용이 가장 적게 들며, 신뢰할 수 있는 반면, 개발하기 위해서 매우 창의적인 접근법을 요구한다. 한편, 능동 시스템은 특별히 마이크로프로세서 기반 컴퓨터 제어 시스템의 확산과 함께, 매우 보편화되었다. 그러나 이것은 다양한 상호작용 요소들(센서, 제어 블록, 작동장치, 동력원)로 구성되어 있어서, 보통 훨씬 비싸고, 신뢰성이 떨어진다.

특별히 마이크로프로세서 기반의 능동 적응 시스템은 빠르게 발전하고 있는 반면, 수동 시스템의 자원은 전혀 소진되고 있지 않다고 말할 수 있다. 적절하게 설계를 한다면, 수동 시스템은 상대적으로 최소 경비로 기술 시스템의 성능 특성을 크게 향상할 수 있다(따라서 이상성이 증가한다). 잘 설계되고, 세련된 수동 시스템 기반으로 능동 시스템을 개발하면 매우 효과적이고, 비용이 적게 드는 시스템을 얻게 될 것이다.

▌사례 5.11

최초의 차는 고정된 뒤쪽 축을 갖고 있어서, 회전하는 동안에 바깥쪽 구동 바퀴가 안쪽 구동 바퀴보다 훨씬 먼 거리를 이동해야 하는 가파른 회전을 할 수 없었다. 만약 엔진 구동축이 고정되어 있다면, 그로 인해 안쪽 바퀴와 지면 사이에 강한 미끄럼이 생길 것이다. 천천히 움직이는 차는 그것을 견딜 수 있지만, 빠르게 움직이는 차에 대해서 그것은 엔진 부하의 증가, 타이어의 빠른 마모, 끽끽하는 소음, 그리고 차의 잠재적인 불안정성을 가져올 것이다. 이러한 문제는 운전 조건에 따라 바퀴 사이에 속도비를 자동적으로 변경하는 차동기어를 구동축 중앙 양쪽에 도입함으로써 해결되었다. 필요에 따라 차동기어가 바퀴의 회전속도의 비를 자동적으로 조정하기 때문에 이러한 동적특성을 갖는 구동바퀴는 회전반경에 적응할 수 있다.

전통적인 차동기어는 곡면을 따라 움직이는 비조종 바퀴를 다른 속도로 조절하는 데 적절하다. 그러나 같은 토크가 양쪽 바퀴에 적용되기 때문에, 각 바퀴에 대한 지면의 다양한 마찰 저항(예, 물웅덩이 또는 한쪽 바퀴 밑에 있는 얼음 조각)은 문제를 일으킬 수 있다: 낮은 저항을 받는 바퀴는 구동(회전)하지만, 다른 쪽 바퀴는 정지해 있기 때문에 자동차가 꼼짝하지 않을 것이다. 최근 개발품 중 하나로 양쪽 바퀴의 마찰을 기반으로 한 변속기를 사용하는 차동기어가 있는데, 여기에서는 속도에 따라 마찰계수가 달라지는 윤활유를 사용한다(일부 수바루(Subaru)차에서 그러한 차동기어를 사용한다). 따라서 빠르게 회전하는 바퀴에 전달되는 토크는 저속으로 회전하는 바퀴에 전달되는 토크보다 5배까지 낮아진다. 그러한 “스마트” 수동(passive) 적응성이 차동기어 차량의 성능을 크게 개선한다.

이 진화 과정의 다음 단계는 능동 4륜구동 시스템의 도입이다. 여기에서는 바퀴들의 속도가 회전 반경에 따라 바뀌고, 서보 제어 시스템이 회전 곡선과 일치하여 네 바퀴 모두의 수직면을 돌리기 때문에 바퀴와 지면 사이에 미끄럼이 크게 줄고, 훨씬 작은 반경의 회전이 가능하다.

자기 적응 시스템으로 전이

모듈식 시스템에서는 성분들을 분리하고 재결합할 수 있다(그림 5.5). 많은 시스템은 모듈 방식이 증가하는 방향으로 진화한다. 처음에 단단하게 통합되어 있는 성분들이 점차 느슨하게 연결되면서, 전체 시스템은 점점 더 유연해진다. 예를 들어, 일부 가정용 스토브는 버너를 바비큐 석쇠와 팬케이크 프라이팬과 같은 끼움식 요리 장치로 바꿀 수 있다.

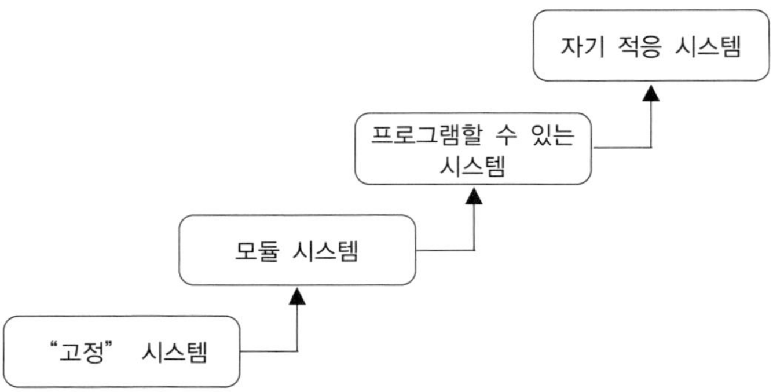

그림 5.5 자기 적응 시스템으로 전이 라인

▌사례 5.12

최초의 개인용 컴퓨터(애플II 또는 코모도어(Commodore) PET와 같은)는 CPU, 기억 및 제어 칩이 고정된 세트였지만, 이것은 여러 공급자의 성분들을 다양하게 조합할 수 있는 모듈 시스템으로 빠르게 진화하였다.

모듈 방식은 하위시스템 성분들의 수준을 포함한, 시스템 계층구조의 여러 수준에서 증가할 수 있다. 1980년대에 주문형 집적회로(Application-Specific Integrated Circuits, ASIC)의 개발이 모듈방식 개념을 집적회로 칩 설계에 도입하였다. 이 이름이 암시하는바와 같이, ASIC은 특별한 응용을 위해 설계된 칩이다. 기존의 회로 블록(모듈)과 연결해서 소비자가 직접 ASIC를 만든다. 흠집 때문에 새로운 칩을 설계하는 것보다 새로운 ASIC을 생산하는 것이 훨씬 쉽다.

집적 회로의 성분들(보통 회로 또는 ASIC)이 빽빽하게 배선되어 있다. 최종 설계는 장치 공급자의 손에 달려있다. 컴퓨터 시스템 설계에 대한 좀 더 적응성 높은 접근법이 1990년대에 소개되었는데, 그것은 "현장에서 프로그램할 수 있는 장치(Field-Programmable Devices, FPD)"이다. FPD는 사용자가 과제(또는 기능들)를 수행하기 위해서 현장에서 프로그램할 수 있는 집적회로이다. 이제 시스템 설계자가 공급자와 관계없이 스스로 회로를 프로그램하고 시험할 수 있다. FPD는 횟수에 제한 없이 다시 프로그램할 수 있고, 수 시간 안에 실수를 수정할 수 있어서, 시험과 시뮬레이션 노력을 줄일 수 있다[Brown and Rose, 1996].

가장 평범한 FPD인 현장 프로그램 가능한 게이트 어레이(FPGA)는 3가지 주요 구성 요소를 갖고 있다: 입력/출력 블록(IOB), 구성 가능한 논리 블록(CLB), 그리고 내부연결 부분. CLB는 사용자의 논리를 구성하기 위한 기능 요소를 제공한다. IOB는 패키지 핀과 내부 신호선 사이의 인터페이스를 제공한다. 프로그램 가능한 내부연결 부분이 CLB와 IOB의 입력과 출력을 적절한 네트워크로 연결한다. 고객이 FPGA에 주어진 논리 함수와 내부 연결을 결정하는 내부 기억 셀을 프로그래밍 할 수 있다.

전통적인 칩 구조로부터 급격한 궤도이탈은 MIT에서 개발한 소위 "원료 칩"에 의해 일어났다[Taylor et al., 2002]. 이러한 칩은 어떤 특별한 응용을 위해서 스스로 자동적(즉, 자기 적응)으로 칩의 내부배선을 고객화할 수 있다. 소프트웨어 컴파일러가 C++ 또는 자바와 같은 상급 언어로 쓰인 응용 프로그램을 취해, 직접 칩에 그것들을 맵핑한다.

사전 탐지로 전이

적응 시스템으로 전이는 변화하는 입력 및 교란에 대한 시스템의 반응을 평가하고, 이 반응을 필요한 것과 비교하며, 필요하다면 수정을 요구한다(그림 5.6). 피드백은 불확실성에 직면해서 좋은 성능을 보장하기위해 필수적이다. 최고의 성능 시스템은 다가올 변화를 예측하고, 그 파라미터를 거기에 맞게 조정할 수 있다.

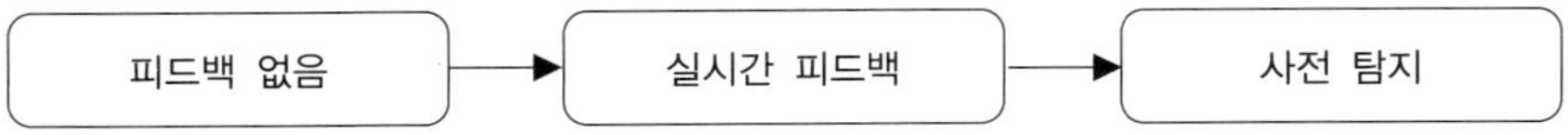

그림 5.6 사전 탐지로 전이 라인

▌사례 5.13

피드백이 없는 전통적인 자동차 현가장치는 도로 때문에 생기는 힘을 줄이기 위해서 충격 흡수장치, 스프링 또는 탄성 매체(고무, 압축 공기)를 사용한다. 이러한 현가장치는 변화가 많은 도로와 운전 조건에 대해 자신의 파라미터를 조정할 수 없다.

반(半) 능동 현가장치에 있는 마이크로프로세서는 충격 흡수장치에 있는 제한 밸브의 노즐 크기를 조절함으로써, 효과적으로 장치의 스프링 계수를 변경한다. 제어 입력치는 자동차 속도, 하중, 가속, 측면 힘, 또는 운전자의 개인 선호도 등이다.

가장 진보한 능동 현가장치(예를 들어, 캐딜락 STS의 연속 가변 도로 감지 현가장치)에 있는 충격 흡수장치의 설정치는 예상되는 도로 조건에 따라 정교하게 동조된다. 예를 들어 앞바퀴가 웅덩이를 만나면, 마이크로프로세서가 신호를 받아, 거의 동시에 즉, 뒷바퀴가 웅덩이를 만나기 전에 뒤쪽 충격 흡수장치의 설정 값을 조정한다.

물리적 구조의 유연성 증가의 라인

유체와 장으로 전이

유연성 증가의 과정은 종종 정지된 요소를 움직이는 요소로 대체하는 과정을 포함한다: 견고한 연결이나 구조를 경첩으로 연결된 분할된 연결/구조로, 경직된 요소를 유연한 요소, 수압과 공압 시스템으로 대체, 마지막으로 전자기장으로 전이(자기와 전기; 그림 5.7). 이러한 장들은 3차원 공간을 따라, 제어 파라미터를 바꾸면서, 매우 복잡한 규격 안으로 제어될 수 있기 때문에 가장 높은 진화 수준을 점유한다.

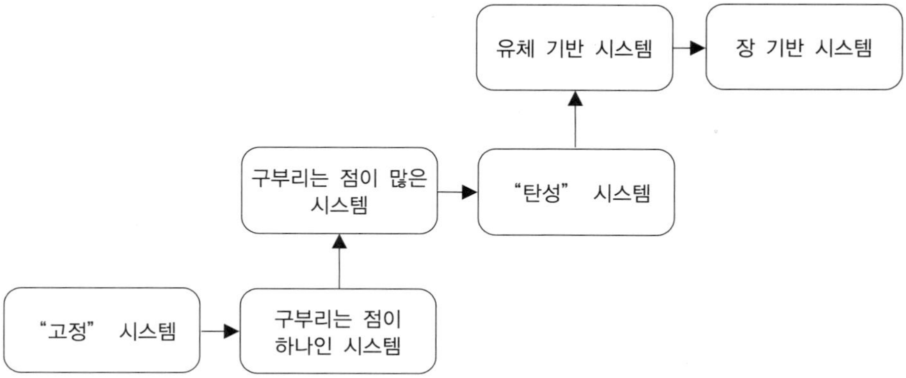

그림 5.7 점점 더 유연한 물리적 구조로의 전이 라인

▌사례 5.14

초기 차들의 바람막이 유리는 평면 유리였다. 그 이유 때문에 최초의 바람막이 와이퍼는 고무 와이퍼 날로 끝을 마무리한 직선 금속 막대였다(그림 5.8). 바람막이 유리가 공기역학과 미적 요구조건을 맞추기 위해서 3차원 형태의 유리로 진화하자(이 발전 자체가 시스템의 역동성을 나타낸다), 와이퍼의 금속 막대를 유리 형태에 맞추기 위해 변경하였다. 와이퍼 고무 날의 유연성이 유리 곡면의 작은 변형을 수용하였다. 이런 저런 모델로 바람막이 유리의 변화는 여러 가지 와이퍼 설계를 요구하였다; 바람막이 유리와 와이퍼의 생산 오차에 의해 편차는 와이퍼의 빠른 마모와 그 성능의 악화를 가져왔다. 시스템 "바람막이 와이퍼"는 여러 적응 시스템으로 진화하였다. 현재 시스템 중 하나에 있는 다중 피벗이 균형 팔의 여러 위치에서 힘의 균형 작용을 제공한다. 이 균형 작용이 유리의 형태와 관계없이, 와이퍼 길이에 따라 와이퍼 날과 유리 사이에 균일한 압력 분포를 제공한다.

▌사례 5.15

이 진화 라인의 또 다른 설명으로 지난 몇 년 동안 핸드 헬드 컴퓨터용 키보드의 빠른 발전을 들 수 있다(2장, 시간으로 반대 특성의 분리를 볼 것).

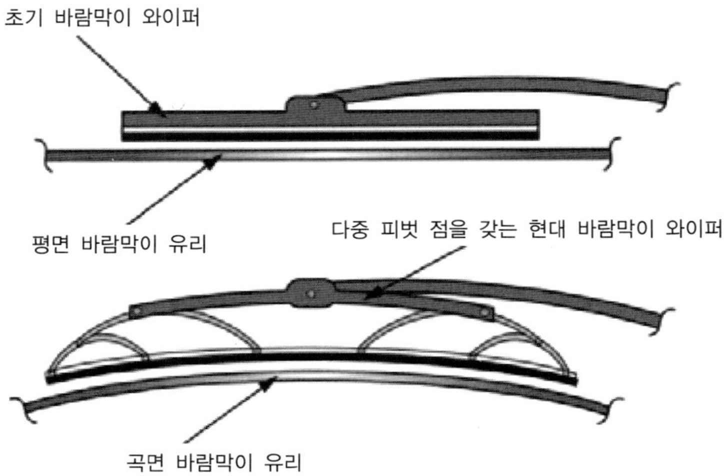

그림 5.8 바람막이 유리 와이퍼의 진화

분할도의 증가

적응성은 또한 연속적인, 한 덩어리로 된 시스템에서 여러 요소(조각)로 구성된 시스템으로 전이함에 따라 향상될 수 있다(그림 5.9). 많은 시스템에서 "한 덩어리" 물체는 여러 작은 물체(막대, 펠릿, 섬유, 분말 등)로 대체되면서 진화한다. 매체가 분산, 분할될수록 적응성은 더욱 증가한다.

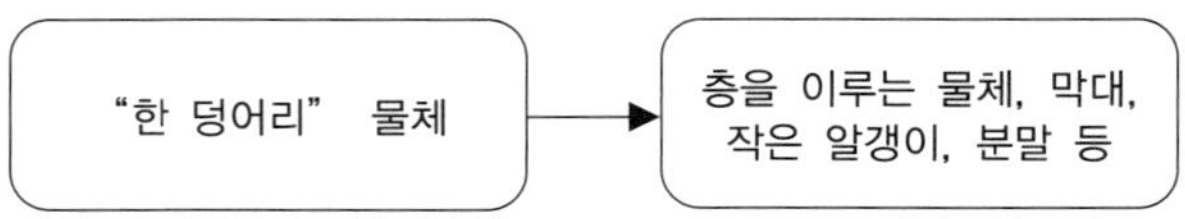

그림 5.9 분할도의 증가 라인

▌사례 5.16

금속판 부품의 생산에 필요한 시간의 대부분은 제작 도구의 설계/제작에 사용된다. 이러한 노력은 대량 생산 조건에서만 정당화될 수 있다. 그러나 종종 적은 양의 금속판 또는 플라스틱 부품을 만들어야 할 때가 있다. MIT는 여러 형태의 부품을 만들 수 있는 범용 단일 압형 도구를 고안하였고(Walczyk and Hardt, 1998), DARPA, Northrop Grumman Corp., MIT, 시릴 배스(Cyril Bath)사의 협력으로 그것을 개발하였다. 도구(제작 도구; 그림 5.10)는 둥근 끝 부분을 갖는 21인치 길이의 2688개 핀으로 구성되어있다. 8개의 핀이 한 모듈을 구성한다. 이 도구는 독립적으로 설치하고 제거할 수 있는 336개의 모듈을 갖고 있다(그림 5.11).

그림 5.10 제작 다이스 틀 위에 핀들이 음각과 양각 곡면을 갖는 도넛형 판을 생산한다.

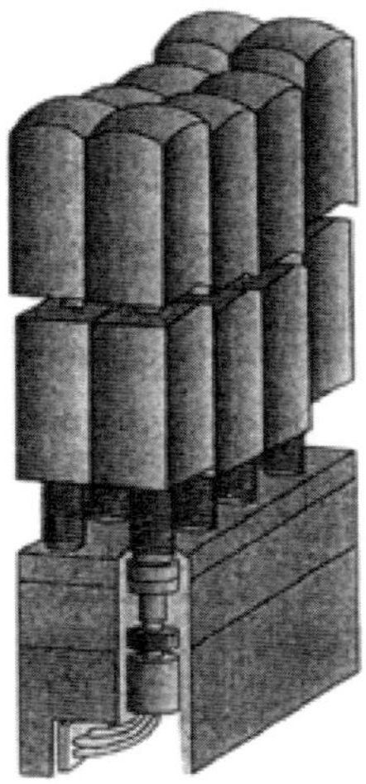

그림 5.11 이동 가능한 핀 모듈

각각의 모듈은 모터, 마이크로프로세서, 그리고 모터 제어장치로 구성되어 있다. 마이크로프로세서는 주 컴퓨터로부터 지시를 받아, 모터를 제어하고, 계속적으로 각 핀의 위치 정보를 저장한다. 소프트웨어가 다이스 틀을 여러 영역으로 나누어, 모든 모듈을 한 번에 지정된 영역으로 이동시킴으로, 재구성 시간은 12분도 안 걸린다.

5.4.2 스마트 재료

적응성이 증가하는 방향으로 진화는 환경 요구조건에 적응하는 장치를 포함한, 소위 스마트 재료의 사용이 증가하면서 그 가능성이 크게 증가하였다. 전기 변형과 자기 변형 재료(3장, 물질-장으로 물리효과의 모델링을 볼 것), 형상 기억 합금(SMA)[3], 전기 유변, 자기유변 유체[4]가 현재 이용 가능한 스마트 재료들이다 [Bank et al., 1996].

스마트 재료는 탐지, 동작, 계산 기능을 크게 향상시킬 수 있다. 다른 장치에 끼워 삽입될 때, 이런 재료들은 복잡성이 줄고, 신뢰성이 높은 소형 설계를 제공한다. 스마트 재료의 응용 가능 분야로는 항공과 해양 수송수단 구조물의 감시와 제어 시스템, 자동차 감시와 제어 장치, 그리고 생물의학 장비와 제조공정의 감시 장치 등이 있다.

▌사례 5.17

이러한 응용 중 하나는 나사, 보잉, 미 공군이 진행하고 있는 혁신적인 **능동 공력탄성 날개(active aeroelastic wings, AAW)**의 개발이다. 이러한 날개에는 공기역

---

3) 이러한 합금으로 만든 부품들은 온도에 반응해서 자신의 형태를 바꿀 수 있다. 이러한 부품들은 일시적인 형태로 변형된 다음, 열을 가함으로써 원래의 형태로 회복되는 "기억"을 갖고 있다. SMA 기반 부품들은 종종 집게 장치와 작동장치에 사용된다.

4) 이러한 유체들은 전기나 자기장에 노출될 때 자신의 점도를 크게 바꿀 수 있다. 이러한 유체들은 진한 액체(모터오일과 유사하게)에서 1000분의 1초 내에 거의 고체 물질로 변화할 수 있다. 이 효과는 장을 제가했을 때, 매우 빠르고 완벽하게 역전된다. 이러한 액체들은 자동차 충격 흡수장치, 엔진 마운트, 기계 부품, 밸브, 클러치의 표면 연마 등의 용도로 개발되고 있다.

학적 효율을 극대화할 수 있는 스마트 재료와 작동장치가 사용된다[Wlezien et al., 1998; Cole, 2002].

1903년에 라이트 형제가 만든 최초의 비행기는 방향을 돌리고, 회전 제어를 제공할 수 있는 보조익이 없었다. 비행기의 날개에 직물을 사용했기 때문에, 라이트 형제는 케이블로 날개 끝을 휘게 함으로써 날개 모양을 제어할 수 있었다. 그들은 케이블을 잡아 당겨서, 날개 끝을 위나 아래로 방향을 바꿈으로써, *라이트 플라이어(Wright Flyer)*의 방향을 돌렸다.

날개의 직물이 나무, 금속으로 바뀜에 따라, 보조익, 플랩, 그리고 앞쪽 가장자리 판금이 도입되었다(이것은 유연성 증가의 "다중 연결점" 단계에 해당한다). 이러한 장치들은 그림 5.12이 보여주는 바와 같이, 수압 또는 전기 기계적 작동장치에 의해 보통 제어된다. 스마트 재료(특별히 형상 기억 합금)는 설계사들로 하여금 라이트 형제의 아이디어(새 날개의 모방(유연성 증가의 "탄성" 단계), 하지만 더욱 진보된 수준)로 관심을 돌리게 하였다.

유연한 날개 표면을 조종하기 위해서 두 세트의 형상 기억 철사를 사용한다. 날개를 아래쪽으로 구부려야 한다면, 날개 밑에 있는 철사는 짧아지고, 위쪽 철사는 늘어나도록 전류가 철사를 가열한다. 날개를 위쪽으로 구부리려면 반대로 한다.

AAW를 설치한 비행기는 전체 날개 표면에 대한 압력을 측정하는 센서를 사용해서 변화하는 공기역학적 조건에 대해 일정하게 반응을 할 수 있다. 이러한 측정값에 대한 반응이 작동장치에 전해져, 새 날개의 근육처럼 날개가 움직일 수 있고,

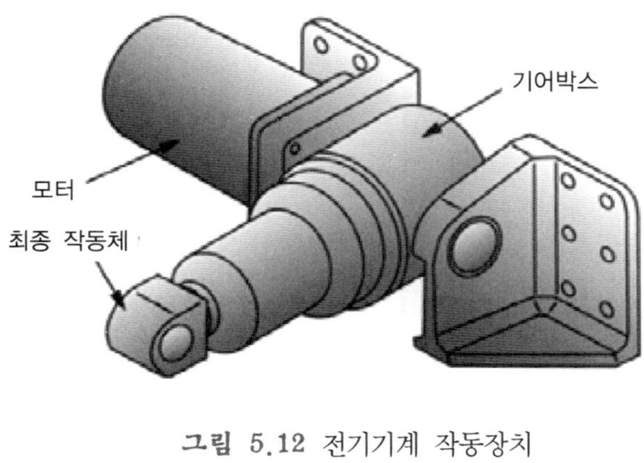

그림 5.12 전기기계 작동장치

날개의 효율을 최적화하기 위해서 비행기의 날개 모양을 바꿀 것이다.

비용, 무게 그리고 복잡성에 있어서 이득(훨씬 나은 성능과 연결된)은 그림 5.12와 그림 5.13을 비교함으로써 분명해진다. 형상 기억 작동장치(SMA)는 수중익 제어에도 사용될 수 있다[Rediniotis, 2002]. 그림 5.14는 수생 동물과 비슷한 해상 수송수단 골격구조의 한 부분을 나타낸 것이다. SMA '근육'의 등위 팽창과 수축(각각 가열과 냉각 때문에)이 '척추'를 회전시켜, 수중익의 모양에 변화를 일으킨다.

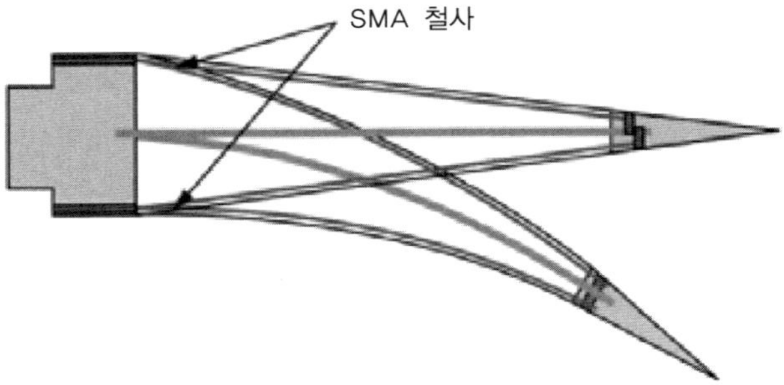

그림 5.13 형상 기억 작동장치

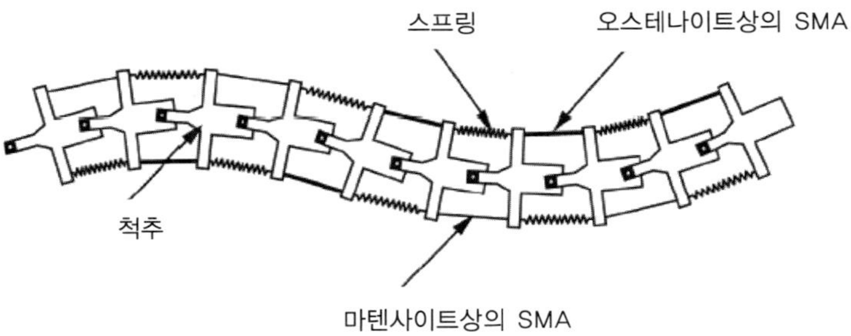

그림 5.14 수중익의 등뼈[5)]

5.4.3 비선형

기술 시스템의 유연성을 향상시키기 위해 유용한 설계 원리 중 하나는 비선형 효과의 현명한 활용이다[Rivin, 1999]. 선형 시스템은 입력과 출력 크기가 비례하

5) 마텐사이트는 강자성, 오스테나이트는 상자성인 스테인리스 강철이다.

는 특성이 있다. 즉, 그림 5.15의 라인 1이 보여주는 바와 같이 기계 스프링에서 힘 F(입력)와 변위 △(출력) 사이에 비례가 성립한다. 이 진술을 다음과 같이 다시 쓸 수 있다: 입력과 출력 크기의 비율(그림 5.15에서 스프링의 경우에 강건도 K = F/△)은 일정하다. 비선형 시스템은 입력과 출력 사이의 의존성(△ = f(F)이 훨씬 복잡한 특성을 갖는다.

이러한 의존성의 간단한 표현을 그림 5.15의 라인 2와 라인 3으로 나타내었다. 이러한 경우에 출력에 대한 입력의 비율은 더 이상 일정하지 않다. 비선형 기계 스프링의 경우에 강건도는 K = dF/d△이고, 특성 라인 2에 대해서는 F의 증가에 따라 증가하고('경화' 비선형), 특성 라인 3에 대해서는 F의 증가에 따라 감소한다('연화' 비선형). 물론 한 번의 하중 변형 특성 곡선에서 선형, 경화, 연화의 조합도 가능하다. 비선형 특성치의 모양을 적절하게 설계할 수 있다면, 시스템의 입력 파라미터에 따라 바람직한 방식으로 출력 파라미터를 얻을 수 있기 때문에 시스템이 적응성을 얻게 된다.

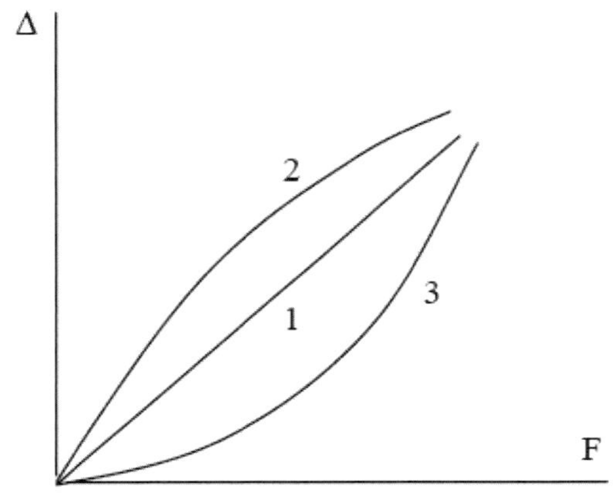

그림 5.15 선형(1)과 비선형(2와 3) 스프링 상수

5.5 높은 수준 시스템으로 전이 법칙

이 법칙은 복잡성과 다기능성이 증가하는 방향으로 기술 시스템이 진화하는 것을 설명한다.

높은 수준으로 전이의 법칙
기술 시스템은 단일 시스템에서 이중 또는 다중 시스템으로 진화한다.

단일 시스템은 하나의 기능을 수행하기 위해서 설계된다. 이중(다중) 시스템은 두 개(두개 이상)의 단일 시스템으로 구성된다. 이러한 단일 시스템들이 같거나 다른 기능을 수행할 수 있다. 또는 같거나 다른 물리적 특성을 가질 수 있다. 단일 시스템의 한 예가 단일 렌즈이다. 두 개의 렌즈는 이중 시스템(예, 가장 간단한 망원경, 현미경, 또는 안경)을 구성하고, 3개 이상의 렌즈는 다중 시스템을 구성한다(보다 진보된 망원경이나 현미경).

단일 시스템에서 이중 또는 다중 시스템으로 통합된 결과 중 하나는 시스템 계층 구조의 성장 또는 새로운 계층 수준의 발전이다; 이 사실로부터 이 진화 법칙의 이름이 유래하였다.

이중과 다중 시스템으로 전이는 진화의 주요 경향이고, 그 사례가 매우 많다(그림 5.16).

- 이중 시스템 : 가위(두개의 칼 모듬), 안경, 쌍안경(두개의 망원경 쌍), 쌍동선, 총열이 두 개인 사냥총, 반도체 다이오드(두개의 반도체 재료의 조합), 술이 든 캔디 등
- 다중 시스템 : 책, 자루와 털이 긴 비, 다색 잉크 펜, 우표 검인 롤러, 다중 서랍 캐비닛, 트랜지스터/사이리스터(3개/4개 반도체 재료의 조합), 다중 실린더 내연 엔진, 다층 케이크 등.

좀 더 복잡한 시스템을 만드는 가장 간단한 방법은 이전에 독립적인 단일 시스템을 2개 이상 결합하는 것이다. 이중과 다중 시스템이 되면, 각 구성 하위시스템의 기능(성능)이 향상되고, 새롭고 유용한 기능 특성이 나타난다.

결과적으로 복잡성 대비 이점 중 하나는 성분들 사이에 기능 부담을 분배하는 기회이다. 이 부담은 공간으로 그리고 시간으로 분배될 수 있다.

▌사례 5.18

기능 부담을 공간으로 분배한 사례로 분산 컴퓨팅이 있다. 아마도 가장 잘 알려진 사례는 SETI@home 프로젝트이다, 여기에서 수천 명의 개인이 외계 지적 생명체의 탐색을 위해 자신들의 컴퓨터를 제공한다. 목표는 수많은 작은 CPU(하위시스템)들의 협력으로 전파 망원경으로부터 오는 대량 데이터를 나누어 분석하는 것이다. 비교해 보면: 오늘날 가장 강력한 컴퓨터인 IBM의 아스키 화이트(ASCI White)는 12 테라플롭[6]을 수행할 수 있고, 비용은 1.1억 달러가 든다; SETI@home은 현재 약 15 테라플롭에 이르렀고, 비용은 50만 달러가 든다.

시간으로 부담을 분산하는 사례로 다단 로켓이 있다. 또 다른 사례로 이전 펌프가 처리한 매체의 압력을 다음 펌프가 올릴 수 있도록, 기본 수압 펌프를 서로 연속으로 연결시켜서 만든 고수압 펌프를 들 수 있다.

이중 시스템과 다중 시스템은 같은 라인을 따라 진화한다. 그들 사이에 유일한 차이는 다중 시스템은 새로운 특성을 갖는, 내부 매체의 발전을 위한 조건을 만들 수 있다는 것이다.

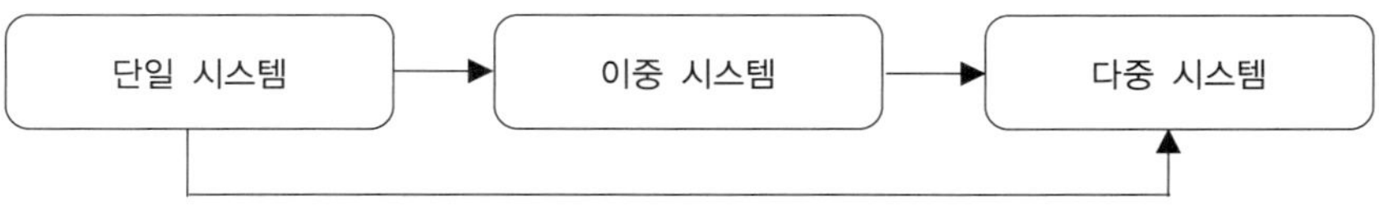

그림 5.16 단일 시스템은 이중 또는 다중 시스템으로 진화한다; 이중 시스템은 다중 시스템으로 역시 진화한다.

6) 1 테라플롭은 1초에 1조(兆)회 연산 횟수를 뜻한다.

▌사례 5.19

얇은 유리판을 다루어 모양을 만드는 것은 시간이 많이 드는 정밀한 절차이다. 다수의 얇은 유리판을 블록으로 모아서 붙이는 것이 이 문제의 해결책이다; 블록은 쉽게 다룰 수 있고, 특별한 주의를 기울이지 않고도 가공할 수 있다(미국 특허 번호 3,567,547). 이 사례에서 유리판의 결합은 단순히 적층 판이 아니라, 모양 만들기 공정에 적합한 통일된 블록을 얻기 위해서 시스템 안에 접착제를 도입할 수 있게 해준다(다중 시스템). 접착제를 한 장의 유리판에 사용하는 것은 비슷한 효과를 얻을 수 없다. 처리 공정(예, 필요한 크기로 가공하는 것) 후에 접착제를 용해하고, 필요에 따라 개별 유리판을 사용한다.

기술 시스템들은 자신의 자원을 공유하고, 기능을 증가시키며, 새로운 시스템 효과를 얻기 위해서 서로 통합될 수 있다.

▌사례 5.20

유연 제조 셀(FMC)은 통상의 재료 처리 시스템과 감시 컴퓨터를 갖춘, 비슷하거나 다른 여러 개의 공작기계(예, 머시닝 센터와 회전 센터)로 구성되어 있다. FMC의 효과는 여러 대의 공작기계를 한데 놓은 것보다 훨씬 크다. 이것은 여러 개의 동일하거나 다른 부품을 동시에 가공할 수 있고, 최적화된 방식으로 구성 공작기계들 사이에 하나의 부품의 가공과 측정을 분배할 수 있다.

▌사례 5.21

현재 PC 진화는 네트워킹 또는 서버에 많은 기능을 위임하는 경향이 있다. 특별히, 개별 PC는 "지능 단말기"로 사용되고 있다(새로운 수준에서). PC 이전 시대에서는 본체나 소형 컴퓨터가 모두 중앙 CPU에 집중된 계산 능력을 갖고 있었고, 몇 대의 "지능 단말기"만을 갖고 있었다는 사실을 기억할 필요가 있다.

5.5.1 상위 수준 시스템으로 전이 라인(단일–이중–다중 라인)

성분의 다양성 증가

그림 5.17로 이중과 다중 시스템의 분류법을 나타내었다.

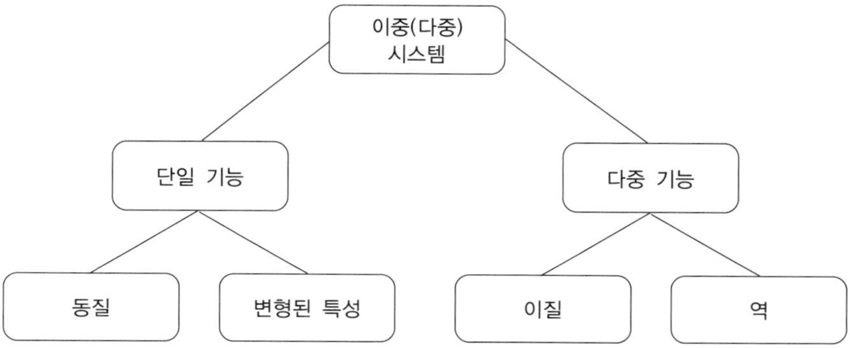

그림 5.17 이중과 다중 시스템의 분류법

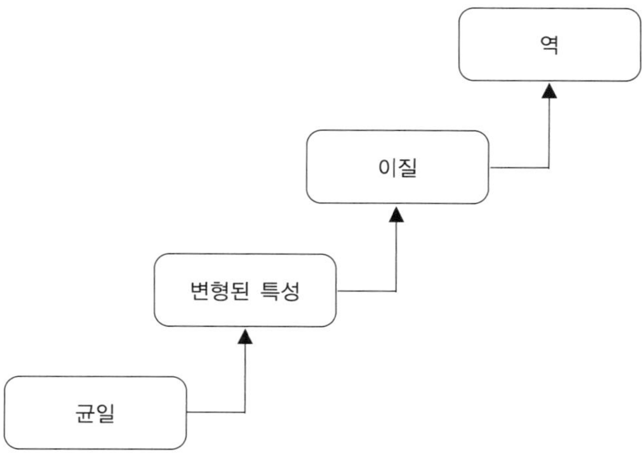

그림 5.18 성분의 다양성이 증가하는 라인

동질적인 이중 시스템과 **동질적인 다중 시스템**은 동일한 성분을 갖고 있다(예, 안경, 머리빗). **변형된 특성을 갖는 이중**과 **다중 시스템**은 일부 면(크기, 색상, 모양 등)에서 다른, 비슷한 성분을 갖고 있다(두 세트의 밀도가 다른 핀들을 갖는 빗, 여러 색상이 든 크레용 상자). **이질적인 이중 시스템**과 **이질적인 다중 시스템**은 다른 기능을 수행하는 다양한 성분을 포함한다(예, 스위스 군용 칼[7]), 공구 상자). **역 이중 시스템**과 **다중 시스템**은 반대 기능과 특성을 갖는 성분을 포함한다(예, 지우개 달린 연필, 햇빛 가리개가 있는 안경)(그림 5.18).

이중과 다중 시스템의 효율은 그들의 성분이 다양하면 향상된다. 다양성은 종종 새로운 시스템 효과를 준다. 예를 들어, 다른 열팽창 계수를 갖는 금속으로 구성된 바이메탈은 작은 온도 변화에 의해서 큰 굽힘 변형을 나타낸다. 이 효과는 단일 금속 조각에선 볼 수 없다.

최소한의 다양성은 변형된 특성을 갖는 동질적인 이중 시스템으로 얻는다. 예를 들어, 가장 원시적인 망원경(또는 현미경)은 변형된 특성을 갖는 두 개의 렌즈의 이중 시스템이다. 좀 더 복잡한 광학 기구는 변형된 특성을 갖는 렌즈들의 다중 시스템이다. 다른 사례 : 다른 크기의 팔각 너트용 렌치 세트, 팔각 너트와 엘엔 볼트용 렌치 세트, 여러 모양의 끝과 손잡이 크기를 갖는 다용도 드라이버(일자, 필립 등).

▌사례 5.22

변형된 특성을 갖는 다중 시스템의 한 사례로 헬리콥터의 소음억제 방법이 있다 [Edwards & Cox, 2002]. 상업용 헬리콥터의 용도가 성장함에 따라 헬리콥터 소음에 대한 시장 민감도도 증가하였다. 소음의 핵심 원인은 날을 갖는 주 회전자이다. 최근에 제안된 접근법(조정된 날 간격)이 회전자 소음을 극적으로 줄이는 결과를 주었다. 전통적인 설계와는 달리, 날들을 불균등하게 배치한다. 균일한 날 간격에서는 각 날의 소음 진동수 피크 값(날과 헬리콥터 몸체 돌출부 사이에 음파 상호작용)이 같고, 이러한 피크 값이 결합해서 높은 소음 을 만든다. 불균등하게 배치된 조정된 날 간격에서는 소음 진동수 피크들이 이동하여, 소리 에너지가 시간에 따라 흩어진다.

비슷한 기술이 밀링 커터, 톱의 달각달각한 소리/진동 억제를 위해 사용된다.

이질적인 이중 시스템과 **다중 시스템**은 **여러 기능**을 수행하는 다양한 성분으로 구

7) 맥가이버 칼로 알려져 있음

성된다. 예를 들어 달력달린 마우스패드, 시계와 라디오달린 커피 끓이는 기구, 계산기달린 손목시계, 주머니칼달린 열쇠고리 등이 있다. 이러한 기능의 대부분은 2차 기능이다; 그것들이 시스템의 고객 가치를 올려 주거나, 주기능을 지원한다.

두 조건이 종종 결국 새로운 다양한 성분들(즉, 2차 기능들)을 흡수한다.

먼저, 새로운 시스템의 생존 능력이 확보된 후에, 계속적인 전개는 부가적인 하위시스템의 흡수로 이어진다. 그 목표는 시스템의 주기능과 2차 기능의 성능 향상이다.

▌사례 5.23

초기 NC(Numerical control, 수치제어) 공작기계의 구조는 전통적인 공작기계, 이송 드라이브를 위한 스테퍼 모터, 동력 증폭기, 그리고 천공(穿孔) 테이프 판독기로 구성되어 있었다. 작업부품 상에 있는 점들의 위치를 미리 계산해서, 테이프에 2진 코드로 천공해야 했기 때문에, 미리 설정된 좌표로 도구를 이송하는 과정이 느렸다; 피드백 시스템을 사용하지 않았기 때문에 정확성 역시 낮았다.

새로운 주요 기계적 하위시스템들은 공급 드라이브와 미끄럼 홈을 위한 마찰 감소 장치, 그리고 피드백 센서와 서보 제어 시스템이었다. 이것들이 기계가공의 정확성을 크게 향상시켰다. 일부 새로운 계산 장치들은 프로그램된 교점 사이에 있는 특별한 선들의 중간점 좌표를 자동으로 얻기 위한 인터폴레이터(Interpolator)들이었다. 그 다음에 인터폴레이터는 컴퓨터 기반 제어기로 대체되었고, 부품 가공에 없어서는 안 될 이송운동들의 순서를 프로그램하기 위해 필요했던 시간과 노력을 줄였다. 다른 추가 하위시스템들은 다음과 같다: 도구 교환 모듈(여러 가지 가공동작들[예, 밀링, 드릴링, 보링, 태핑] 사이에 작업부품을 움직이지 않고 가공 순서를 마치기 위해서), 부분 하중 로봇 팔, 가공 후에 표면의 선택된 좌표 점을 측정하기 위한 하위시스템 등.

다음엔, 주기능을 향상시키기 위한 자원들이 소진되었고, 기능의 계속적인 향상은 가능해 보이지도, 비용 효율이 높아 보이지도 않았다.

▮사례 5.24

시계는 항상 주기운동에 기반을 두어 왔다. 그러나 그러한 기본 운동은 기술진화에 따라 바뀌었다: 지구의 회전 – 해시계, 기계 진자의 진동 – 기계와 전기식 기계 시계(예, 대형 괘종시계), 소리굽쇠나 수정판의 진동 – 전자시계, 원자 내의 전자의 진동 – 과학적으로 볼 때, '원자' 시계. 현대 전자 손목시계의 성능(1년에 몇 초의 오차)은 시계 착용자의 실제적 요구를 훨씬 초월한다. 결과적으로 손목시계의 발전은 부가 기능(기술적인 기능과 비기술적인 기능)을 부여하는 쪽으로 향하고 있다. 이러한 기능 중 하나는 시계와 예술의 결합이다(다이아몬드 박힌 시계, 미키마우스와 스와치 시계 등). 다른 기능들도 포함된다: 달력, 스톱워치, 다른 시간대에서 시간, 노트북, 자명종, 계산기, 라디오, TV, 비상 송신기, 혈압과 혈당 센서 등. 그 수는 끊임없이 증가하고 있고, 곧 GPS와 핸드폰을 하위시스템으로 포함시킬 것이다.

부가 기능의 수와 성능 수준의 성장이 가속된다면, 그것은 시스템이 정점에 도달하였고, 곧 새로운 시스템으로 대체될 거라는 믿을만한 지표이다.

다양성의 극단은 반대 기능과 특성을 갖는 성분들의 조합인 **역 이중** 또는 **다중 시스템**이다. 역 이중 시스템의 전통적인 사례는 지우개달린 연필이다. 또 다른 사례는 반도체 다이오드이다. 전류를 정류(整流)하는 반도체 다이오드의 능력은 반대 전기 특성을 갖는 두 개의 반도체 재료의 조성 때문이다. 한 반도체는 잉여 전자를 갖고, 다른 반도체는 양극 하전된 과잉 "정공(正孔)"을 갖고 있다.

일부 경우에, 역 이중 시스템의 핵심 이점은 해롭거나 바람직하지 않은 성분 특성들을 상쇄할 수 있는 능력이다.

▮사례 5.25

건축용 콘크리트 벽돌은 경제적이다; 그들은 높은 압축력을 견딜 수 있지만, 인장 하중(즉, 굽힘)에 적절하지 못하다. 강철 막대는 매우 비싸다; 강철 막대는 매우 높은 인장 강도를 갖고 있지만, 압축 하중에 휘어지기 쉽다. 강철은 부식되기도 쉽다. 강철 막대를 넣은 압축응력 콘크리트 벽돌은 높은 부식 저항(콘크리트가 강철 막대를 환경으로부터 보호하기 때문에)과 함께, 여러 가지 하중 유형에 대한 뛰어난 강도를 가지므로 상대적으로 비용과 무게를 줄였다.

반대의 결합은 자주 공학 도전 과제에 대해서 세련된 해결책을 줄 수 있다.

▌사례 5.26

한 야금 공장에서 관을 통해 용재(鎔滓) 슬러리를 펌프로 내보낸다. 용재 입자들이 점차 관 내벽에 쌓여서, 관 단면이 줄어들고, 흐름을 방해한다. 이 문제를 해결하기 위한 여러 가지 해결책들(관을 특별하게 코팅하는 것, 기계적 또는 화학적 수단으로 퇴적물을 주기적으로 제거하는 것, 막힌 관 부분을 교체하는 것, 트럭으로 슬러지를 운반하는 것 등)은 비용이 많이 들고 효과적이지도 못했다.

"반-시스템"으로 시스템을 결합함으로써 문제가 해결되었다. 같은 공장에서 코크스 생산의 부산물인 석탄 폐기물도 관을 통해 이송되고 있었다. 그러나 이 경우에 석탄 덩어리가 관 벽을 마모시켰다. 관을 교대로 사용해서 이러한 물질들을 주기적으로 이송하는 제안이 있었다. 먼저, 슬러지 흐름이 관 벽에 보호층을 형성하고, 다음에 석탄 덩어리가 이 퇴적물을 제거할 것이다.

융합

이중과 다중 시스템으로 전이는 기능을 증가시키는 결과를 가져오지만, 이것은 그 대가로 시스템을 복잡하게 할 것이다(하나 대신에 두 개 이상의 성분). 다른 말로 하면, 이중과 다중 시스템으로 전이는 반드시 이상성을 증가시키지 않을 수 있다.

이중과 다중 시스템은 융합 과정에서 이상성이 증가한다. 이 과정의 첫 단계는 과도한 보조 성분의 제거를 포함한다. 예를 들어, 총신이 두 개인 총은 하나의 개머리만을 갖고 있다. 이러한 시스템을 부분적으로 융합된 이중 또는 다중 시스템이라고 한다.

▌사례 5.27

컴퓨터 수치제어 머시닝 센터로 복잡한 부품의 가공은 때때로 일차 머시닝 작업을 한 다음, 절단 강도, 도구 마모, 열 변형 때문에 생긴 치수 편차를 확인하기 위해서 작업부품을 CNC 좌표 측정 기계(CMM)로 이송하는 공정을 포함한다. 측정 작업 후에, 수정 가공을 위해 부품을 공작기계로 되돌려 보낸다. 공작기계 상에서 측정 탐침(探針)을 사용함으로써 머시닝 센터와 CMM의 기능을 통합하면, 앞뒤로 부품을 옮길 필요가 없어서 상당한 시간을 절약할 수 있다. 물론, 주축에서 탐침의 정확한 위치확인이 반복적으로 가능하도록 공작기계를 일부 수정할 필요가 있다.

▌사례 5.28

휴대폰, 개인용 디지털 단말기(PDA) 등과 같은 휴대용 제품들은 다중 기능이 크게 증가하였다. 기능 증가에 대한 요구가 단일 인쇄 회로기판(PCB)에 더 많은 메모리칩을 필요로 한다. 그러나 이것은 더욱 빽빽한 패킹 제약과 타협해야 한다.

부분적으로 융합된 단층 칩 패킹 시스템이 이 갈등을 해결하였다(최소한 일시적으로[Kada & Smith, 2000]). 이 아이디어는 칩을 수직으로 적층하고, 매우 작은 단일 패키지 내부에서 그것들을 연결함으로써 PCB 상에서 공간을 절약하는 것이다(그림 5.19). "2층" 칩 적층은 PCB 면적을 57%까지 절약해준다.

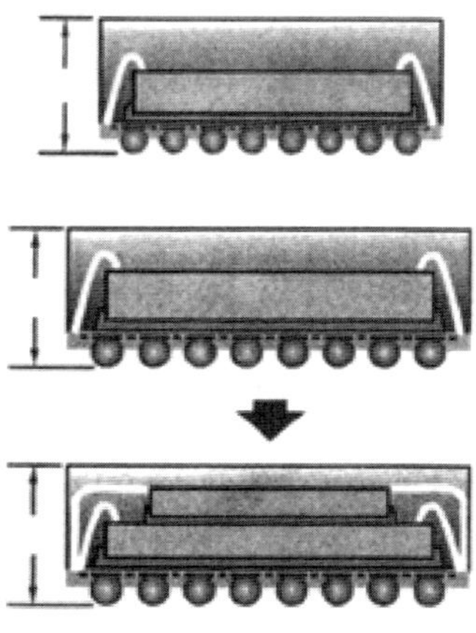

그림 5.19 2층 IC 칩 패키지

계속적인 진화는 보통 완전하게 융합된 이중 시스템과 다중 시스템의 개발로 이어진다. 이러한 시스템에서는 한 성분이 두 개 이상의 기능을 할 수 있다.

▌사례 5.29

완전하게 진화된 이중 시스템의 한 사례로 알트슐러가 개발한 광산의 응급 구조 작업자들을 위한 보호복이 있다[Altshuller, 1988]. 보호복은 냉각 시스템과 산소 공급 시스템이 있어야 한다. 알트슐러는 이런 두 개의 시스템을 결합한 보호복을 개발하였다. 해결책의 핵심은 액체 산소를 사용하는 것이다. 먼저, 냉각 시스템에서 산소를 사용하고, 일단 낮은 온도의 산소가 냉각 과정에서 올라오면, 그것을 호흡을 위해 사용한다. 이 조합은 무게를 크게 줄이는 결과를 주었고, 시스템 자원을 활용함으로써 생명유지 장치의 재충전 사이의 시간을 크게 증가시켜 주었다.

계속적인 융합의 또 다른 사례는 부엌 마늘 압착기의 진화이다.

▌사례 5.30

두 개의 분리된 단일 시스템

구멍 뚫린 판에 마늘 덩어리를 넣고, 압착기(단일 시스템 A)로 짜서 요리용 마늘 즙을 만든다(그림 5.20). 구멍 뚫린 판을 청소하는 것은 마늘 찌꺼기로 막힌 판 구멍들을 날카로운 물체, 예를 들어 핀(단일 시스템 B)으로 뚫는, 보통 지루하

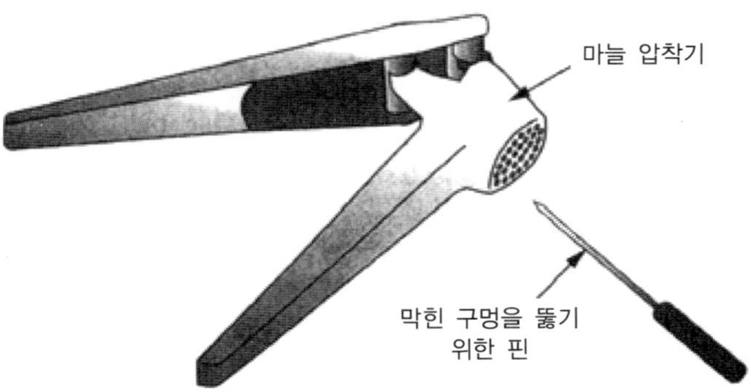

그림 5.20 마늘 압착기와 막힌 구멍을 뚫기 위한 핀

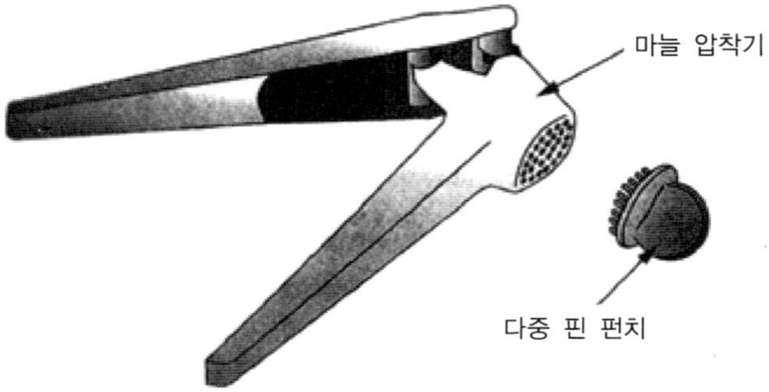

그림 5.21 다중 핀 시스템

고 불쾌한 절차이다.

다중 시스템으로 전이의 첫 단계는 판에 있는 모든 구멍을 동시에 청소하기 위해서 다수의 핀과 청소 펀치의 결합이다(그림 5.21). 하나의 펀치가 다수의 핀을 제어하기 때문에 다중 시스템은 부분적으로 융합되었다. 이 다중 시스템을 새로운 단일 시스템으로 생각할 수 있다. 보통, 다중 핀 펀치는 마늘 압착기와 세트로 판매된다.

부분적으로 융합된 이중 시스템

진화의 다음 단계에서 다중 핀 펀치가 압착기에 부착되었다(그림 5.22).

완전하게 융합된 이중 시스템

마침내 다중 핀 펀치가 압착기와 통합되었다(그림 5.23). 구멍 뚫린 판을 마늘 압착기의 레버에 부착하는 한편, 다른 레버 뒷면에 레버를 뒤집어 접을 때 판에

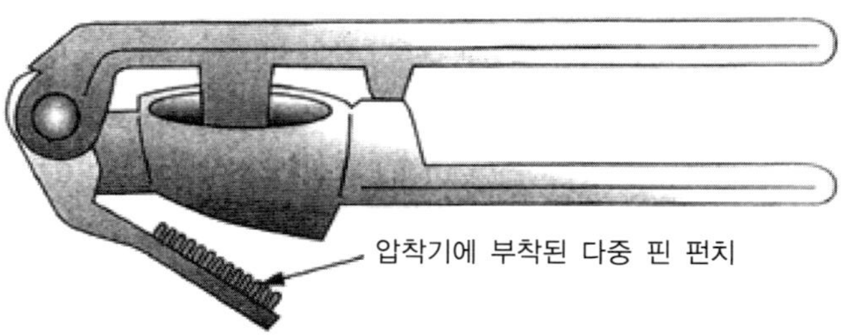

그림 5.22 부분적으로 융합된 핀/펀치

그림 5.23 완전하게 융합된 핀/펀치

있는 구멍에 해당하는 핀 세트가 있다. 핀 세트가 한 번에 모든 구멍을 청소한다. 한편, 청소 핀들을 갖는 레버를 한 부품으로 틀에 넣어 만들 수 있기 때문에 생산 비용이 줄어든다. 이 진화 과정의 결과는 전통적인 마늘 압착기와 거의 같은 크기와 가격인 한 개의 장치(보다 높은 수준)이지만, 그것이 두 개의 장치를 대체하고,

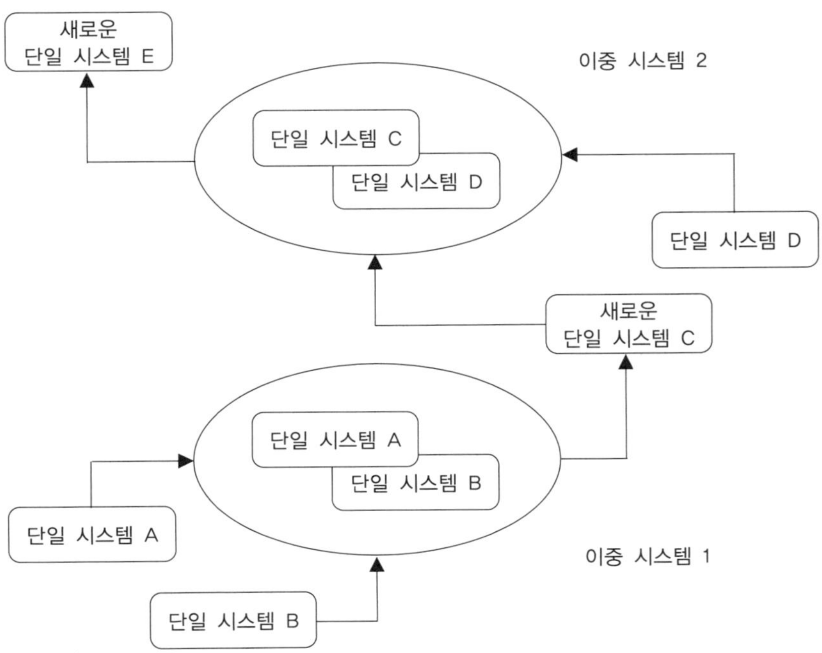

그림 5.24 융합 나선

훨씬 빠르고 편리하게 청소 기능을 수행하는 것이다.

완전하게 융합된 이중 또는 다중 시스템은 새로운 단일 시스템이 되고, 다른 단일 시스템과 통합됨으로써 다시 진화할 것이다. 그림 5.24가 이 진화 나선을 나타낸다.

5.5.2 물질의 진화

많은 기술 시스템은 동질 재료(물질)로 시작한다. 보다 나은 기능을 수행하기 위해서 재료(물질)가 다음과 같이 다르거나, 때로는 모순의 물리적 특성을 가져야 한다는 것을 보통 다른 재료(시스템)와 동질 재료의 상호작용이 드러내준다; 예를 들어 다른 영역에서 각각 단단하면서 부드럽고, 고체상이면서 기체상일 필요가 있다.

재료의 불균일성의 증가

재료의 다른 영역에 대한 다른 요구사항이 재료의 분할로 이어진다. 각 부분(기능 영역)이 자신의 물리적 특성을 가질 수 있고, 따라서 다른 기능을 수행할 수 있다. 기능 영역으로 분리는 전문화를 수반한다 – 각 영역(즉, 물질 구조)이 하나의 기능을 수행한다. 기능 영역의 발달은 **단일 재료** 부분의 경계 내에서 시작한다. 새로운 특성(기능)은 그 부분의 내부 자원을 끌어냄으로써 달성된다: 어떤 영역의 다른 열처리(냉각 또는 가열 작업)와 (또는) 기계적 처리, 어떤 부분의 형태, 밀도(예를 들어, 구멍 또는 세공의 도입에 의한) 및 색상의 변경 등. 만약 재료의 내부 자원을 사용해서 필요한 효과를 얻을 수 없다면, 필요로 하는 특성을 갖고 있는 다른 재료를 추가함으로써 기능 영역을 만든다. 결과적으로 이중과 다중 재료(즉, 복합 재료) 구조가 생긴다. 따라서 고체 부분이 이중 또는 다중 시스템이 될 수 있다. 기대되는 바와 같이, 복합재료는 결과적으로 그것의 분자 또는 원자 구조 때문에 빌트인(builtin) 기능 영역을 갖는 또 다른 단일 재료로 진화할 수 있다.

▌사례 5.31

망치의 초기 진화에서 모양 만들기에 의한 기능 영역의 출현을 분명하게 볼 수

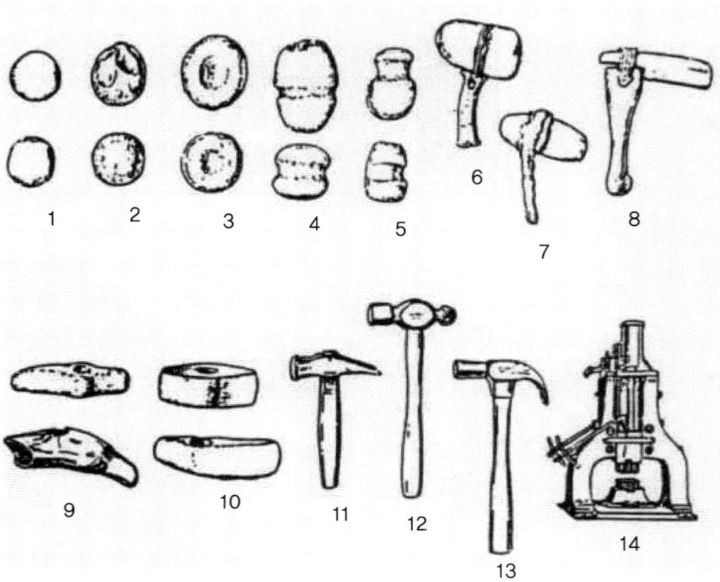

그림 5.25 망치의 진화

있다(1~5단계; 그림 5.25[Bassala, 1988]): 처음－가공하지 않은 돌 조각, 그 다음－점차적으로 머리의 형성, 그 후에－손잡이의 형성 등.

▌사례 5.32

고체 부분이 이중 시스템과 다중 시스템으로 진화한 또 다른 사례는 자동차 헤드라이트 렌즈의 발전이다; T 형차[8])의 매끈한 평면 보호 유리에서 여러 가지 기능을 수행하는 오늘날 자동차의 곡면 분광 렌즈까지(광 초점 맞추기, 편향하기, 모으기, 그리고 전구와 반사경 보호하기).

기능 영역에서 분할은 균일한 재료의 다른 영역에 대한 차등 처리로 시작한다.

▌사례 5.33

한 가지 전형적인 사례는 강철 제품의 표면 열처리이다(유도 경화 같은). 동력 전

8) 미국 포드사가 만든 4기통 승용차(1909-27) : 최초로 대량생산을 한 차임.

달장치에서 치차(齒車)가 상대 치차와 미끄러지면서 높은 접촉 하중을 받기 때문에 치차의 표면이 강할 필요가 있다. 한편, 높은 경도의 금속은 전동장치의 충격하중으로 깨지기 쉽기 때문에 치차의 중심부는 상대적으로 낮은 경도를 가져야 한다.

▌사례 5.34

다른 기능 영역에서 다른 재료의 사용은 코팅제의 사용으로 설명될 수 있다. 집을 나무로 짓는데, 나무는 좋은 구조 특성을 갖지만, 환경 영향 하에서 노후화된다. 다른 재료(보호 페인트나 비닐판)로 나무 구조물을 코팅하면, 훨씬 긴 기간 동안 시스템 "집"의 기능을 유지할 수 있다.

코팅은 엄청나게 비싼 비용을 지불하지 않고, 비싼 첨단 재료의 독특한 특성을 활용할 수 있게 해주기 때문에 인기가 매우 높다. 자주, 이러한 첨단 재료들은 나쁜 구조상 특성 때문에 그대로 사용할 수 없다. 사례로 극히 단단한 재료(탄화 티타늄, 질화 티타늄, 다이아몬드 등)로 코팅한 절단 도구, 낮은 마찰 재료로 코팅한 구조 성분(마찰 계수를 0.15-0.2에서 0.03-0.05로 줄임), 강하지만 온도저항 특성이 없어서 세라믹으로 코팅된 재료로 만든 구조 부품 등을 들 수 있다.

가끔 불균일 증가의 라인이 여러 라인으로 가지를 친다: 특별하게 하위시스템에 추가된 재료가 단일 시스템으로 발전한다. 단일 시스템이 스스로 "단일－이중－다중" 라인을 따라 진화한다.

▌사례 5.35

골프 게임은 16세기 스코틀랜드에서 처음으로 시작한 것으로 알려져 있다 [McGrath & McCormick, 2002]. 최초의 골프채와 공은 나무로 만들었었다. 현대 골프공의 전신인, 구타페르카[9] 공(또는 구티(Guttie))은 1848년에 발명되었다. 이것을 열대 지방에서 자라는 구타 나무의 고무상 수액으로 만들었다. 구타페르카 공은 선수들에게 게임을 조절할 수 있는 더 많은 기회를 주었다. 1898년에 코번

9) 열대수의 수지를 말린 고무 비슷한 물질

하스켈(Coburn Haskell)이 소개한 다중조각 공은 평균 골퍼들에게 티에서 추가로 20야드를 더 칠 수 있게 해주었다. 이 공은 단단한 고무 중심부를 고무실로 싸고, 구타페르카로 외부를 덮었다.

하스켈 공의 하위시스템인 고무는 1966년에 소위 한 조각 공의 소개로 단일 시스템으로 융합되었다(그림 5.26). 한 조각으로 된 합성고무 공은 매우 내구적이며, 경제적이었지만, 장타와 "부드러운 느낌"을 주지 못했다. 이러한 결점을 극복하기 위해서 브리지스톤(Bridgestone)은 1985년에 두 조각 공을 소개하였다. 이 공은 단단한 합성고무 중심부와 내구성을 위한 썰린[10] 외피를 갖고 있다. 그 후에 브리지스톤은 계속해서 불균일이 증가하는 방향으로 골프공을 진화시켰고, 중심 재료가 다중 포장을 갖는 3층과 4층 볼을 소개하였다.

그림 5.26 골프공의 진화

통합 기능 영역의 개발(융합)은 이러한 특별한 분야에서 재료의 물리적 또는 화학적 특성의 변경으로 얻을 수 있다.

10) Surlyn, 듀퐁사가 개발한 수지의 상품명

▌사례 5.36

기어 치차의 차등 경화는 높은 연성을 갖는 낮은 탄소함량의 (열처리 할 수 없는)강철을 사용해서, 외층의 탄소함량을 증가시켜(침탄(浸炭) 과정) 강철을 변경시킴으로써 실현될 수 있다. 침탄 후에 전체 기어를 가열하고, 급랭시키지만, 침탄된 치차의 외부 표면만 이 과정에서 경화된다. 이 효과는 위에서 설명한 유도 경화(사례 5.33)와 비슷하지만, 기어 제조를 위해 값싼 합금을 사용할 수 있고, 비싼 처리 설비가 필요 없다.

재료의 완전한 융합을 위한 계속적인 기회는 나노기술의 진보와 아마도 연결되어 있을 것이다[Drexler, 1992; Merkle, 1997]. 이 기술은 제품을 개별 분자 또는 원자 또는 탄소 나노튜브와 같은 미세구조로 조립할 수 있게 해줄 것이다. 이것은 리차드 파인만(Richard Feynman)이 최초로 제안하였고[Feynman, 1959], 이제 많은 상업 및 학술 기관이 활발하게 연구하고 있다. 나노기술에서는 제품의 요구 특성에 따라 원자의 조합, 그리고 그들의 기하학적 유형(형태)을 제어할 수 있고, 주문 제품을 개별적으로 한 개 또는 대량으로 맞추어 제조할 수 있다.

이러한 발전 가능성이 우리를 다른 진화 법칙으로 안내한다.

5.6 미시수준으로 진화 법칙

모든 기술시스템은 물질로 구성되어 있다. 모든 물질은 여러 가지 물리적 구조를 갖는 다중 수준의 계층구조로 되어있다. 실질적인 목적을 위해, 이 계층구조가 다음과 같은 수준과 물리적 구조로 구성되어 있다고 설명하면 충분하다(그림 5.27):

- 결정격자, 분자 집합체
- 분자
- 원자, 이온
- 기본입자

계층구조 안에서 어떤 수준을 점하고 있는 물리적 구조는 그것보다 높은 수준(거시수준)을 점유하고 있는 모든 구조와 비교해서 미시수준 구조이다. 진화과정에서 기술시스템은 거시에서 미시수준으로 전이한다. 이것은 축, 레버, 기어 등과 같은 "거시 물체"가 원래 수행했던 기능을 분자, 원자, 이온 그리고 기본입자와 같은 "미시 물체"에 점차 위임해 간다는 것을 의미한다.

미시수준으로 전이는 낮은 수준의 물리적 구조를 사용해 가는 과정이다. 미시수준으로 전이가 진화과정에서 일어나는 여러 갈등들은 해결할 수 있다.

미시수준으로 전이 법칙

기술시스템은 미시수준 구조의 사용이 증가하는 방향으로 진화한다.

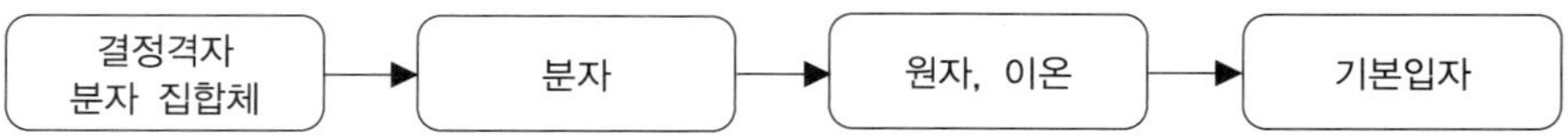

그림 5.27 미시수준으로 전이 라인

5.6.1 미시수준으로 전이 라인

▌사례 5.37

금속 가공기술의 진화로 이 라인을 설명할 수 있다(그림 5.28).

그림 5.28 금속 가공기술의 진화

결정격자

전통적인 금속 가공기술(밀링, 드릴링, 연마 등)은 이 수준에서 작동한다. 이러한 기술에서는 절단 도구(제거되는 재료보다 강함)를 제거할 재료에 대고 힘을 가한다.

분자

전기와 전기화학 가공에서는 금속에 대한 화학 용액의 제어된 에칭 반응으로 금속을 제거한다.

원자, 이온

플라즈마 불꽃 절단 공정에서는 원자수준 도구를 사용한다. 여기에서 고온 플라즈마가 작업부품을 녹임으로써 작업부품이 절단된다. 전기방전 가공도 같은 수준으로 작동한다. 즉 높은 에너지의 전기방전이 작업부품을 부식한다.

기본입자

레이저와 전자빔 가공에서는 기본입자 도구를 사용한다(레이저에서 나오는 강력한 광선 빔과 고속 전자 빔으로 물질을 증발시킨다).

미시수준으로 전이는 두 가지 기본 기구를 포함한다.

(1) 거시수준 구조가 수행했던 기능들을 미시수준 구조가 인수한다(예, 전통적인 기계 절단도구를 레이저가 방출하는 광자로 대체).
(2) 미시수준 구조가 거시수준 구조의 물리적 특성과 거동들을 제어한다. 광변색 렌즈 안경이 이러한 기구를 사용한다. 이러한 안경은 밝은 빛에 노출되었을 때 검어지기 때문에 선글라스 또는 햇빛가리개가 필요 없어진다. 이 투명도의 변화는 제조 과정에서 유리에 첨가한 염화은 결정 때문이다. 염화 이온과 빛의 상호작용이 염화 원자와 전자를 만든다. 이때 이 전자가 은 이온과 결합해서, 은 원자를 만든다. 수많은 은 원자가 집단을 형성해서, 입사광을 막고, 전체 렌즈를 검어지게 한다. "어둡게 하는" 정도는 빛의 강도에 비례한다.

5.7 완전성의 법칙

이 법칙은 어떤 독립적인 기술 시스템의 주요 부분 수와 기능을 확립한다.

완전성의 법칙
독립적인 기술 시스템은 4개의 주요 부분으로 구성되어 있다: 작동기관, 전달장치, 엔진, 제어기관.

작동기관은 시스템의 주기능을 직접적으로 수행하는 성분이다. 전달장치는 엔진이 생성한 에너지를 전달하고, 그 에너지로 작동기관을 제어할 수 있다. 제어기관은 여러 주요 부분들의 파라미터를 바꾸어 준다(그림 5.29).

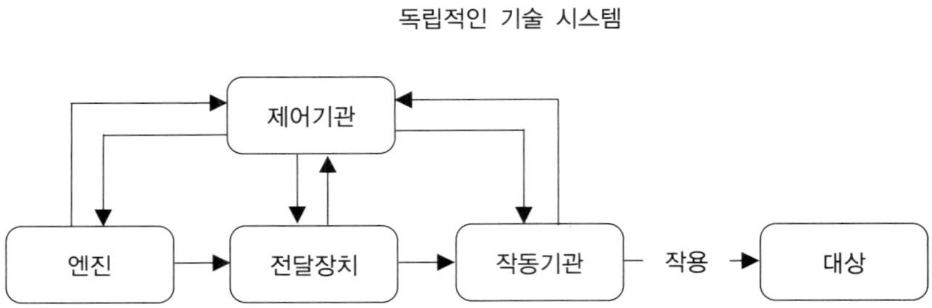

그림 5.29 독립적인 기술 시스템의 구조

▌사례 5.38

예를 들어, 기술 시스템 "사진 카메라"를 생각해 보자. 카메라의 목적(주기능)은 외부 물체로부터 반사된 빛을 필름(또는 디지털 카메라에서 센서 판)으로 전달하는 것이다. 그러므로 카메라가 다루는 대상은 빛이고, 작동기관은 렌즈 세트, 전달장치는 초점 조절 기구, 엔진은 전기 모터, 그리고 대부분의 현대 카메라에서 제어는 마이크로프로세서가 수행한다.

돌에서 대형 쇠망치까지 망치 진화의 이정표(그림 5.25)는 이 기술 시스템의 주요 부분들의 점진적인 출현과 발전을 분명하게 보여준다.

5.7.1 완전성의 라인(인간 관여의 제거)

많은 기술 시스템의 발전 초기단계에서 "인간 성분"이 시스템 주요 성분 중 일부를 대신한다. 이러한 시스템이 진화함에 따라, "인간 성분"은 점차 제거되고, 그들이 수행하는 기능이 시스템에 위임된다. 인간 관여의 제거는 그림 5.30에 보여준 라인을 따른다[Altshuller et al., 1988].

그림 5.30 기술 시스템으로부터 "인간 성분"의 계속적인 제거

▌사례 5.39

최초의 자동차 바람막이 와이퍼는 1903년에 발명되었다. 이 와이퍼 설계에서 고무판은 바람막이를 가로질러 수동으로 회전한다. 제2차 세계대전 직후에 군용 윌리스(Willys) 지프는 운전사나 승객이 작동하는 수동 와이퍼를 사용했었다[McNeil, 2002]. 그 다음 와이퍼는 차 엔진에 연결된 진공 펌프가 구동하였다. 이 설계의 단점은 자동차의 속도에 따라 와이퍼의 작동 속도가 의존한다는 것이었다. 그 다음 번 주요 혁신은 와이퍼 제어 시스템의 변화와 관련이 있었다. 그러한 것들은 간헐식 와이퍼 설계와 비 감지 와이퍼 등을 포함한다.

▌사례 5.40

현대 칫솔의 전신은 나무 가시나 새의 깃털로 만든 이쑤시개이다. 이 이쑤시개는 작동기관과 전달장치의 기능을 동시에 수행한 반면, 사용자의 손은 엔진과 제어기관으로 사용되었다. 이집트인들은 약 5000년 전에 이러한 이빨 청소 기구를 사용하였다. 그들과 다른 고대인들은 또한 청소면적을 증가시키기 위해서 한쪽 끝을 부러뜨린 잔가지를 사용하였다.

이빨 청소는 작동기관인 이쑤시개 끝이 다중 시스템, 즉 강모(剛毛) 세트로 진화하자 훨씬 효과적이 되었다. 이 발전은 좀 더 사용하기 쉬운 손잡이 "전달장치"로 이쑤시개의 발전을 촉발하였다. 최초의 강모 칫솔은 14세기에 중국에서 발명되었고, 3세기 후에 유럽에 소개된 것으로 믿어진다. 강모로는 수퇘지 털을, 손잡이로는 뼈를 사용하였다.

그 후 몇 세기 동안에 칫솔의 역사는 큰 변화가 없었다(유일하게 눈에 띄는 변화는 1920년대에 셀룰로이드의 도입과 1940년대에 수퇘지 털 강모가 나일론 강모로 대체된 것이었다).

주요 혁신은 1956년에 칫솔 '엔진'의 개발로 일어났다. 그 해에, 스위스 스퀴브(Squibb)사가 최초로 성공적인 전기 칫솔, 브록소덴트(Broxodent)를 소개하였다(최초의 전기 칫솔은 1880년에 미국 시장에 출시되었지만, 그것이 시장을 정복하지 못했다[Travers, 1995]). 1961년에 제너럴 일렉트릭 사가 재충전할 수 있는 무선 모델을 소개하였다.

5.8 에너지 전달 경로를 짧게 하는 법칙

에너지를 전달하는 기술 시스템의 효과적인 기능과 제어능력을 위해서 필요한 조건 중에 하나는 시스템을 통해서 출력 측(작동기관)에 이르는 에너지 경로이다. 이 진술을 실제 시스템의 발전에 적용하기 위해 설계 문제를 두 종류로 구별하면 유용하다. 첫 번째 분류는 시스템을 변경하면서 생기는 문제(새로운 시스템의 합성, 기존 시스템의 개선)이다. 두 번째 분류는 측정의 문제인데, 여기서는 시스템의 어떤 파리미터의 검출, 측정 또는 감시가 목적이다.

첫 번째 분류의 문제에서 에너지는 발생원(예, 가스터빈 설비의 연소실, 발전소의 보일러, 공작기계의 구동 모터 등)에서 나와, 중간 하위시스템(발전소의 증기배관과 증기터빈, 공작기계의 기계 전달장치)을 거처, 작동기관(발전소의 발전기, 광산과 금속 절단 기계의 절단도구를 갖춘 스핀들)을 통과해, 출력 시스템(발전소를 위한 전력 분산망, 광산과 금속 절단 기계의 절단 공정)으로 간다.

두 번째 분류 문제에서는 필요한 정보를 얻을 수 있도록 측정/감시할 대상에서 나오는 에너지를 검출해야 한다. 이러한 경우에 에너지는 대상에서 센서(변환기)로 간 다음, 어떤 보조 라인(출력으로써 전류를 갖는 변환기용 전기 도관, 공기식 변환기를 위한 배관 등)을 경유해서 신호 조절기로 전달되며, 이것이 계속해서 표시기, 데이터 수집 시스템 또는 피드백 부분(서보 제어 시스템을 위해서)으로 전달되고, 정보로 변환된다.

에너지 전달 경로를 짧게 하는 법칙

기술 시스템은 시스템을 통해서 에너지 전달 경로를 짧게 하는 방향으로 진화한다.

보통, 이 진화 과정은 다음과 같은 두 가지 경향 중 최소한 하나와 관련된다(그림 5.31).

(1) 에너지 전달 단계의 감소(전기와 기계, 기계와 열 등과 같이 여러 에너지 형태 사이의 변환, 그리고 입력과 출력 사이에서 속도와 토크/힘을 변환하는 기계 전달장치와 같이 에너지 파라미터의 변환).
(2) 제어하기 좀 더 쉬운 에너지 형태로 전환. 이러한 에너지 형태를 제어능력이 증가하는 순서로 나열할 수 있다.
   - 중력
   - 기계
   - 열
   - 전자기

   이 진화 법칙은 많은 주요 기술 시스템의 진화를 추적함으로써 쉽게 확인할 수 있다.

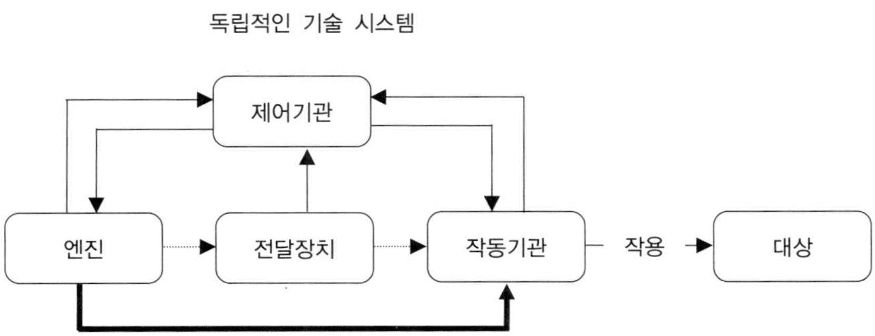

그림 5.31 가장 효과적인 시스템에서, 발생원 에너지가 작동기관에 직접 공급된다.

▌사례 5.41

현대 여객 열차의 대부분은 디젤 기관차를 사용한다. 이러한 기관차에서 열에너지가 디젤 엔진에 의해서 기계에너지로 변환된 다음, 기계에너지 파라미터(속도, 토크)는 바퀴를 구동하기 위해서 다시 기계적 전달장치에 의해 필요한 속도로 변환된다. 바퀴는 회전 기계에너지를 열차의 이동에너지로 변환한다. 엔진의 기계적 전달장치들은 최적의 속도, 토크, 효율 조건으로 디젤엔진을 가동하기 위해서 필요하다. 이러한 기관차들이 점차적으로 전기 기관차로 대체되고 있다. 전기 기관차에서 에너지원은 전류이고, 일부 경우에 내장된 고 효율 트랜지스터 기반 시스템이 기관차의 파라미터를 변환한다. 그래서 전기 모터가 직접적으로 또는 간단한 기계적 전달장치를 경유해서 바퀴를 구동한다. 이 과정이 에너지 효율과 성능을 동시에 향상한다.

다음 단계는 마그레브(자기부상) 시스템인데, 여기에서는 선형 전기모터가 추진력을 제공하므로, 결과적으로 에너지 전달 경로가 짧아진다. 전통적인 열차에서 바퀴는 추진력을 제공할 뿐 아니라, 지면에 열차를 지탱해 준다. 자기부상 베어링 시스템은 마찰과 에너지 손실을 줄이고, 소음을 줄이며, 현가(懸架) 작용(진동 방지)을 제공한다.

▌사례 5.42

20세기 초에 기계가공 공장은 내연엔진 또는 전기모터가 공장 전체에 걸쳐있는 긴 전달장치 축을 구동하는 구동장치들 중심으로 되어 있었다(그림 5.32). 수많은 벨트가 전달장치 축의 도움으로 기계 동력을 개별 공작기계에 전달하였다. 각 공작기계 내에서 여러 기계 전달장치들이 이 구동 입력값을 필요한 에너지 파라미터로 변환하였다(스핀들과 이송운동). 다른 내부 전달장치들이 스핀들과 다른 구성 부분 사이에 다양한 속도비를 제공하였다(날 부분을 지지하는 운반대의 이송운동, 기어 절삭기계에서 위치조정운동[11] 등). 1930년대에 각 공작기계에 개별 전기모터가 설치됨으로써 기계 내에 에너지 전달장치의 사슬이 짧아졌다.

그러나 모든 내부 전달장치들은 그대로 유지되었다. 복잡한 부품(예, 나선형 베벨 기어)을 가공하기 위한 일부 공작기기는 많은 내부 전달장치를 갖고 있었다 – 각 전달장치는 복잡한 표면을 가공하기 위해서 정확하게 조립되고, 각 기어 파라미터 세트에 맞추어져야 했다. 1930년대 후반에 접어들면서 많은 시스템들(연삭기계

11) 공작기계의 3대 기본운동은 절삭운동(cutting motion), 이송운동(feed motion), 위치조정운동(positioning motion)이다.

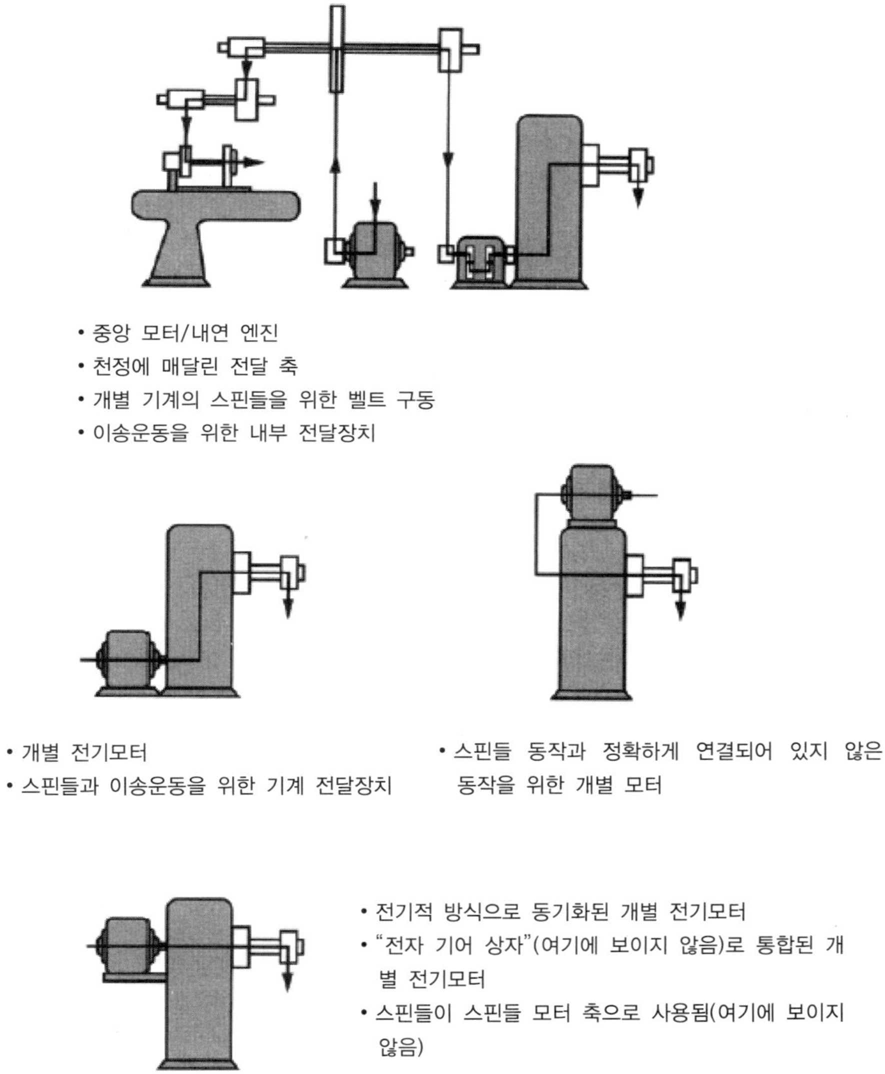

그림 5.32 공작기계 전달장치의 진화

의 이송 시스템과 같은)은 주동력 입력으로부터 분리되었고, 에너지 전달 경로가 더욱 짧아졌다. 처음에 이러한 독립적인 시스템들은 정확한 운동을 포함하지 않았고, 여전히 단일모터로부터 기계적인 전달장치에 의해 동기화되었다. 그러나 1950년대 말에, 고정밀 기어 연삭기가 스위스 레이샤우어(Reishauer) 사에 의해 개발되었다. 여기서는 출력 기계요소들(작업부품 스핀들의 운동과 연삭 바퀴 스핀들의 운동)과 직접 연결된 개별모터들이 모든 운동들을 수행하였고, 전자 시스템에 의해 동기화된 모터를 갖추고 있었다,

이 방향은 계속해서 "전자 기어상자"로 발전했는데, 이것은 극히 짧은 시간 안에 운동 동기화의 정확성을 제공할 수 있다. 모든 것이 가능하더라고, 이러한 정확성은 기계적인 수단으로 얻기가 매우 어렵다. 현대 컴퓨터수치제어 기어 절삭기계들은 수많은 운동을 갖고 있는데, 이것은 기계적 전달장치 없이 개별 전기모터에 의해 직접 수행되는 운동으로 나선 베벨기어를 정확하게 깎는다. 일반 목적의 공작기계들은 또한 모든 운동 축에 대해서 별도의 직접 구동 장치들(기어 상자 없이, 모터 → 볼 스크루 → 이동 부분)를 갖는다. 직선운동의 속도, 정확성 및 제어능력에 대한 증가된 요구조건들이 선형 전기모터들을 폭넓게 사용하게 하였고, 결과적으로 기계적 전달장치들을 완전하게 제거하였으며, 최종적으로 에너지 경로가 짧아졌다. 가장 다루기 어려운 시스템은 스핀들 구동 장치였는데, 이것은 매우 넓은 속도 변환 범위(최소 속도에 대한 최대 속도 비율이 100~1000)를 필요로 하는 한편, 중간 크기의 공작기계에 대해서 30~70킬로와트까지 매우 높은 설치 동력을 필요로 했다. 이것이 스핀들 구동장치에 대해서 기계적 전달장치(기어 상자를 갖고 있는 벨트 구동)를 사용하도록 하였다. 그러나 현대 고속/고 동력 공작기계들은 스핀들과 전자제어 가변 속도 모터 사이에 직접 연결을 한다. 점점 더, 스핀들은 전체적으로 모터와 직접 연결된다(스핀들이 회전자이다).

5.9 제어능력 증가의 법칙

이 법칙은 물질-장 상호작용 증가의 법칙이라고도 한다. 이것은 물질-장 진화를 설명한다(그림 5.33).

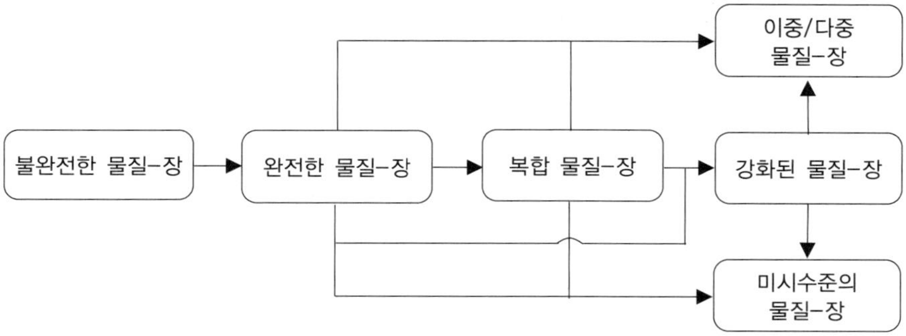

그림 5.33 물질-장 진화의 라인

제어능력 증가의 법칙

기술 시스템은 그들의 물질-장 상호작용을 향상시키는 방향으로 진화한다; 이것은 다음을 포함한다.

- 불완전한 물질-장은 완전한 물질-장으로 발전하고, 계속해서 복합 물질-장으로 진화한다.
- 완전한, 복합 물질-장은 강화된 물질-장으로 발전한다.

5.9.1 복합 물질-장

종종, 기존 물질-장(기능)을 유지할 필요가 있고, 동시에 새롭고, 전형적인 보조 기능을 도입할 필요가 있다. 이것은 보통 복합 물질-장 : 이중(그림 5.34) 또는 사슬 물질-장(그림 5.35)으로 전이함으로써 해결된다.

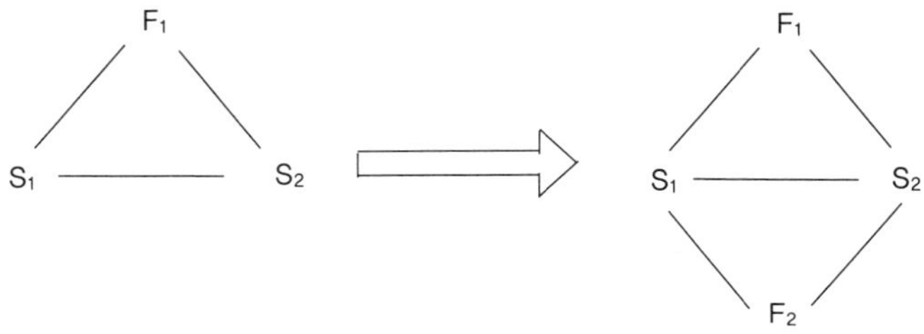

그림 5.34 이중 물질-장

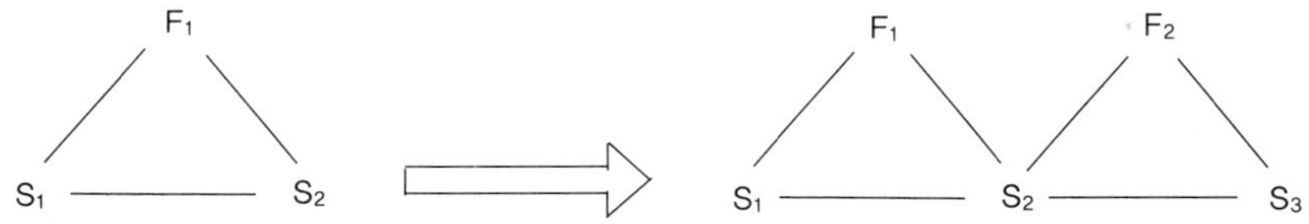

그림 5.35 사슬 물질-장

복합 물질-장으로 전이는 이상성을 증가시키는 또 다른 기구이다. 복합 물질-장에서 요소수의 증가는 단일 물질-장과 비교해서 그러한 물질-장의 기능이 증가함으로써 보상받는다. 융합 계수, C[Vertkin, 1984]는 이러한 물질-장에서 요소의 수에 대한 물질-장 수의 비율이다(그림 5.36).

$$C = \frac{\text{물질} - \text{장의 수}}{\text{물질} - \text{장 요소의수}}$$

그림 5.36 융합 계수

사실, 이 계수는 우리에게 어느 정도까지 이상성의 변화를 측정할 수 있게 해준다. 단일 물질-장에 대해서, C = 1/3, 이중 물질-장에 대해서, C = 1/2(2/4), 그리고 사슬 물질-장에 대해서, C = 2/5이다.

▌사례 5.43

쇳물 바가지 밑에 있는 열린 구멍을 통해 용융금속을 주형으로 붓는다. 용융금속의 방출 속도는 쇳물 바가지에 있는 금속 높이에 비례한다: 그 높이가 낮을수록, 정수압은 낮아지고, 용융금속의 흐름이 느려진다. 열린 구멍의 직경을 변경함으로써 방출 속도를 조절하는 것은 어려운 일이다.

◎ 물질-장 분석

이 문제의 IMS(그림 5.37)는 완전한 물질-장이다. 그러나 물질-장의 요소가 불충분하게 제어된다. 그러므로 전체 물질-장이 잘 제어되지 않는다. 물질-장의 제어능력을 향상시키기 위해서 제어 장, F2를 시스템에 추가한다(그림 5.38).

◎ 해결책

회전 자기장으로 쇳물 바가지에 있는 금속을 돌린다; 이것이 쇳물 바가지에 있는 금속의 높이를 제어한다.

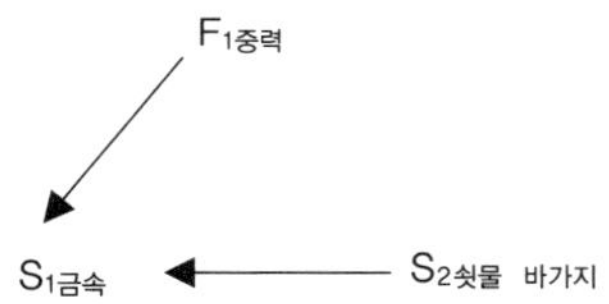

그림 5.37 용융금속의 방출을 위한, 불충분하게 제어되는 물질-장

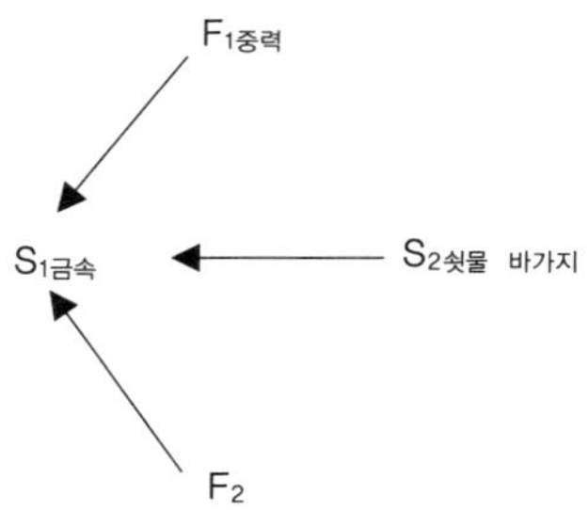

그림 5.38 제어 장의 추가

▌사례 5.44

망치의 효율을 올리는 방법은?

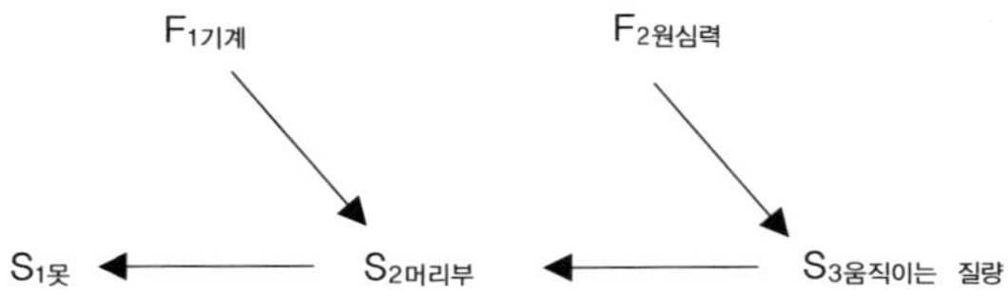

그림 5.39 동적 망치의 물질-장 모델

◎ **물질-장 분석**

망치의 효율은 망치 머리의 질량이 증가함에 따라 향상된다. 그러나 무거운 망치는 사용하는데 힘이 든다. 그래서 머리에는 추가 질량이 있어야 하고, 동시에 없어야 한다. 이 물리적 모순은 시간으로 반대 요구조건을 분리함으로써 해결될 수 있다: 추가 질량은 때리기 전에 없지만, 때리는 순간에 머리 부분에서 나타나야한다. 이것이 질량을 움직이게 해서, 그것을 원심력으로 제어한다는 아이디어가 생각나게 한다(그림 5.39).

◎ **해결책**

속이 빈 머리 부분을 무거운 알갱이 매체(예, 납 산탄)로 채운 속이 빈 손잡이와 연결한다. 때리는 순간에 산탄들이 원심력에 의해서 머리 쪽으로 이동하므로, 갈등이 해결된다. 이러한 설계는 알갱이 매체의 진동 흡수 작용 때문에 소음수준이 줄어드는 추가적인 이점이 있다.

사슬 물질-장은 기존 물질-장 안에서 연결을 전개시켜도 얻을 수 있다. 이 경우에, $F_2 \rightarrow S_3$ 연결이 $S_1 - S_2$ 연결 사이로 들어온다(그림 5.40).

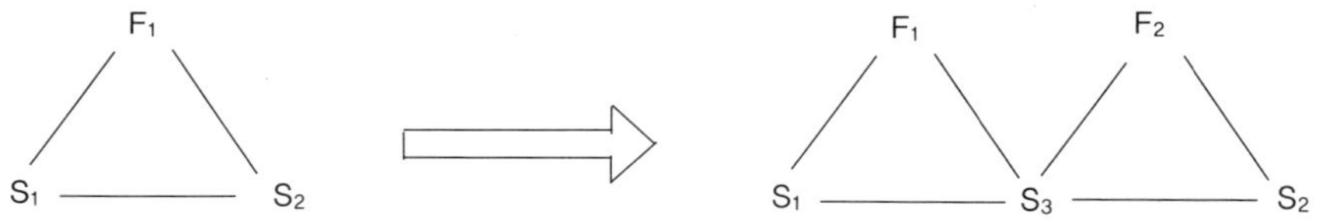

그림 5.40 사슬 물질-장으로 연결 S_1-S_2의 진화

▌사례 5.45

미국 특허 6,032,772는 자동차 엔진 냉각팬의 회전을 제어하기 위한 점성유체 클러치를 설명한다. 이 클러치는 엔진 출력 측에 연결된 회전자, 팬 조립품에 연결된 고정자, 그리고 고정자에 연결된 전자기 코일로 구성되어 있다. 회전자와 고정자 사이의 틈새와 회전자와 코일 사이의 틈새를 자기유변 유체로 채운다. 코일이 틈새에 자기장을 만들어, 자기유변 유체의 점도를 바꾼다. 이것이 자기장의 크기에 따라 가변 추진력을 제공한다.

5.9.2 강화된 물질－장

다음과 같은 수단으로 물질-장 요소들 사이의 상호작용을 강화할 수 있다.

- 제어할 수 없거나 제어가 잘 안 되는 장을 제어가 잘되는 장으로 교체한다(예를 들어, 중력장으로 기계장으로, 기계장을 전기장으로 교체).
- 물질-장 요소들의 유연성을 늘린다.
- 장의 작용 진동수를 대상이나 도구의 자연 진동수와 조율하거나 조율을 깬다.
- 그 외(부록 3의 표준 그룹 2.2를 볼 것).

5.9.3 이중과 다중 물질-장; 미시수준으로 전이

진화의 어느 단계에서 물질-장의 모든 요소들은 이중과 다중 요소로 진화하고, 미시수준으로 전이를 겪을 것이다. 예를 들어, 이쑤시개는 단일 시스템이지만, 전통적인 칫솔에서 강모 세트는 다중 시스템인 반면, 이온 칫솔은 미시수준으로 작동하는 시스템이다.

5.10 리듬조화의 법칙

이 진화 법칙은 기술 시스템의 가장 효과적인 시간상 구조를 결정한다.

리듬조화의 법칙

기술 시스템이 최적의 성능을 갖기 위해서는 그 부분들의 작용 주기들이 동기화되어야 한다.

가장 생명력 있는 시스템은 그 주요 부분들의 작용이 서로 돕고, 서로 조화를 이루는 특성이 있다. 이것은 주요 생산 부분들 사이에 "저스트인타임" 상호작용이 최고의 생산 운영을 제공하는 생산 시스템과 비슷하다. 동기화의 원리를 위반하면, 기술 시스템의 구성 부분들이 서로 방해할 수 있고, 성능이 어려움을 겪을 것이다.

기술과 제품개발에 여러 가지 접근법을 사용해서 이 법칙을 적용할 수 있다.

- 구성 부분들 사이에 있는 주기적 동작과 다른 파라미터의 조화
- 공진의 사용
- 바람직하지 않은 주기적 동작의 제거

시스템 부분들 사이에 조화는 자연 진동수나 다른 동적 특성치와 관련이 있을 뿐 아니라, 여러 부분들의 작용 순서와도 관련이 있다. 적절하게 주어진 조화는 시스템의 성능 특성을 크게 개선할 수 있다.

▌사례 5.46

전통적인 분무기는 분무 노즐로 페인트와 공기의 흐름을 제어하는 밸브들을 갖고 있다. 분무기를 누르면, 공기 밸브가 먼저 열리고, 페인팅 작업을 멈추면, 페인트 밸브가 먼저 닫히는 방식으로 시스템이 동기화되어 있다. 그러나 이것은 노즐로부터 건조 페인트 방울이 떨어져, 페인트칠 하는 표면으로 튀기는 현상을 수반한다. 미국 특허 4,759,502는 동기화 순서의 개선을 제안한다. 여기서는 공기 밸브

가 열리기 전에 페인트 밸브가 조정 가능한 지연시간 동안 짧게 열리고 닫힌다. 이 동기화의 개선이 페인팅 공정을 상당히 개선시켜준다.

다양한 생산과 측정 작업을 수행하기 위해서 진동은 넓게 사용된다(그래서 이것을 “진동 기술”이라 한다).

공진과 정상파 효과는 여러 응용분야에서 폭넓게 사용된다. 이것들은 최소 에너지의 소비로 진동을 유지시켜 주며, 다양한 생산 공정을 돕는다.

▌사례 5.47

정상파 효과는 극히 작은 구(球)를 제조하기 위한 생산성이 높은 방법이다. 용융금속을 진동하는 다이스 틀에 있는 구멍에서 고속으로 방출한다. 진동수는 원하는 구의 직경 함수로 설정된다. 진동이 제트류에 정상파를 만들고, 정확하게 동일한 조각으로 떨어져 나간 직후, 용융금속은 표면장력의 영향으로 구 모양이 된다. 이 방법은 0.0004인치(10마이크로미터)에서 0.04인치(1밀리미터) 범위의 직경을 갖는 구를 초당 백만 개까지 생산할 수 있다.

생산 공정은 종종 연속적으로 파라미터가 바뀌고, 생산 시스템의 자연 진동수 역시 변동해서, 공진이 구동 부분의 진동 자극과 달라진다. 다른 경우에는 공진이 바람직하지 않은 특성일 수 있다. 서보 제어 자기 동조(또는 후자의 경우에 자기 역동조)시스템이 이러한 환경에서 매우 유용하다.

▌사례 5.48

초음파 가공(그림 5.41)[Astashev and Babitsky, 1984]에서 도구가 자기변형 진동자에 의해서 초음파 진동수(20~100킬로헤르츠)로 여기된 진동 공진기에 연결되어 있다. 도구는 연마 현탁액으로 채워진 탱크 안에서 작업부품과 상호작용한다. 도구 장치를 임의의 공급력으로 작업부품에 압착한다. 도구 진동이 연마 입자에 전달되고, 그것이 가공되는 목표물에 충격을 가한다. 가장 단단한 재료조차도 이 기

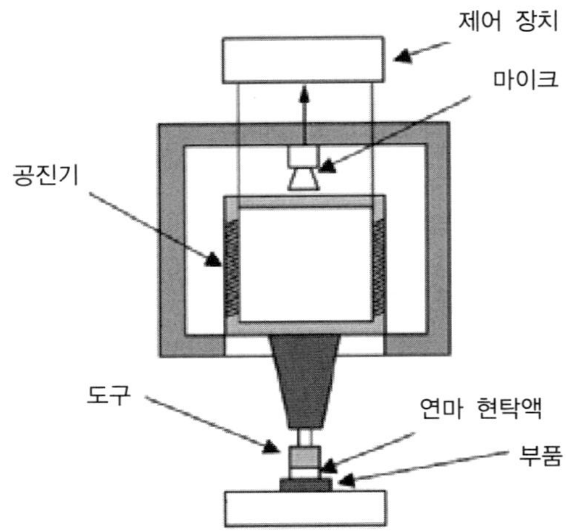

그림 5.41 초음파 가공기

술을 사용해서 가공될 수 있고, 매우 복잡한 모양의 도구가 부품에 대한 거울 형상으로 부품을 가공한다. 시스템이 진동자의 강제 진동수와 공진될 때 에너지 효율이 가장 높은 가공공정이 실현된다. 가공하기 전(도구와 가공되는 목표물 사이에 접촉이 없을 때, 공운전 시)에 시스템을 정확하게 조율한다. 그러나 자연 진동수는 작업 영역에서 상호작용과 공급력의 크기에 의존한다. 작업 중에 조율이 깨지기 때문에 시스템은 항상 공진에서 벗어나, 약 3%까지 매우 낮은 효율을 가져온다, 이 문제를 해결하기 위해서 마이크를 피드백 센서로 사용한다. 피드백 신호로써 마이크가 검출한 진동 강도를 사용해서 제어 장치가 발생기 진동수를 계속적으로 변경한다. 이것이 계속적으로 시스템의 공진 조건을 유지시키고, 결과적으로 생산성이 크게 개선되며, 효율이 50%까지 증가한다.

▌사례 5.49

동일한 접근방법을 사용해서 고속 공작기계의 엔드 밀링 과정에서 생기는 매우 다양한 원하지 않은 진동 문제를 해결한다. 이 경우에 마이크가 절단 영역으로부터 진동 신호를 취해, 제어 컴퓨터가 구조 공명과 자려(自勵) 진동 진동수를 측정하고, 진동 크기가 허용한계를 초과하면, 컴퓨터가 CNC 제어기에게 스핀들 rpm를 바꾸도록 명령한다. 만약 다양한 변화 때문에 공정을 제어할 수 없다면, 공작기계를 멈춘다. 이러한 시스템은 기계의 수명을 크게 늘이고, 가공 부품의 표면 마무리를 향상시킨다.

이 마지막 사례는 원하지 않은 주기적 동작의 경감을 설명한다. 전문 잡지에 상세히 설명된 수많은 진동 제어 기법들이 있다. 공진을 줄이기 위해서, 여진기(勵振器)의 강제 진동수나 진동 시스템의 자연 진동수를 바꾸어야 한다. 자동 제어기를 갖추지 않은 수동 시스템에서, 공진 또는 자려 진동의 발생 조건들은 여러 영역과 자연 진동수에서 생길 수 있다. 일부의 경우에 주기성을 제거함으로써, 즉 밀링커터 또는 톱에 있는 절삭 치차를 불균일하게 배치함으로써 이것을 피할 수 있다. 또 다른 접근법은 시스템의 댐핑(에너지 소산(消散))을 향상시켜, 공진 강도를 줄이는 것이다.

5.10.1 시간 운동학 라인

이상성을 증가시키기 위해서, 시스템은 두 개의 갈등 요구조건을 충족시켜야 한다: 이상 시스템이 되기 위해서, 시스템은 기능을 수행하면서 시간을 쓰지 않아야 하지만, 실제 일을 하기 위해서, 어느 정도 시간을 써야 한다.

시스템의 시간적인 이상화 방향은 세 가지가 있다(그림 5.42, 여기서 Fn은 기능을 나타낸다). 이러한 방향들은 여러 가지 시간 운동학의 라인들로 표현된다[Fey, 1988].

- 방향 1 : 시스템의 기능은 변하지 않지만, 기능 수행에 필요한 시간이 감소한다.
- 방향 2 : 시스템이 동시에 여러 기능을 수행한다.
- 방향 3 : 기능 수의 증가 과정은 그 기능을 수행하는데 필요한 시간이 짧아지면서 일어난다.

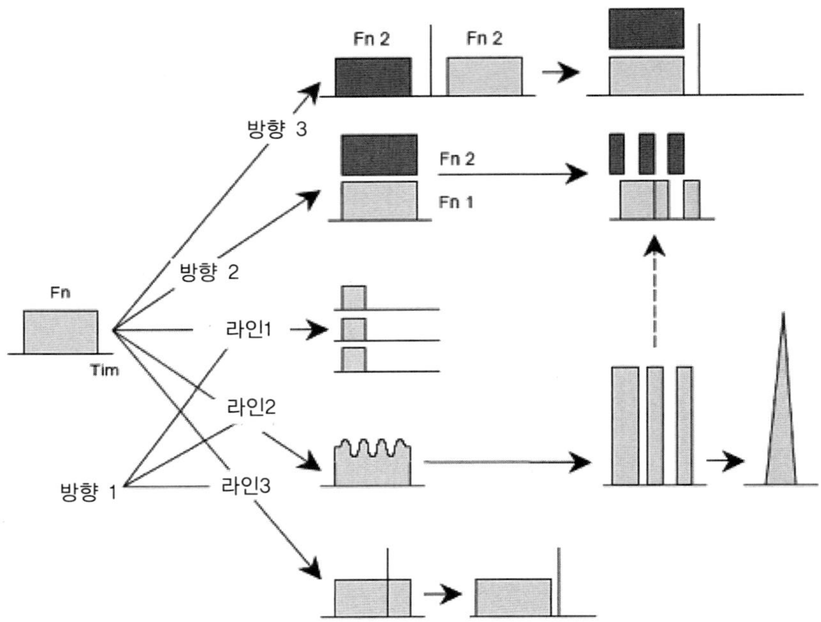

그림 5.42 시간 운동학 라인

방향 1은 세 가지 시간 운동학 라인을 포함한다.

- **라인 1 : 두 개 이상 동시에 작동하는 시스템(또는 하위시스템)으로 기능의 분산**

트리즈 문헌에는 이 라인을 설명하는 많은 사례가 있다(예를 들어, 사례 5.18을 볼 것).

- **라인 2 : 피크 형 기능 수행으로 전이. 이 라인은 다음과 같은 순서 특징이 있다: 진동, 맥동, 피크.**

▌사례 5.50

무선 공학은 아날로그, 즉 연속 신호로 시작하였다. 주요 혁신은 펄스의 사용으로 전이였다. 특별히 이것은 펄스 메시지 사이 휴지(休止) 시간에 다른 펄스 메시지를 삽입할 수 있도록 해서, 무선 통신의 밀도/효율을 극적으로 향상시켰다. 그 다음 큰 진보는 기밀 정보의 전송을 위해서 특별하게 군사용으로 사용된, 신호 압축 시스템의 개발이었다. 이러한 시스템에서는 송신기에서 직접적으로 안테나로 메시지를 보내지 않고, 메시지를 먼저 기억장치에 저장한다. 기억장치에 메시지가 채워지면, 메시지를 압축하고, 그것을 매우 짧은 펄스 형태로 송신한다.

▌사례 5.51

의약품을 투약하기 위한 전통적인 주사기는 몸통, 피스톤의 플런저, 그리고 바늘로 구성되어 있다. 플런저를 움직여서 신체에 약을 투약한다. 많은 현대 의약품 전달장치는 의약품에 초음파 에너지를 적용함으로써 신체 조직에 의한 약품 흡수율을 증가시키다(예를 들어, 일본 특허번호 2,152,466A2). 더욱 진보된 장치에서는 바늘이 없다. 바늘이 없는 피하 주사기가 높은 압력(40-65 바)으로 약을 전달한다; 가느다란 약품 제트류가 초당 500미터 속도로 피부를 뚫고 들어간다(예를 들어, 미국 특허번호 6,168,587을 볼 것).

- **라인 3 : 사전 작용으로 전이. 이 라인은 두 가지 주요 기능 영역이 있다: 부분적인 사전 작용과 완전한 사전 작용.**

▌사례 5.52

소프트웨어 공학 초기에 프로그래머는 각각 특별한 경우에 대해서 새로운 프로그램을 작성해야 했다. 이것이 시간을 많이 낭비하였고, 자연히 일상적인 작업방법의 개발을 가져왔다 – 되풀이되는 또는 전형적인 적용을 위한 미리 써놓은 코드(예, 삼각 함수). 그 다음의 논리 단계는 CASE(컴퓨터 도움 소프트웨어 공학) 시스템의 개발이었는데, 이것은 특별한 응용 영역(예, 여러 가지 금융 보고서의 생성을 위해서)을 위한 복잡한 코드 작성을 실질적으로 완전히 자동화시켜 주었다. 그러한 시스템 사용자가 단지 개발하고자 하는 응용(보고서) 프로그램을 설명하면, 시스템이 자동적으로 응용 프로그램을 생성한다.

방향 2는 융합된 이중과 다중 시스템으로 전이에 관한 사례들을 잘 설명한다.

방향 3은 이상성을 증가시키기 위해서 두 가지 접근방법을 통합한다: 사전 작용으로 전이와 이중, 다중 시스템으로 전이.

▌사례 5.53

형상기억 합금을 사용하는 어떤 부품이 두 가지 구성과 기능을 번갈아 사용할 수 있다. 이러한 구성/기능을 그 부품 물질에 사전에 프로그램 해 넣는다.

5.11 진화의 법칙과 라인의 상호작용

우리는 진화의 법칙과 라인들이 독립적으로 행동하다는 인식을 다음과 같이 전개할 수 있다: 시스템이 먼저 특별한 라인을 따라 변형을 겪고, 이 라인이 고갈된 후에 다른 라인으로 전환한다. 어떤 기술 시스템의 역사적인 발전은 여러 진화 법칙과 라인이 서로 꼬여있는 상호작용에 의해 방향이 잡히기 때문에 실제 그림은 훨씬 복잡하다.

예를 들어, 단일 시스템이 이중 시스템으로 진화한 후에, 이 이중 시스템은 보통 그 요소들 사이의 연결이 고정된 특성이 있다. 시스템이 단일－이중－다중 라인을 따라 진행을 계속하면서, 요소들 사이에 유연한 연결이 나타나기 시작한다. 선체가 뻣뻣한 교차 결합으로 연결된 쌍동선이 이러한 사례이다. 이러한 쌍동선이 좁은 수로를 통과할 때 조종 성능이 부족하다. 보다 진보된 설계는 선체 사이의 거리를 변경할 수 있는 교차 결합을 사용한다. 그래서 그것이 쌍동선의 항해 능력을 향상시킨다.

5.12 요약

트리즈의 기초는 일련의 기술 시스템 진화 법칙들이다. 이러한 법칙들이 기술 시스템(예, 제품, 기술, 그리고 생산 공정)의 일반적인 진화 경향을 묘사한다; 자연히, 진화 법칙들은 차세대 기술 혁신의 확인과 개념 개발을 위해 사용된다. 일부 법칙의 예측 능력은 일반적인 방향을 따라 시스템 진화의 단계들을 규정한 진화 라인과 관련시킴으로써 크게 강화된다. 이러한 라인의 사용은 상당히 방향성이 있다. 먼저, 대상 기술 시스템을 진화 라인 위에 놓는다. 그러면 그것이 그 라인이 제시하는 시스템의 다음 진화 변화를 제안한다. 이 일상적인 작업을 진화의 각 적용 라인에 대해서 반복한다.

5.13 연습문제

5.1 차의 임의의 하위시스템을 5개 선택하라. 그러한 하위시스템 각각에 대해서 불균일 진화 법칙을 적용하고, 이러한 하위시스템의 미래 진화와 관련된 시스템 갈등을 정형화 하라.

5.2 (A) 다음 특징이 있는 소비제품의 사례를 들어라.

- 동질 이중 시스템
- 이질 이중 시스템
- 부분적으로 융합된 이중 시스템
- 역 이중 시스템
- 완전하게 융합된 이중 시스템

(B) 한 산업에서 다음 특징이 있는 소비제품을 들어라.

- 동질 이중 시스템
- 이질 이중 시스템
- 부분적으로 융합된 이중 시스템
- 역 이중 시스템
- 완전하게 융합된 이중 시스템

5.3 (A) 다음의 각 진화 라인을 따른, 제품의 진화 사례를 한 가지씩 들어라.

- 단일–이중–다중
- 자기 적응 시스템으로 전이
- 미시수준으로 전이
- 완전성 라인
- 에너지 전달 경로를 짧게 하기

5.4 전통적인 일자 또는 십자 날 스크루드라이버는 단일 시스템이라 할 수 있다. 손잡이 달린 여러 모양(일자와 십자) 날과 여러 크기의 날을 갖는 범용 스크루드라이버는 다음 진화단계(변형된 특성을 갖는 동질 다중 시스템)의 사례이다. "단일－이중－다중" 라인을 사용해서, 차세대 스크루드라이브의 개념 설계를 최소한 한 개 이상 개발하라.

5.5 한 개의 유리 렌즈는 어떤 거리에서만 물체의 초점을 뚜렷하게 맞출 수 있다. 그러한 렌즈는 "경직된" 시스템이라 할 수 있다. 단일 렌즈의 결점은 두 개 이상의 다중 렌즈 시스템으로 제거된다. 이 시스템은 렌즈 사이에 축상 간격을 기계적으로 변경함으로써 렌즈 초점을 바꿀 수 있도록 설계되어 있다.

이러한 렌즈 시스템은 실제 가장 범용으로 사용되고 있고, 이것은 진화의 "단일 연결"과 "다중 연결" 단계를 각각 설명해준다.

전통적인 모든 다초점 렌즈 시스템은 근본적인 일반 결점을 갖고 있다: (a) 많은 렌즈 요소가 차지하는 상당한 무게와 공간, 그리고 (b) 비용과 시간이 많이 드는 제조 공정(예, 연마와 광택내기). 이러한 결점은 유리 렌즈 대신에 탄성 재료와 광학 유체를 사용함으로써 극복되었다.

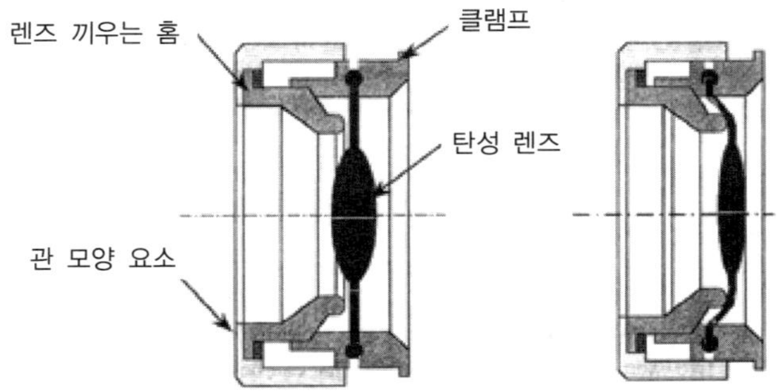

그림 5.43 탄성 렌즈 시스템

전형적인 가변 초점의 탄성 렌즈 시스템(그림 5.43)은 투명한 탄력성 재료로 만든 렌즈 요소를 갖는다. 렌즈를 끼우는 홈이 시계방향으로 회전하면 관 모양의 요소가 광학축을 따라 축상으로 이동한다. 관 모양의 요소의 앞쪽 모서리가 탄성재료에 힘을 가하고, 재료를 잡아당겨서, 렌즈 모양이 바뀐다. 이것이 렌즈의 초점 거리를 길게 해주는 결과를 준다.

그림 5.44는 유연성 증가의 일반 라인과 위에서 설명한 렌즈 진화 단계들

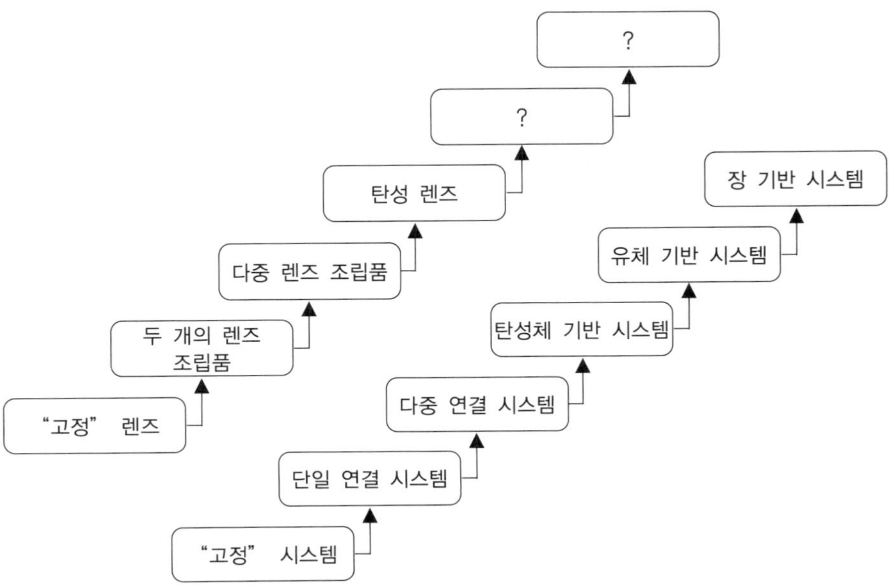

그림 5.44 유체, 장으로 진화와 비교하여, 렌즈의 진화

사이에 대응 관계를 보여준다. 그러나 렌즈 시스템의 진화는 "유체" 단계에서 멈출 수 없다. 차세대 다초점 렌즈의 개념 설계를 개발하라.

5.6 당신의 회사 제품에 대해서 시간 동력학 라인의 가능한 적용을 찾을 수 있는가? 만약 대답이 부정적이라면, 설명해 보아라.

5.7 전형적인 리드 스위치(그림 5.45)는 전기 코일로 감싼 유리관 안쪽에 놓인 얇은 강자성 조각(접점) 쌍을 갖고 있다. 코일에 전류가 없을 때, 접점은 서로 접촉하지 않는다, 코일의 전류가 자기장을 만들어, 접점을 자화시킨다. 그러면 접점이 서로 압착해서 외부 전류를 닫는다. 시간 동력학 라인을 사용해서, 에너지 효율이 보다 높은 리드 스위치를 개발하라.

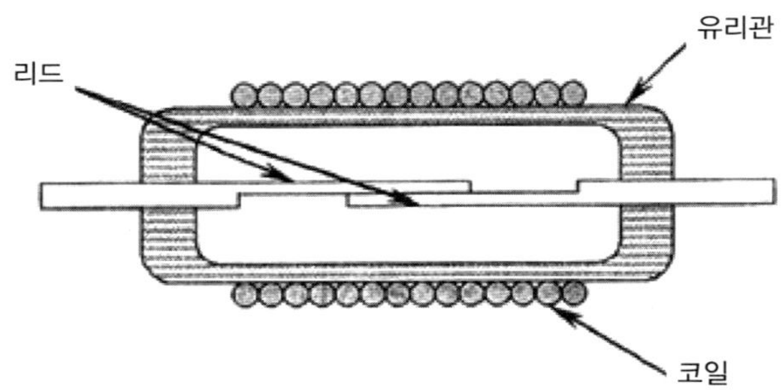

그림 5.45 전형적인 리드 스위치

5.8 당신이 선택한 어떤 소비 제품에 대해서 세 가지 유연성 증가의 라인을 적용하라. 결과 개념과 그러한 개념을 실현하기 위해서 극복해야 하는 설계 도전(시스템 갈등)을 설명하라.

5.9 당신이 선택한 어떤 소비 제품에 대해서 단일-이중-다중 라인을 적용하라. 결과 개념과 그러한 개념을 실현하기 위해서 극복해야 하는 설계 도전(시스템 갈등)을 설명하라.

5.10 차의 어떤 세 개의 하위시스템(또는 성분)을 선택하라. 각각의 하위시스템(성분)에 대해서 완전성의 라인과 자기 적응 시스템으로 전이 라인을 적용하라. 결과 개념과 그러한 개념을 실현하기 위해서 극복해야 하는 설계 도전(시스템 갈등)을 설명하라.

5.11 그림 5.46은 전형적인 운동장 농구 골대 시스템을 보여준다. 완전성, 유연성 증가, 그리고 상위시스템으로 전이 법칙을 사용해서, 새로운 시스템의 개념 설계를 개발하라. 당신의 개념을 미국 특허 데이터베이스(http://www.uspto.gov)에서 이용 가능한 개념들, 그리고 이미 상업화된 제품들과 비교하라.

그림 5.46 전형적인 농구 시스템

기술 진화의 길잡이

다음은 기술 시스템 진화 법칙과 라인, 그리고 비즈니스 분석을 기반으로 한 차세대 기술과 제품의 개념 개발을 위한 포괄적인 과정인 테크나브(TechNav)의 개요이다(그림 6.1). 이 과정의 주요 요점은 다음과 같다.

(1) **단계 1 : 과거와 현재 시스템의 진화 분석**. 이 단계의 핵심은 S곡선의 분석이다. 임의의 기술 시스템의 진화는 보통 시스템 초기부터 시스템 이득/비용 비율의 움직임을 반영하는 S형 곡선을 따른다(그림 6.2). 혁신 활동의 분석이 대상 기술 또는 제품을 이 S곡선에 놓고서, 기술(제품) 전략을 정의하도록 도와준다.

(2) **단계 2 : 가능성이 높은 혁신의 선택**. 이 단계는 기술 진화의 전략적 방향을 확인하기 위해서 진화의 법칙과 라인을 사용한다. 게다가 현재의 혁신 방향(전략)을 분석하고, 새로운 아이디어를 개발한다.

(3) **단계 3 : 개념 개발**. 일반적으로 진화의 한 단계에서 다음 단계로 전이는 해결해야 하는 시스템 갈등들과 개념 설계 문제들의 개발을 수반한다.

(4) **단계 4 : 개념 선택과 기술 계획**. 이 단계에서는 개발된 개념들을 다양한 공학적, 경제적 기준과 여러 기준들에 대해서 평가한다. 그리고 단기와 장기 시험과 실행을 위해서 최선의 개념을 선택한다.

6.1 단계 1: 과거와 현재 시스템의 진화 분석

기술 시스템의 진화는 전형적인 네 단계를 통해 움직인다(그림 6.2). "유아기", 시판전 단계로 시스템 발전속도는 상대적으로 느리다. "빠른 성장기" 단계에서, 시스템이 시장에 진입하고, 발전 속도가 급속하게 가속된다. 이것은 보통 시스템의 실제 실행과 제조 공정의 완성 때문이다. 최종적으로 시스템의 진화 속도는 느려지고, 정체되며, 심지어 쇠퇴하기 시작한다. 시스템 일생 곡선의 이 부분은 "성숙기"를 의미한다. 일부 경우에 시스템이 "르네상스"를 겪는데, 시스템은 새로운 재료와 새로운 제조기술의 출현, 그리고 새로운 응용분야의 개발에 의해서 불이 붙을 수 있다. 기존 시스템이 발전의 마지막 단계에 접근하면서, 이득/비용 비율이 보다 높은 유망한 새로운 시스템이 항상 이미 무대 옆에 숨어서 기다리고 있다.

시스템의 "일생 곡선" 각 부분의 길이와 기울기는 기술 요인뿐 아니라, 경제 요인, 인간 요인에 의존한다. 상식(가늠자!)은 기존 시스템의 발전이 페이스를 잃기 시작할 때, 새로운 시스템이 빠르게 발전을 시작할거라고 제안하지만, 구식 시스템과 관련해서 막대한 투자를 했거나, 직업 보장 등을 받고 있는 특별한 이해집단에 의해 종종 새로운 시스템의 발전이 저지된다.

알트슐러가 했던 분석은 기술 시스템과 연관된 발명활동이 S곡선과 밀접하게 연관되어 있다는 것을 보여준다. 그림 6.3a는 시스템에 대한 S곡선이고, 그림 6.3b는 이 시스템에 대해서 시간의 함수로 발명의 수를 그래프화 한 것이다. 그림 6.3b는 두 개의 피크를 갖는다. 첫 번째 피크는 새로운 시스템을 넓게 실행하는 초기에 생긴다. 두 번째 피크는 시스템의 "천수"가 끝날 때 생긴다. 이것은 결국 보통 무의미 하지만, 새롭게 진화하는 시스템과 경쟁하기 위해서 시스템의 생명을 연장하려는 노력과 관련이 있다.

대부분의 발명이 보통 최신 기술을 발전시키지만, 각 개별 발명들의 기여는 매우 넓고, 다양할 수 있다. 기술 시스템의 진화를 살펴보기 위해서, 시스템과 관련된 매우 중요한 발명들을 연구하는 것이 중요하다. 알트슐러는 모든 발명을 다섯 수준으로 나눌 것을 제안하였다.

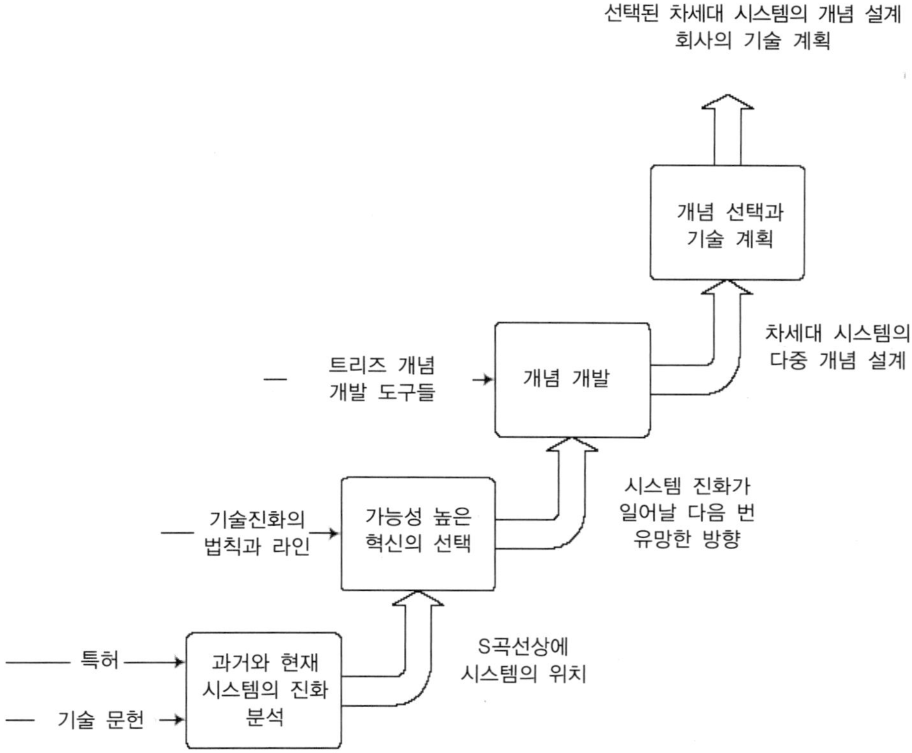

그림 6.1 전략적 기술 계획을 위한 테크나브 과정

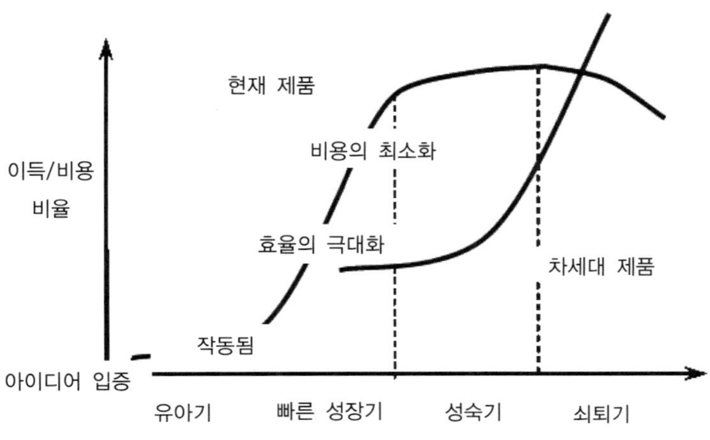

그림 6.2 기술 시스템의 전형적인 S곡선

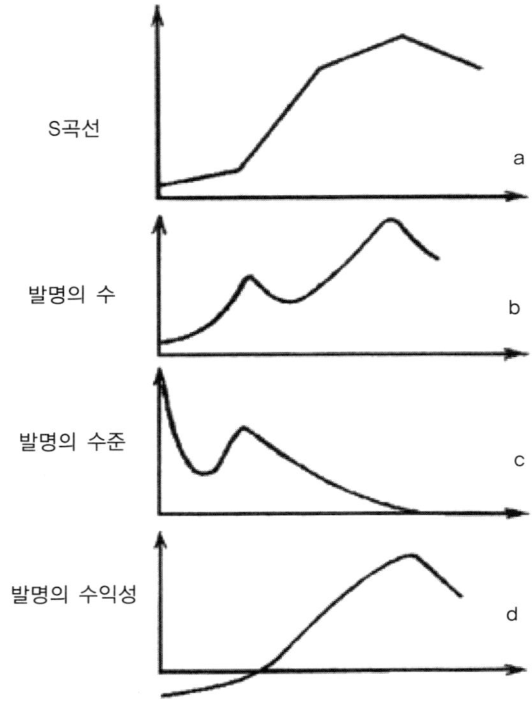

그림 6.3 혁신 활동과 S곡선의 관계

6.1.1 1수준의 발명

이 수준의 발명은 기존 시스템을 약간 변경한다. 이러한 발명은 어떤 시스템 갈등도 해결하지 못하고, 단일 하위시스템에 국한된다. 또한 이러한 발명은 좁은 공학 전문성 내에, 그리고 어떤 실행자의 영역 내에 완전하게 포함된다.

▌사례 6.1

미국 특허 3,059,452는 "피크닉 주전자 냉동기를 위한 얼음주머니 용기"의 설계를 설명한다. 이 설계에서(그림 6.4), 얼음 용기를 냉동기 내부 공간에 삽입한다. 이 설계에 유용한 목적(냉동기의 산뜻한 외관, 용기 교환의 용이성)이 있을지는 모르지만, 이 원리는 잘 알려져 있고, 이미 알려진 수많은 응용 사례들이 있다.

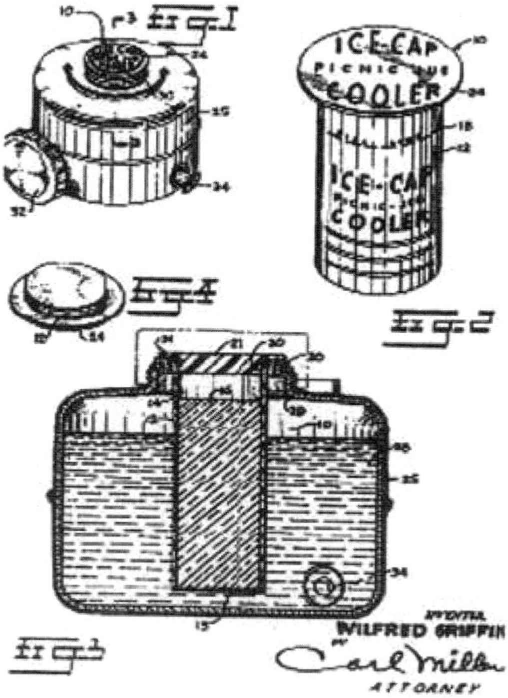

그림 6.4 1수준의 발명

6.1.2 2수준의 발명

이러한 발명들은 다른 시스템에서 이미 해결했을지 모르는 약간의 시스템 갈등을 해결한다(예를 들어, 트럭을 위해 개발된 기술이 차와 관련된 문제를 해결한다).

▮사례 6.2

원통형 부품 외부 표면의 정확한 가공은(선반위에서 돌리고, OD 연삭기로 연마하기)은 두 개의 고정 부(선반의 "부동(不動) 중심") 또는 정확하게 제조된 회전하는("live") 원뿔체(중심) 사이에 부품을 고정하여 종종 수행된다(그림 6.5). 부품에 있는 적합한 원뿔형 구멍에 부동 중심을 삽입한다. 최초의 가공 단계에서 부품의 양쪽 끝에 특별한 도구로 이러한 구멍을 뚫는다. 부품에 고정된 칼라와 연동하면서 구동 핀으로 부품을 돌린다. 초벌 절삭과 마무리 가공을 위해서 정확하게 동

그림 6.5 전통적인 부동 중심은 외부 가공만을 허락한다.

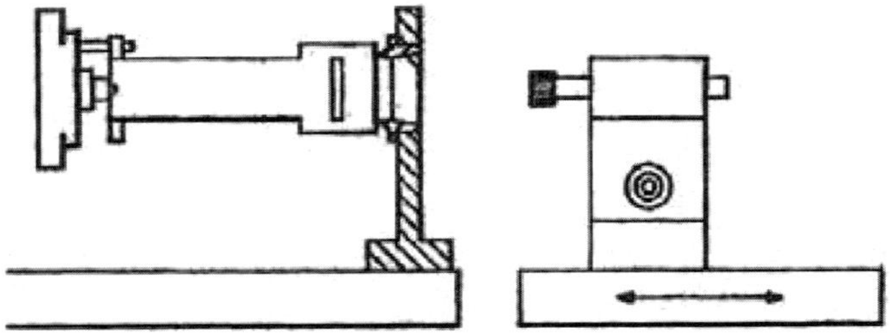

그림 6.6 속이 빈 부동 중심은 내부 가공을 허락한다.

일한 기준면을 사용하는 이러한 배열은 원통형 면의 높은 정확성과 중심일치를 갖게 한다.

그러나 이 배열은 부품 내부로 도구를 통과시킬 수 없기 때문에 구멍을 뚫거나 원통 내부의 연마에는 사용할 수 없다. 미국 특허 5,259,156은 부품을 지지하면서 절삭 도구의 통과를 가능하게 하는 중앙이 빈 부동 중심을 설명한다(그림 6.6). 이 간단한 개선이 시스템 갈등을 해결하고, 보다 나은 치수 정확성, 특별히 가공 부품의 중심 일치를 가져왔다.

6.1.3 3수준의 발명

이러한 발명은 한 분야 내의 창의적인 접근으로 시스템 갈등을 해결한다(예, 기계공학, 화학공학 등). 또한 이러한 발명은 최소한 하나의 시스템 성분을 크게 변경한다.

그림 6.7 푸아송 효과에 의한 막대의 열팽창의 보상

▌사례 6.3

금속 막대의 길이는 열팽창 때문에 온도 변화에 따라 바뀐다. 정밀 기계와 장치에서 길이를 일정하게 유지할 필요가 있다. 일부 응용에서 열팽창 계수(CTE)를 줄여주는 인바(Invar)[1)]의 사용이 적절하다(예를 들어, 인바는 강철보다 CTE가 약 10배 낮다). 그러나 다른 경우에 요구조건이 매우 엄격해서 인바에서 조차 온도변화 효과를 제어할 필요가 있다.

미국 특허 3,528,206은 그림 6.7의 설계를 제안한다. 여기에서 고리상의 꼭 맞는 외부 금속 피복을 막대에 억지 끼운다. 이 억지끼움이 축상 신장을 수반하는 막대를 방사상으로 꽉 잡거나 압착시켜 준다(푸아송 효과). 주위 온도가 증가함에 따라 피복이 외부로 팽창하는 정도가 피복 금속의 CTE이다. 이것이 막대에 대한 방사상 압축력 일부를 제거한다; 결과적으로 막대가 줄어든다. 만약 막대와 피복의 재료와 결합구조를 적절히 선택한다면, 막대의 열팽창을 크게 보상할 수 있다.

6.1.4 4수준의 발명

이러한 발명은 학문간 접근법을 사용해서 새로운 시스템을 탄생시킨다. 개발된 개념은 보통 낮은 수준의 많은 다른 문제에 적용할 수 있다.

---

1) 철 63.5%에 니켈 36.5%를 첨가한, 열팽창계수가 매우 작은 합금, 상표명

▌사례 6.4

분리할 때의 스파크로 인한 전극의 부식을 연구하면서(1940년대), 러시아 과학자 보리스(Boris)와 나탈리아 라자렌코(Natalia Lazarenko)는 단단한 재료나 매우 복잡한 표면 가공에 이 효과를 이롭게 사용할 것을 제안하였다. 구리나 흑연과 같은 쉽게 가공할 수 있는 도구들을 사용해서 단단해진 강철 부품 또는 초경도 탄화텅스텐으로 만든 부품과 같이 가공하기 어려운 부품 위에 복잡한 삼차원 표면을 만들 수 있었다. 따라서 전통적인 재료의 기계식 절단방법이 전기 에너지의 직접적인 제어에 의한 혁신적인 전기-방전 가공(EDM) 기술로 대체되었다.

6.1.5 5수준의 발명

이러한 발명은 보통 최근에 발견된 현상을 기초로 한 첨단 발명들이다. 이러한 발명들은 종종 새로운 공학 원리의 창조를 가져온다(비행기의 발명, 무선 전송의 발명, 컴퓨터의 발명, 레이저의 발명 등).

놀랍지 않게, 발명 수준에 따른 발명의 분포는 상당히 불균일하다(표 6.1).

그림 6.3c는 시스템 일생의 여러 단계에서 발명 수준을 보여준다. 처음에 높은 수준의 발명(4 또는 5)이 새로운 시스템에 대한 기초를 만든다. 점차 수준이 떨어

표 6.1 발명 수준에 따른 발명의 분포

발명의 수준	기준	상대 비율
1수준	과제에 대해서 예정된 요소를 사용한다. 시스템 갈등이 해결되지 않는다.	32%
2수준	기존 시스템이 약간 수정된다. 시스템 갈등이 유사 시스템으로부터 해결책을 가져옴으로써 해결된다.	45%
3수준	시스템 갈등은 최소한 하나의 핵심 시스템 성분을 크게 바꾸거나 제거함으로써 해결된다. 해결책은 동일한 공학 분야 안에 존재한다.	19%
4수준	시스템 갈등은 학문간 접근법을 사용해서 해결되고, 새로운 시스템이 개발된다.	〈4%
5수준	시스템 갈등 해결이 첨단 발명을 가져온다. 그것은 종종 최근에 발견된 현상에 기반을 둔다.	〈0.3%

지고, 제조와 마케팅의 많은 문제를 해결해야 할 때 수준이 올라간다(곡선 상의 피크). 이 피크 이후에 낮은 수준의 발명이 다시 많아진다.

발명 활동 분석은 또한 경쟁 제품과 기술을 파악하기 위해서 수행되어야 한다.

경영자들은 이러한 일생 곡선의 역동성을 이해할 필요가 있다. 이것이 그들에게 다음과 같은 중요한 질문에 답을 줄 수 있다: “기존 기술(제품)을 개선하는 것이 바람직한가, 아니면 새로운 기술(제품)을 개발하는 것이 더 이득이 있는가?”

시스템의 진화 상태에 대한 정보를 수집하고 핵심 파라미터(예, 속도, 생산성, 힘, 정확도, 등)의 발달을 그래프화할 수 있다. 세 가지 전형적인 경우가 존재한다.

(1) 시스템이 아직 유아기 단계에 있다. 이 단계에서 우리는 **새로운 아이디어**로부터 **새로운 제품**을 만들 필요가 있기 때문에 주요 혁신을 기대할 수 있다. 그러기 위해서 **새로운 아이디어**(즉, 4 또는 5수준의 발명)는 낮은 수준의 발명들에 의해 지원을 받아야 한다. 그러나 다음 여정에서 빠른 성장 단계는 보통 기존의 지배 시스템에 의해서 저지를 당한다. 기존 시스템이 새로운 경쟁 시스템의 발전을 방해한다. 기술과 비기술적 요인들이 이 진화 과정에 영향을 준다.

(2) 만약 시스템이 빠른 성장 단계에 있다면, 예측은 객관적인 인자에 기반을 둔 시스템의 물리적 한계로 결정해야 한다(예, 재료의 강도, 연료의 효율, 집적회로에서 신호 전파 속도와 같은 여러 가지 장벽 등).

(3) 시스템이 성숙했거나 쇠퇴기에 있다. 이 경우에 예측 과정은 기존 시스템을 계승할 새로운 시스템에 대한 탐색이다.

이러한 모든 상황에서 경영자들은 두 가지 접근방법 중 하나를 받아들여야 한다: 새로운 시스템으로 목마 넘기를 해야 하는지, 아니면 기존 시스템에 대한 점진적인 개선에 집중해야 하는지. 회사는 선택을 해야 한다; 트리즈의 역할은 그들에게 대안들을 제시하는 것이다.

저자들은 커피메이커 제품의 선도 제조사가 착수한 차세대 커피메이커의 개발에 참여하였다. 커피메이커 산업은 많은 경쟁사들로 넘쳐났고, 경쟁은 매우 치열했다.

1975년부터 2000년까지 출원된 미국, 유럽, 일본 특허 1,239건의 분석이 보여주기를 커피메이커 분야에서 대부분의 특허는 1과 2수준, 즉 크게 발전한 최신 기술이 아닌 사소한 개선들이었다. 이 분석은 S 곡선 상에 경쟁사의 제품뿐만 아니라 회사 제품의 위치를 객관적으로 찾는데 도움을 주었다. 기존 커피메이커 기술은 성숙한지 오래되었고 그 한계에 도달했다는 것이 분명해졌다. 강건한 경쟁 이득을 얻기 위해서 회사는 새로운 과학 원리에 기반을 둔 기술 혁신을 찾아내는 것 외에는 다른 선택이 없었다. 이 분석은 급진적인 혁신을 위한 탐색을 촉발시켰다. 여러 가지 혁신 해결책을 개발하고 시험하였다. 그리고 일부 개념에 대해서 국제 특허를 취득하였다(미국 특허 번호 6,805,041; 영국 2,366,510).

요약하면, 단계 1(과거와 현재 시스템의 진화 분석)은 다음과 같은 순서를 취한다.

(1) 시스템의 주요 성능 파라미터를 확인한다.
(2) 확인된 파라미터와 관련된 특허를 수집한다.
(3) 특허에 설명된 특허 수준을 정한다.
(4) 시간에 대한 평균 발명 수준과 발명 수를 그래프화 함으로써 S 곡선 상에 기술의 위치를 정한다.
(5) 회사 기술의 발명 수준을 정한다.

분석을 위한 특허를 선택할 때, 다음과 같은 일반 원리를 고려하면 유용하다.

(1) 인용 횟수가 많은 특허를 선택한다(≥ 3).
(2) 낮은 인용 횟수가 항상 열등한 기술을 뜻하지는 않는다. 그 기술이 새로운 것이거나 기술 발전을 가속할 "촉진" 기술이 필요할 수 있다. 하이테크 산업에서 높은 진화 속도 때문에 "하이테크" 특허들이 최신 기술을 적절하게 반영하지 못할 수 있다. "최첨단"을 결정하기 위해서 기술 및 과학 잡지, 회사 R&D 출판물을 사용하라.
(3) 실제 일생 곡선은 매끄럽지 않다(예를 들어 그림 6.8을 볼 것).

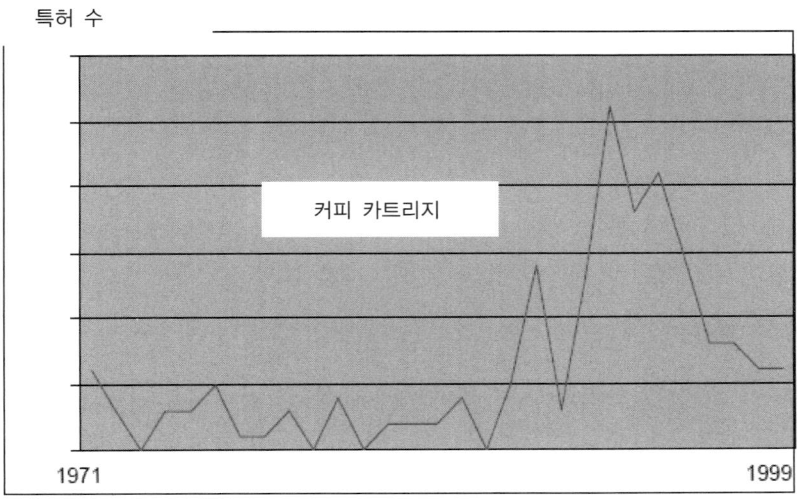

그림 6.8 커피메이커 회사에서 사용하는 커피 카트리지에 대한, 기술의 실제 일생 곡선의 평가 예

S곡선의 분석을 완성하면, 경영자들은 두 가지 핵심 의문에 직면한다.

- S곡선 위쪽으로 움직이기 위해서 나의 제품(기술)에 어떤 변화를 가해야 하는가?
- 어떤 새로운 제품(기술)이 잠재적으로 나의 제품을 대신할 것인가?

테크나브의 다음 두 단계가 이러한 질문에 답을 줄 것이다.

6.2 단계 2: 가능성이 높은 혁신의 선택

이 단계에서 기술 시스템의 진화 법칙과 라인이 사용된다. 첫 번째 단계는 **높은 수준 시스템의 지배** 개념을 사용하는 것이다: **시스템의 진화 경향이 시스템 성분들의 진화 방향을 결정한다.** 특별하게 이것은 시스템 수준에 있는 문제가 높은 계층 수준에 있는 문제의 증상일 수 있다는 것을 의미한다.

▌사례 6.5

한 전자기기 제조회사가 차세대 장치를 개발하여 신 시장에 진입할 계획을 하고 있었다. 그것을 유체 분석기에 사용하는 제어기라고 하자. 이러한 분석기들은 일부 제조 공정과 생물의학 절차에 사용된다. 전통적인 유체 분석은 두 단계로 구성되어 있다: 먼저 액체 시료를 파이프라인에서 취해 특수 용기에 넣는다; 그 다음 용기를 액체 분석기에 넣는다.

회사에서 실시한 사전 마케팅 조사에 의하면, 장래 고객들은 상업적으로 이용 가능한 제어기들의 특징인, 어떤 핸디캡도 없는 제어기를 원했다.

진화 라인 중 하나는 역사적인 발전 과정에서 보조 기능을 수행하는 시스템 성분들이 주기능을 수행하는 성분과 점차 통합된다는 것을 보여 준다(상위수준 시스템으로 전이의 법칙). 궁극적으로 보조 기능은 그들의 기능을 주성분에 위임함으로써 완전하게 사라질 것이다. 유체 분석의 경우에 파이프라인은 주성분이다. 한편 유체 분석기는 보조 성분이다. 이것이 파이프라인과 유체 분석기의 장래 통합을 제안하였다. 따라서 제어기의 진화는 이 통합에 달려있을 것이다. 선택을 위한 간단한 공학적 검토에 의하면, 인라인 유체 분석기는 제어기가 수행했던 기능을 필요로 하지 않았다.

이 분석 결과에 따라, 회사는 새로운 시장 조사를 실시하였고, 파이프라인과 유체 분석기의 통합 과정이 이미 진행되고 있다는 것을 알게 되었다. 그리고 일부 잠재 고객들은 그것에 관심을 보여 주었다. 이 회사는 회사의 기술 계획을 수정하였고, 인라인 유체 분석기를 위한 성분들을 개발하기 시작하였다.

종종, 기술 시스템 진화 법칙의 적용이 회사 기술 전략에 도전하는 결론에 이른다. 경영자는 이때 새로운 발견에 비추어 전략을 수정하거나 기존 전략을 고수해야 하지만, 그들은 기술 진화의 논리와 게임을 하고 있다는 것을 알아야 한다.

다음 활동은 대상 시스템에 대해서 기술 시스템 진화 라인의 적용이다.

6.3 단계 3: 개념 개발

특별한 시스템에 대해서 진화의 법칙과 라인의 적용은 세 가지 결과를 가져올 것이다:

결과 1 : 차세대 시스템 기능의 물리적 원리와 시스템 성분 모두가 확인된다.

특별한 개념 설계의 개발을 위해 사용할 수 있도록 진화의 법칙과 라인들이 폭넓게 정형화되어 있기 때문에 이 시나리오는 거의 발생하지 않는다. 이것은 또한 발명의 관점에서 가장 재미가 없다(창의적 과제 대부분이 이미 이루어져 있다).

결과 2 : 시스템 기능의 물리적 원리와 시스템 성분의 일부가 확인된다. 없는 성분의 확인은 어떤 시스템 갈등의 해결을 필요로 한다.

▌사례 6.6

전통적인 컴퓨터는 독립적인 장치이다. 컴퓨터를 여기 저기 장소로 옮길 수 있지만, 이것이 사용자가 계속해서 컴퓨터(랩톱이나 태블릿 PC조차)를 가지고 다닌다는 의미는 아니다. 그러나 많은 사람들은 컴퓨터를 계속해서 접속하기를 원한다.

상위 수준 시스템으로 전이의 법칙을 개인용 컴퓨터에 적용하면, 이 법칙은 사용자와 컴퓨터의 피할 수 없는 통합을, 결국에는 의복과의 통합을 알려준다.

최근에 입을 수 있는 컴퓨터가 실제로 이용 가능해졌다. 현재, 이러한 컴퓨터는 아직 처리기의 성능이 낮지만, 기술이 개선됨에 따라 보다 강력한 처리기가 사용될 것이다. 고성능 집적회로는 보통 많은 열을 발생한다. 이러한 열은 컴퓨터와 사용자 모두에게 해로운 영향을 줄 수 있기 때문에 집적회로 칩을 냉각해야 하고, 어떻게든 열을 발산시켜야 한다. 그러나 팬, 히트싱크, 히트파이프와 같은 전통적인 냉각 장치는 너무 부피가 크고, 입을 수 있는 컴퓨터에 적용하기 위해서는 실질적으로 에너지 소모가 크다. 그래서 이러한 컴퓨터를 일상 용품으로 만들기 위해서는 이동성(소형화)과 열 발생 사이의 시스템 갈등이 해결되어야 할 것이다.

▌사례 6.7

단계 1에서 우리는 차세대 커피메이커의 개발에 참여했다고 간단히 언급하였다. 다음 이야기는 이 프로젝트의 일부분이다.

상업적으로 이용 가능한 대부분의 커피메이커는 한 종류 커피만을 만든다 : 때때로 강도가 다른 일반 커피. 이러한 단일 커피 기계에 상위 수준 시스템으로 전이 법칙을 적용하면, 여러 아이디어 중에서 다른 종류의 커피, 예를 들어 에스프레소 커피를 만드는 커피메이커 개념에 이른다. 이러한 제품개발은 특별한 도전에 직면한다.

현대 커피메이커의 대부분은 일인분 커피 분말을 담고 있는 유연한 열가소성 필름 봉지 또는 카트리지로 커피를 만든다(그림 6.9). 카트리지는 위쪽에 주입 노즐과 아래쪽에 봉지로 구성되어 있다. 종이 필터는 봉지의 아래 부분에 위치해 있다. 사용 시에 뜨거운 물이 노즐을 통해 봉지에 주입된다. 커피가 봉지 안에서 우러나

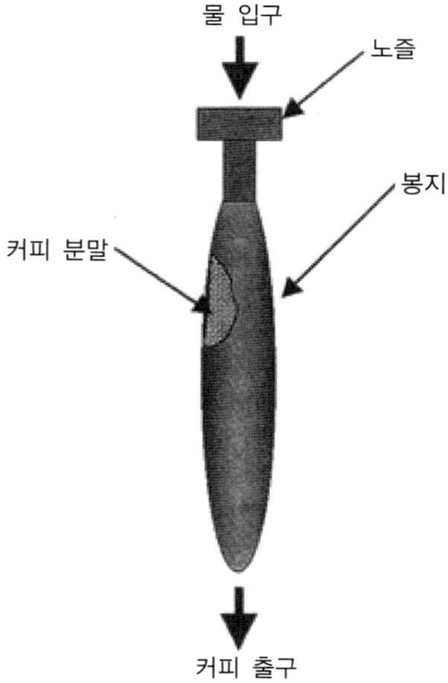

그림 6.9 커피 카트리지

면, 그 다음 아래쪽에 있는 봉지가 열려, 컵으로 커피가 흐른다. 이 방법은 훌륭한 품질, 신선한 커피를 제공한다. 금속 호일 층으로 보강된 두꺼운 봉지는 매우 강하지만, 그것은 재생하기가 훨씬 어렵다(매립 쓰레기의 원인이 된다).

견고한 벽으로 된 커피 끓이는 실(室)은 에스프레소 카트리지의 파열을 예방할 수 있다. 그러나 그러한 실은 다양한 크기의 카트리지를 수용할 수 없다.

또 다른 딜레마 : 커피 끓이는 실은 고품질의 에스프레소 커피를 준비하기 위해서는 높은 수압을 유지하면서 에스프레소 봉지를 견고하게 잡고 있어야한다. 한편 커피 끓이는 실은 일반 커피를 상대적으로 낮은 압력으로 추출하여, 고품질의 일반 커피를 제공해야 한다.

이러한 요구조건을 물리적 모순으로 표현할 수 있다 : 커피 끓이는 실의 벽은 견고하면서 유연해야 한다. 시간으로 이 진술의 모순 특성을 분리한다면 분명한 해결책에 이를 수 있다: 벽은 에스프레소를 끓이는 동안에는 견고하고, 일반 커피를 준비할 때는 유연하다.

그림 6.10은 이 접근방법을 구체화한 것 중 하나의 도식적 단면을 보여준다: 탄성(동적) 클램프를 갖는 커피 끓이는 실. 견고한 기초 부분에 가해지는 밀폐 압력이 바뀜에 따라 이러한 클램프는 커피 끓이는 공간의 크기와 모양을 간단하게 바

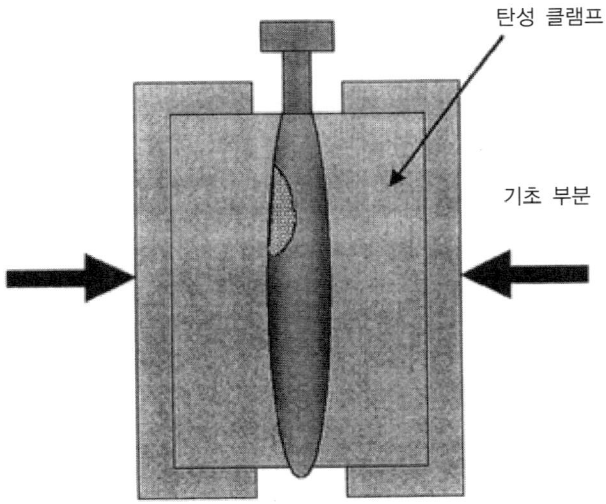

그림 6.10 유연한 봉지 클램프(영국 특허 2,366,511)

꿀 수 있게 해준다. 이것이 유연성을 크게 향상시켜 주고, 커피 끓이는 과정을 제어한다. 이러한 클램프가 장착된 커피메이커는 커피 봉지를 견고하게 잡은 다음, 고압의 물을 주입함으로써 에스프레소 커피를 끓일 수 있다. 커피 봉지가 파열되지 않도록 적합한 탄성 클램프가 봉지 벽을 지지한다. 탄성 클램프는 견고하게 압착하지 않은 상태에서 봉지에 있는 커피 양 대비 많은 양의 물을 주입함으로써 간단하게 여과(일반) 커피를 끓일 수 있게 해준다.

동적 클램프의 다른 선택들은 영국 특허 2,366,511에 설명되어 있다.

결과 3 : 가능성이 높은 시스템의 진화 방향이 확인된다. 시스템의 물리적 원리와 구조가 아직 구체화되어 있지 않다.

▌사례 6.8

가상 사례로써, 전통적인 절곡금형(punch-and-die) 방식의 박판성형(sheet metal forming) 공정에 미시수준으로 전이 법칙을 적용한다고 가정하자. 이 공정은 작업부품의 모양을 만들기 위해서 기계적 현상들을 사용한다. 미시수준으로 전이의 법칙이 금속판의 기계적 성형 공정을 전자기 현상을 기초로 한 공정으로 대체하는 쪽으로 방향을 제시해준다. 그러나 이 진화 법칙은 그러한 현상이 무엇인지에 대해서는 구체적으로 알려주지 않는다. 물론 우리가 박판성형의 새로운 물리현상에 대해서 생각하는 것은 자유이지만, 이 물리현상의 확인을 위한 체계적인 접근이 필요할 것이다.

우리는 또한 기존의 박판성형 공정에 또 다른 진화법칙, 예를 들어 에너지 전달 경로를 짧게 하는 법칙을 적용할 수 있다. 이 경우에 우리는 중간 하위시스템들(전기 모터, 전달장치 그리고 펀치)을 제거하고, 금속판에 직접 변형력을 가하라는 추천을 받을 수 있다. 또한 이 법칙 역시 그러한 공정을 실현시킬 수 있는 구체적인 물리효과에 대한 어떤 정보도 담고 있지 않다.

이 상황에서 우리는 가장 적절한 물리효과를 확인하기 위해서, 물질-장 분석(3장을 볼 것)을 적용해야 할 것이다.

▌사례 6.9

정량 펌핑은 면적 수축이나 팽창의 진행파가 액체 또는 기체를 담고 있는 유연한 튜브의 길이 방향으로 전파될 때 일어나는 유체 이송의 형태이다. 정량 작용은 신체의 위장, 담관(膽管), 그리고 다른 도관에서 일어난다.

공학에서 정량 작용은 롤러와 핑거(finger) 펌프에 사용된다. 이러한 펌프는 슬러리, 음식물, 부식성 액체 또는 피를 이송하기 위해서 사용되며, 항상 이송 액체를 펌프의 기계 부품들과 격리시키는 게 좋다. 이러한 장치에서 튜브는 항상 회전하는 롤러나 핑거에 의해서 압착된다(그림 6.11).

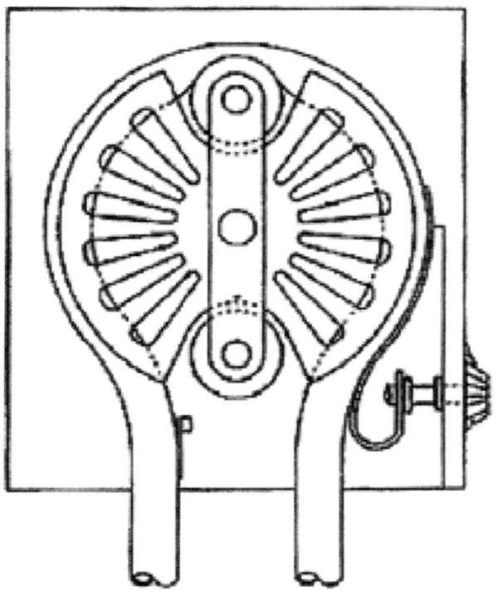

그림 6.11 전통적인 정량 펌프

기술 시스템 진화 법칙의 적용

정량 펌프의 주요 성분들이 에너지 변환의 긴 사슬을 구성한다(그림 6.12). 이것이 에너지 전달 경로를 짧게 하는 법칙으로 우리를 안내한다. 만약 전자기 힘을 유연 요소에 직접 적용할 수 있다면, 시스템 에너지 효율은 훨씬 높아지고, 펌프 설계는 훨씬 간단해질 것이다(그림 6.13). 전통적인 튜브는 전자기장을 받아들이지 못하기 때문에 전통적인 유연성 튜브에 이 설계를 적용할 수 없다.

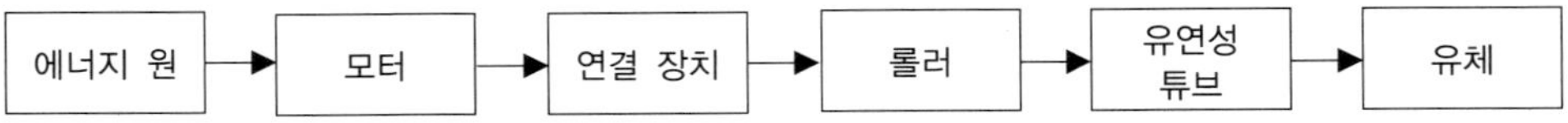

그림 6.12 전통적인 정량 펌프에서 에너지 전달/변환 사슬

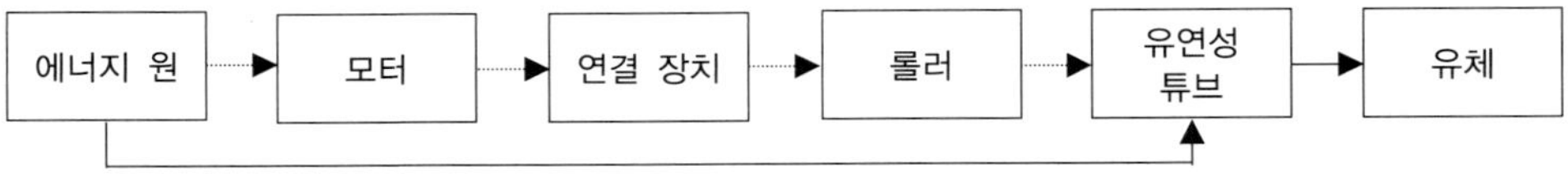

그림 6.13 새로운 정량 펌프에서 에너지 전달/변환

개념 개발

이 요구조건은 전형적인 물질-장 구조로 쉽게 표현된다(그림 6.14). 이제 전기장과 자기장을 갖는 여러 가지 물질과 쌍을 구성함으로써 우리는 차세대 정량 펌프에 대한 개념설계 세트를 만들 수 있다.

그림 6.15는 $F_{전기} \rightarrow S_{2전기전도체}$쌍을 적용한 가능한 설계들 중 하나를 보여준다. 미국 특허 번호 5,705,018에서 설명된 이 설계에서는 반도체 물질로 구성된 채널

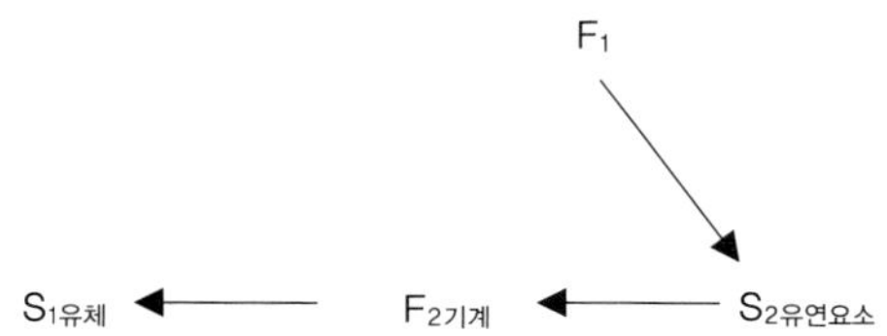

그림 6.14 신규 정량 펌프의 물질-장 모델

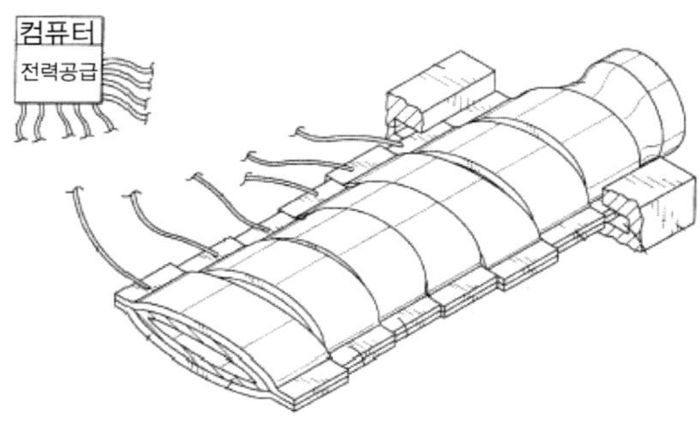

그림 6.15 정전기 정량 펌프(미국특허번호 5,705,018)

(전기신호 통로)이 유연한 전기 전도성 막(膜)으로 덮여 있다. 채널에 있는 절연 장벽들이 평행한 전기 전도성 조각들을 분리한다. 전기 전도성 조각들에 전압이 연속적으로 가해지면, 그 작용이 채널 안쪽으로 막을 잡아 당겨서, 펌핑 작용을 일으키는 파동을 만든다.

우리는 또한 $F_{자기} \rightarrow S_{2강자성체}$쌍(예, 미국특허 번호 6,075,179를 볼 것) 또는 $F_{전기} \rightarrow S_{2세라믹}$ 쌍(예, 미국특허 번호 6,075,179를 볼 것)을 기초로 한 펌프 설계를 생각할 수 있다.

설명된 정량 펌프는 전통적인 설계보다 에너지 효율이 높고, 훨씬 단순하며, 신뢰성이 매우 높다. 펌프의 크기가 작기 때문에 인쇄회로기판과 반도체 성분들을 위한 열교환기, 유체 분석기와 같은 여러 다른 시스템에 펌프를 쉽게 넣을 수 있다. 또한 이러한 펌프들은 이동용 혈액과 다른 신체-유체 이동 장치에서 미세 펌프로 사용할 수 있다.

6.4 단계 4: 개념 선택과 기술 계획

이 단계에서 개발된 개념들을 여러 가지 공학적, 경제적 그리고 다른 제약 조건에 대해서 평가하고, 최선의 개념을 각각 단기와 장기 시험과 실행위해서 선택한다.

새로운 기술의 위험성을 최대한도로 완화시키기 위해서 특별한 노력을 기울인다. 이것을 성취하기 위해서 점진적인 변화와 급진적인 변화에 따라 개념들의 순서를 매긴다. 다음과 같은 다양한 기준을 고려해서 개념과 관련된 위험성을 평가한다.

- 제안된 기술이 시험되었는가?
- 이 기술의 물리적(공학적) 분석은 실행되었는가?
- 기술이 그 이론적 한계에 있는가? 기술이 회사에서 접근하기 쉬운가?

유사 기술과 경험을 바탕으로, 시장을 위해 새로운 기술을 개발하고 준비하는데 필요한 시간을 추정한다.

6.4.1 기술 계획의 준비

대부분의 제품 회사들은 그들이 투자하려고 하는 기술, 투자 규모, 그리고 투자 시점에 대한 밑그림을 그리기 위해서 기술 계획을 사용한다.

기술 계획은 세 가지 핵심 영역에서 이루어지는 일련의 투자로 구성되어 있다.

(1) 제품 계획
(2) 경쟁 분석(경쟁사가 개발한, 회사의 기술과 다른 현재 또는 잠재 노하우)
(3) 진보된 기술(설계가 아직 정의되지 않았지만, 장래 제품 또는 하위시스템에 대한 잠재적인 핵심 기술)

경영자는 이러한 필요들 사이에 자원을 어떻게 할당할 것인지 결정해야 한다. 미래 기술의 진화 시점은 이 자원 할당에 달려있다. 테크나브는 가능하다고 생각되는 기술 진화에 대해서 모순이 안 되는 방식으로 투자 계획을 세우는데 유용할 것이다. 회사의 생산 라인에 있는 각 제품과 핵심 하위시스템에 대해서 테크나브 진화 분석을 할 수 있다. 진화의 각 단계에서 진화를 완수하는데 필요한 핵심 기술을 확인할 수 있다. 우선 각 단계에 필요한 기술을 살펴봄으로써 분지의 어떤 가지(그림 6.16)가 가장 가능성이 있는지에 대해서 판단을 할 수 있다. 예를 들어 그림 6.16에서 만약 선택 A가 진화에 필요한 모든 기술이 현재 이용할 수 있고, 선택 B를 실현하기 위해서 필요한 기술이 없다면, A가 먼저 나타날 것이다. A가 B에 대한 리드타임[2)]은 기술 B의 개발과 시험에 필요한 시간 플러스, 해당하는 특별한 산업에 대한 고유 개발 사이클 타임일 것이다. 이 사이클 타임은 공학적 개발시간 뿐 아니라 시험, 정부 승인 등에 대한 필요에 의존한다.

2) Lead Time : 제품의 계획에서 완성, 사용까지의 시간

이 방법을 기술 계획에 적용하기 위해서 3단계의 접근법이 제안된다: (1) 생산 라인 진화; (2) 진보된 기술; (3) 경쟁 분석.

이 방법으로 심도 있는 기술 계획을 개발함으로써, 비즈니스에 고유한 기술 위험들은 확인할 수 있고, 위험을 관리하는 체계적인 방법으로 투자 계획을 세울 수 있다. 투자 성과의 개선은 제품 라인과 경쟁사 제품의 기술 진화에 대해서 실행했던 예측이 체계적으로 테크나브를 사용해서 이루어졌는지 여부로부터 나올 것이다.

위의 3단계는 다음의 내용을 갖는다.

단계 1 : 제품 라인 진화

- 보통의 산업 사이클 타임을 사용해서 시간 라인 도표 상에, 개발된 모든 대안들을 배치한다.
- 시간 도표상에 자원을 할당한다.

단계 2 : 경쟁 분석

- 경쟁사의 예상 제품과 경쟁하는, 회사의 미래 제품에 대한 요구를 평가한다.

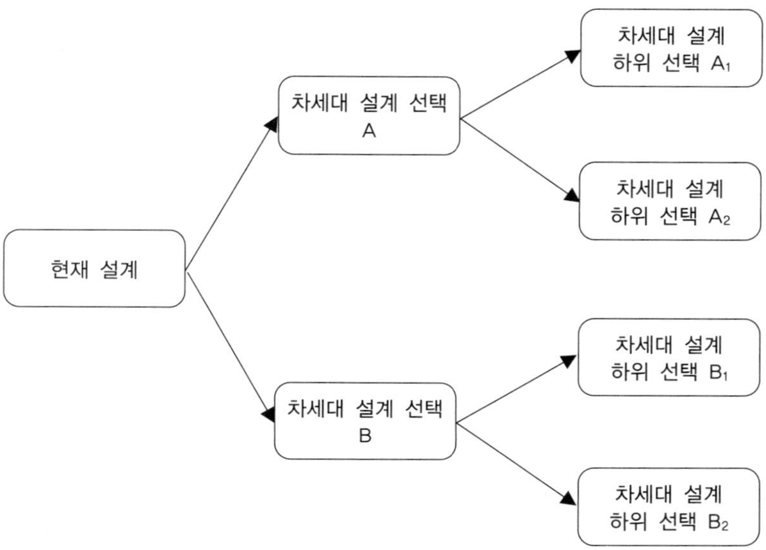

그림 6.16 기술 진화의 시간 라인

단계 3 : 진보된 기술 계획

- 제품 라인 진화 계획으로 확인된 모든 기술 목록을 작성한다.
- 다음과 같은 방법으로 우선순위를 매긴다.
  (a) 제품 진화에 대한 중요도
  (b) 시간 라인 도표상에 위치
- 기술 이면에 있는 논리를 살펴봄으로써 계획을 검증한다.

이러한 절차들은 기술 진화의 원리들에 기초한 기술 계획을 가져다준다. 이것은 과거 개발에서 성공적으로 적용한 것으로 증명되었던 진화 유형들과 일치한다. 이것은 절대 안전한 예측인가? 아니다. 하지만 이것은 대부분의 시간에 신중을 기함으로써 고유한 기술 투자 위험을 크게 줄여줄 것이다. 이러한 결과를 훌륭한 기술적 판단과 결합시키면, 투자 성과가 크게 개선될 것이다.

▌사례 6.10

다음은 1999~2000년에 트리즈 그룹(The TRIZ Group), LLC의 노만 보딘(Norman Bodine)이 수행한 연구의 개요이다[Fey et al., 2001; http://www.eyeforfuelcells.com/ReportDisplay.asp?ReportID=664].

오늘날 자동차 메이커들이 개발하고 있는 차량 전동장치에 대한 논쟁이 있다. 미국 정부는 차세대 차량에 필요한 표준 세트를 얻기 위해서 수백만 달러의 납세자 돈을 이 문제의 연구에 소비하였다(표 6.2).

게다가 정부가 규정한 안전과 배기가스 요구조건이 있고, 꾸준히 증가하고 있는 신뢰성과 안락감 표준이 있다. 배출가스 목표는 거의 제로로 최소한 오늘날 수준의 50% 정도이다. 더욱이, 안락감, 안전 또는 신뢰성의 희생 없이 이러한 표준을 충족시켜야 한다. 배출가스 요구조건은 항상 변덕스러운 정부 규제의 주제이므로 그것은 변하기 쉽다. 효율 역시 규제되지만, 간접적이고 심하지는 않다.

오늘날 전동장치에 대한 유사한 요구조건 목록은 현재의 연료효율(8~17킬로미터/리터)과 함께 위의 모든 요구조건을 제시할 것이다. 오늘날 전동장치에 대한 시장 주도 요구조건은 100년 이상 제자리걸음을 하면서 진화하였다. 요약하면, 효율은 두

배, 배출 가스는 절반으로 하고, 다른 모든 요구조건을 충족시키는 것이 목표이다.

속도와 가속에 대한 차량 성능을 살펴보면, 명확하게 시스템 갈등을 알 수 있다. 가속할 때, 내연 엔진은 매우 비효율적이고, 많은 오염을 발생한다. 그러나 주행할 때는 충분하다. 사실, 오늘날 대부분의 차량은 현재 장착된 엔진보다 훨씬 작은 내연 엔진으로도 주행 시에 필요한 효율을 얻을 수 있다. 자연히 이 갈등은 시간으로 분리할 수 있다. 높은 토크 부하로 운전할 때(가속하거나 언덕을 오를 때)는 다른 엔진이 필요하다.

트리즈로 시스템 갈등을 해결할 때는 제일 먼저 기존 자원을 사용해야 한다. 여기서는 갈등을 제거하기 위해서 기존 기술을 추가해 보자. 여기서 필요한 것은 높은 토크 부하로 운전할 때, 효율이 높고 오염이 없는 기존 기계를 추가하는 것이다.

다행스럽게도 이 일을 할 수 있는, 내연 엔진보다 오래된 기계, 전기모터가 존재한다. 그래서 테크나브 분석은 다음을 제안한다 : 그림 6.16의 선택 A는 주행을 위한 작은 내연 엔진과 가속을 위한 전기 모터로 구성되어 있는 하이브리드 전동장치이다. 이런 종류의 전동장치는 테크나브 예측에 따라서, 차세대 전동기구일 것이다.

자연스럽게 두 번째 시스템 갈등들은 이 제안으로부터 나오고, 유사한 분석을 사용해서 그러한 각 갈등을 해결할 수 있다. 한 가지 좋은 사례로 전기 모터와 내연 엔진 사이의 동력을 분담 처리하기 위해서 전자제어 시스템이 필요하다. 사실, 최근에 개발된 일부 전자 시스템을 이용할 수 없다면, 이 제어 시스템은 실현되기 어려웠을 것이다. 그러면 진화 시간표는 미래로 쭉 밀렸을 것이다. 오늘날, 이러한 기술들은 존재하고, 증명되었다. 그래서 두 번째 시스템 갈등 분석이 하이브리드 전동 장치에 대한 시간표를 현재로 가져왔다. 이제 모든 것을 할 수 있다!

표 6.2 차세대 차량의 요구조건

부하	450~900 킬로그램
거리	400~480 킬로미터
최고 속도	120~160 킬로미터/시간
재충전 시간	<10분
효율	17~34 킬로미터/리터

대안 기술들은 어떤가? 이 해결책에 대한 논리적 하위 선택 A1(테크나브의 규칙으로 개발할 수 있는 다른 접근법)이 있는가? 알려진 다른 접근법을 사용해서 시스템 갈등을 해결하는 것은 구동 기구로써 전기 모터를 동일하게 요구하기 때문에 어렵다.

그래서 테크나브는 다음을 예측한다. 연료전지와 같은 대안들이 진화의 다음 단계로써, A1 후에 나타날 것이다. 그러한 대안들은 진화 노정을 따라 나중에 나타나는 시스템 갈등에 대한 해결책과 함께, 하이브리드 성능을 개선하려는 노력이 진행됨에 따라 진화할 것이다.

배터리와 전기 모터가 구동하는 차량은 어떤가? 오늘날, 먼 거리와 재충전에 대한 요구조건은 현재 최고의 배터리 기술 너머에 있다.

연료전지는 어떤가? 우리는 이미 가능한 하위 선택 A2로써 그것을 확인하였다. 그들은 빠르게 나타날 수 있을까? A와 A1 사이에 개발시간을 줄일 수 있을까? 연료전지는 새로운 기술이 아니다. 그들은 수년 동안 우주에서 동력원으로 사용되고 있다. 지금까지 연료전지의 유일한 상업적 응용은 송전선을 세우기가 대단히 어렵고, 비싼 동력을 받아들이는, 멀리 떨어져 있는 곳에 전력을 공급하는 것이다. 연료전지는 현재 내연 엔진(차량에서 엔진과 유사하게)이 주도하는 예비 발전기와 구동 전기 발전기(역 모터)에 대한 시장에서 경쟁할 수 없다. 안전 문제가 차량 적용에서 보다 훨씬 관리하기 쉬운 시장에서, 연료전지는 예비 발전기로부터 나오는 배기가스에 대한 환경 규제의 결과로 성장할 수 있다. 아직 이 가능성은 실현되지 않았다. 결론적으로 A1과 A2 사이의 시간은 아마도 새로운 연료전지 기술을 발명하는 데 걸리는 시간, 정부의 규제, 그리고 자동차 산업의 비즈니스 사이클에 의존할 것이다.

이제 자동차 전동장치에 대한 이 테크나브 예측의 비즈니스 의미를 일부 논의해 보자. 새로운 차량 기술의 기획, 양산 준비, 생산, 그리고 시장 소개를 위한 리드 타임(현재 약 3~4년)이 주어지면, 올바른 기술에 1 등으로 투자하는 회사가 경쟁에서 상당한 리드를 얻게 될 것이다.

테크나브 분석은 제너럴 모터스(GM)가 E-차(전 배터리 구동 차량)에 했던 투자는 너무 앞섰다는 것을 시사해준다. 노하우 일부를 다음에 나타날, 테크나브 분석이 제안한 종류의 하이브리드에 적용할 수 있겠지만, 많이는 할 수 없다. 어쨌든

GM 경영자가 E-차를 설계, 양산 준비, 그리고 생산하기로 결정하기 전에 테크나브 분석을 했다면, GM은 10억 달러 이상을 절약했을 것이다. 게다가 하이브리드에 필요한 기술을 개발하는데 놓쳐버린 귀중한 대부분의 시간을 절약했을 것이다.

그러나 테크나브 분석과 같은 결론에 도달했던 도요타와 혼다는 일본 시장에서 4년, 미국 시장에서 2년에 걸쳐, 하이브리드 차량의 설계와 생산 단계를 마쳤다.

다른 모든 경쟁자들은 무엇이 일어나는지 의심스럽게 지켜보면서 방관자로 있었다. 이것이 자동차 기술의 많은 고위 경영자들의 전형적인 태도이다: "나는 1등이길 원치 않고, 2등이길 원한다." 신문 보도에 따르면, 그들은 위에서 언급한 모든 기술을 발명하고 있었다: 연료전지, 대체 연료, 내연 엔진을 대체할 터빈을 포함해서 배터리와 여러 종류의 하이브리드. 만약 그들이 시장이 다음번 기술을 골라내기를 기다린다면, 그들은 훨씬 더 많은 시간을 잃을 것이다.

혼다와 도요타가 하이브리드에서 얻은 리드는 개발과 생산을 위한 시간을 포함해서 4년이고, 격차는 더욱 벌어지고 있다. 한편, 그들은 하이브리드 설계의 개선에 활용할 수 있는 귀중한 현장 경험을 얻었다. 그들은 학습의 대가로써 규모는 작지만 경험을 얻고 있다. 다른 경쟁자들이 오래 기다릴수록, 그들은 아마도 S 곡선 상에서 규모가 크고, 재정적으로 그리고 고객만족 관점 양면에서 값비싼 실수지만 값진 경험이 되는 학습을 더 많이 하게 될 것이다.

하이브리드 전동장치로 전이는 널리 알려진 진화 라인 중 하나를 반영한다: "옛날 기술 → 옛날 기술 + 미숙한 새로운 기술 → 세련된 새로운 기술". 역사는 우리에게 많은 하이브리드 기술 사례를 제공한다: 돛배에 증기 엔진. 바이어스 카카스[3]와 레디알 타이어, 진공관과 트랜지스터를 동시에 사용하는 라디오 등.

하이브리드의 이점 중 하나는 시장에 그것을 소개하는 동안 새로운 기술과 관련된 문제들을 발견할 기회를 준다는 것이다. 자연스럽게, 하이브리드 기술이라는 완충 장치가 잠시 동안 새로운 기술에 대한 공격을 막아줄 수 있다: 곧바로 그것은 극복될 것이다. 경영자는 새로운 기술로 완전한 전이를 위해서 회사가 적절하게 준비할 수 있도록 이 기간을 활용해야 한다.

---

3) 타이어의 골격이 되는 중요한 부분으로 타이어 코드로 된 표층 전체를 카카스(carcass)라고 한다. 카카스 구조에 따라 바이어스 타이어와 래디얼 타이어로 구분되며, 현재 점차 래디얼 타이어로 대체되고 있다.

이 모든 것은 기술 계획의 결정적인 중요성을 설명하고, 이것이 제품-제조 비즈니스의 성공에 얼마나 큰 영향을 줄 수 있는지를 설명한다. 이것은 올바른 기술에, 그리고 올바른 시간에 투자를 하는 것이 얼마나 중요한지를 보여준다.

이 사례에서 보여준 종류의 분석은 기술이 중요한 인자인 어떤 제품에 대해서도 적용할 수 있다. 이것은 경영자에게 그들이 오랫동안 필요로 했던 무언가를 제공한다. 즉 그들의 비즈니스에 있는 기술이 어떻게 진화할지 평가하는 방법과 투자 의사결정에서 그들의 길잡이가 되어 극적으로 위험을 줄여주는 방법을 제공한다.

6.5 요약

기술은 경쟁에서 이기기 위해서 핵심이지만, 기술 투자는 위험하다. 차기 성공 기술을 파악할 때 추측을 제거하고, 투자 결정에 대한 과학적인 정당성을 제공하기 위해서, 기술 경영자들은 테크나브 과정을 사용함으로써 차기 가능성 있는 기술 혁신 개념을 확인하고 개발할 수 있다.

테크나브 과정은 다음 네 단계로 구성되어 있다: 단계 1 : 과거와 현재 시스템의 진화 분석; 단계 2 : 가능성이 높은 혁신의 선택; 단계 3: 개념 개발; 그리고 단계 4: 개념 선택과 기술 계획.

단계 1에서 분석된 시스템을 S 곡선 상에 위치해 놓는다. 이것이 어떤 길을 택할지 결정해야하는 기술 경영자와 비즈니스 리더들을 돕는다: 점진적인 개선을 계속할 것인지, 아니면 새로운 S 곡선으로 목마 넘기를 할 것인지. 단계 2에서는 시스템 진화가 일어날, 차기 가장 가능성 있는 방향을 확인하기 위해서 기술 시스템 진화의 법칙과 라인을 사용한다. 이러한 방향을 따라 가는 특별한 개념 설계는 단계 3에서 개발된다. 단계 4에서 가장 유망한 개념을 선택한다.

부 • 록_1

겐리흐 알트슐러 - 트리즈의 창시자

겐리흐 사울로비치 알트슐러(Genrikh Saulovich Altshuller)는 전 소련 우즈베키스탄, 타슈켄트에서 1926년 10월 15일 저널리스트 집안에서 태어났다. 몇 년 후 가족이 전 소련 아제르바이잔, 바쿠로 이사했다.

알트슐러는 10학년[1])이었을 때 잠수복에 대해서 소련 시대 특허와 동등한 첫 번째 저자 인증서를 받았다. 또한 그는 고등학교 때 아세틸렌을 연료로 사용하는 제트 엔진 배를 만들고 시험하였다.

우등으로 고등학교를 졸업한 후에 알트슐러는 아제르바이잔 산업 연구소에 입사하였다. 그는 아직도 2차 세계대전이 맹렬하던 1944년 군대에 입대하였다. 그는 전투기 조종사로 훈련을 받았지만, 전투에 참가할 기회를 갖지 못하고 전쟁이 끝났다. 1946년에 카스피해 해군 소함대[2])의 혁신 위원회에 임명되어, 거기서 그는 여

1) 러시아의 학제는 초등학교 1수준 3~4년, 중등학교 2수준 5년, 고등학교 3수준 2~3년으로 되어 있다. 10학년이면 고등학교 1학년이다.
2) 소함대는 바쿠에 본부를 두었다.

러 분야 기술에서 발명을 계속하였다.

알트슐러가 20살이었을 때, 나중에 트리즈가 될 연구를 시작하였다. 그는 공학 창의성을 소수만이 달성할 수 있는 마술로부터 많은 사람들이 이용하는 논리적 원리로 전환할 수 있는, 체계적인 혁신 방법을 개발하기로 마음을 먹었다. 그는 발명 특성의 핵심 비밀은 발명가의 마음에서 찾는 게 아니라, 발명 자체의 논리에서 찾아야 한다고 생각하였다. 그는 다양한 산업과 기술이 같은 발명원리를 사용하는 것을 깨달았다. 알트슐러는 만약 이러한 원리를 추출할 수 있다면, 혁신의 속도를 전보다 크게 가속할 수 있으리라 추론하였다. 그러한 원리의 탐색으로 알트슐러는 특허와 발명 역사를 연구하기 시작하였다. 1946~1948년 사이에 그는 다음과 같은 핵심을 발견하였다 : (1) 혁신 발명은 시스템 갈등을 극복한 결과이다, (2) 기술시스템은 이상성이 증가하는 방향으로 진화한다. 그는 또한 상위시스템으로 전이의 법칙과 리듬조화의 법칙에 대한 최초의 정형화 문을 제안하였다.

1948년 알트슐러와 그의 학교 동창이자 친구인 라파엘 사피로(Rafail Shapiro)는 소련의 절대 권력자 조세프 스탈린(Josef Stalin)에게 편지를 썼다. 이 편지에서 그들은 국가는 전쟁 이후 황패해 있고, 복구에 필요한 자원이 부족하다고 언급하였다. 국가를 구하기 위해서 그들은 트리즈의 사용을 제안하였다. 1949년에 답이 왔다: 알트슐러와 사피로는 체포되어 심문을 받았고, 북극권 위쪽에 있는 악명높은 보쿠타(Vorkuta) 강제노동 수용소에서 25년 형을 선고받았다.

알트슐러는 수용소의 참혹한 조건에서 서서히 죽어가고 있는 많은 학자들, 산업엘리트들과 함께 수용소 탄광에서 힘든 노동일을 하였다. 그는 육체적으로만이 아니라 정신적으로 살아남기 위해서 그의 교육과 연구를 계속해야 한다는 것을 깨달았다. 알트슐러는 "학생이 한 명인 대학"을 열었다. 매일 밤, 막사에서 전 대학교수들이 그에게 물리, 수학, 예술 역사, 문학, 그리고 외국어를 가르쳤다. 이러한 수업은 알트슐러에게 많은 것을 가르쳐 주었고, 대학교수들로 하여금 그 전보다 훨씬 오랫동안 참을 수 있게 해주었다.

1953년에 스탈린이 죽었다. 1955년에 알트슐러는 바쿠로 돌아왔고, 그곳에서 1990년까지 거주하였다. 1956년에 알트슐러와 사피로는 처음으로 트리즈에 대한 논문을 발표하였다.

현실 정치범이 안정된 직업을 찾기가 사실상 어려웠기 때문에 알트슐러는 공상과학소설을 쓰면서 생계를 유지하기로 결심하였다. 1957년에 그의 첫 번째 소설 **이카루스와 다이달로스**(Icarus and Daedalus)가 출판되었다. 알토브(Altov)라는 필명을 사용한 그는 곧바로 유명한 작가가 되었다; 그의 공상과학소설들은 많은 언어로 번역되었다(예, 알토브와 쥴라브레바[3]), **별들의 발라드**(Ballad of Stars), 1982, New York, McMillan). 그의 소설들 속에 전형적인 주인공은 우리 시대에 살면서 일부 근본을 깨는 발명의 창조자이다. 작가는 주인공의 발명들에 대한 철학적, 사회적 의미를 면밀히 조사하였다. 알트슐러의 소설들은 번쩍이는 많은 공상과학 아이디어로 가득차 있고, 일부는 오히려 현실적이다. 예를 들어, 1965년에 출판된 **당나귀 공리**(Donkey Axiom)에서 그는 땅에 고착된 레이저 광선 빔이 미래의 로켓을 추진할 것이라고 제안하였다. 이 빔은 우주선에 에너지를 공급할 뿐 아니라 지구로부터 우주인들에게 정보를 전달할 것이다. 레이저 추진 우주선 개념은 최근에 과학 잡지에서 논의되었고[예, Landis, 1989], 라히크라프트 테크놀로지스(Lighcraft Technologies, Inc) 사가 이와 같은 차량 모형을 개발하고 있다.

트리즈의 개발과 병행해서, 1964년에 알트슐러는 새로운 공상과학 아이디어를 얻는 기법을 연구하기 시작했다. 이 과제는 1970년대 중반에 **공상과학 아이디어와 상황 목록**(The Register of Sci-Fi Ideas and Situations)[4]로 완결되었고, 이것은 클래스, 하위 클래스, 그룹, 하위 그룹 등으로 분류된 약 10,000개의 아이디어를 담고 있다. 공상과학 소설이라는 "특허 데이터베이스"의 분석은 창의성 상상력 개발에 관한 많은 기법들의 개발에 도움이 되었고, 그 결과를 자신의 교육과정에서 사용하였다.

알트슐러는 항상 집에서 일을 하였다. 그러나 1959년부터 1985년까지 그는 소련 여기저기를 돌아다니면서 트리즈에 대한 워크숍과 세미나를 개최하였다. 이러한 워크숍은 대부분 기간이 2~3주였다. 1971년 그는 세계 최초 트리즈 학습 센터인 발명 창의성 공공 연구소를 세웠다. 그는 또한 전 소련 전역에 지역 트리즈 학교들의 설립을 도왔다. 1980년대 말까지 500군데 이상의 학교가 세워졌다.

---

3) 발렌티나 쥴라브레바(Valentina Zhuravleva, 1933~2004), 알트슐러 아내, 공동 저자, 오랜 동료였던 그녀 또한 저명한 공상과학소설 작가였다.

4) 이 작품은 http://www.altshuller.ru/rtv/sf-register.asp에서 러시아어로만 볼 수 있다.

1974년부터 1986년까지 알트슐러는 국립 어린이 주간 잡지에 트리즈에 관한 수십 개의 학습 자료를 발표하였다. 이 학습 자료들은 문제를 쉽게 따라갈 수 있는 흥미로운 방식으로 제시되어 있었다. 주로 중고등 학생인 독자들은 그 문제들에 대한 해결책을 편지로 그에게 보냈다. 약 50만 통에 이르는 이러한 편지들의 분석을 통해, 그는 1984년에 베스트셀러인 **그러자 갑자기 발명가가 나타났다(And Suddenly the Inventor Appeared)**를 썼다.

알트슐러는 트리즈를 강력한 개념 창출 도구만으로 보지 않았다. 그에게 트리즈는 그가 **강력한 사고**(이것은 러시아어의 문자 상의 번역이다; 다른 가능한 버전은 **독립적인 분석사고**일 것이다)라고 불렀던 기술을 개발하는 수단이었다.

알트슐러는 가장 중대한 혁신은 새로운 강력한 아이디어에 의해서 생긴다는 견해를 갖고 있었다. 또한 그는 사회 복지(윤리적이고 경제적인 양면에서)는 그 사회에 있는 창의적인 개인의 비율에 크게 의존한다고 주장하였다. 알트슐러에 따르면 창의적인 개인은 최고의 고귀한 목표를 추구한다(일부 예로, 알렌 봄바드, 앨버트 슈바이처, 앨버트 아인슈타인). 이 목표를 달성하기 위해서 창의적인 개인은 혁신적으로, 즉 분석적으로, 전체적으로, 그리고 독립적으로 생각할 수 있어야 한다.

알트슐러는 또한 우리가 논리적이고 독립적으로 생각할 수 있는 능력만 있다면 인간이 직면해 있고, 앞으로 불가피하게 직면할 첨예한 문제들 대부분을 제거하거나 예방할 수 있다고 믿었다. 현실을 이해하고 바꿀 수 있는 인류의 유일한 수단은 이성이다. 인류의 지속적인 진화를 보장할 수 있는 윤리적, 물질적 목표를 성취하기 위해서 우리의 지적 재능을 충분히 개발하고 사용할 수 없다면, 우리는 살아남을 수 없을 것이다. 결과적으로 알트슐러는 트리즈를 강력한 사고를 개발하기 위한, 장래의 보편적인 방법의 표준이라고 생각하였다.

창의적인 개인을 일으켜 세우기 위해서, 1984년에 알트슐러와 그의 학생이자 동료인 버트킨(Igor Vertkin)은 과학, 기술, 예술, 종교, 정치 등에서 수백 건의 혁신가 전기(傳記)를 분석하였다. 그 결과는 기념비적인 **창의적인 사람의 일생 전략** [알트슐러과 버트킨, 1994]이었다.

1989년 알트슐러는 그의 학생들이 세운 국제트리즈협회 회장이 되었다. 1990년 그와 그의 가족은 러시아, 페트로자봇스크로 이사하였고, 그곳에서 그는 파킨스 병

합병증으로 1998년 9월 24일에 돌아가셨다.

알트슐러의 저작물 유산은 방대하다: 20권의 책, 약 400편의 논문, 수천 통의 편지. 그의 많은 유산들은 양으로 표시하기가 쉽지 않지만, 그보다 훨씬 더 귀중한 것은 자신의 삶에서 처음으로 가장 강력한 인간의 감정 중 하나인, 창의성의 즐거움을 경험하였고 앞으로 경험할, 전 세계에 있는 수천 명의 사람들이다.

부·록_2

시스템 갈등 매트릭스와 발명원리

알트슐러에 의한 수천 건의 특허 분석은 생산성과 정확성, 신뢰성과 복잡성, 형태와 속도 등과 같은 전형적인 **시스템 갈등**의 정형화를 가져왔다. 대단히 다양한 기술 시스템, 그리고 매우 많은 발명 과제의 다양성에도 불구하고 시스템 갈등은 약 1,250가지만 있다고 발견되었다.

상대적으로 몇 개 안되는 **발명원리**를 이용해서 전형적인 갈등을 해결할 수 있다. 시스템 갈등을 해결하기 위해서 40가지 발명원리가 있고, 그들 각각은 몇 개의 하위 원리를 포함하므로, 전체를 합쳐서 100여 가지 발명원리가 있다. 발명원리와 전형적인 시스템 갈등이 **시스템 갈등 매트릭스**(또는 간단하게, **매트릭스**)로 결합되었다. 이 매트릭스는 모든 기술 시스템에 대한 가장 일반적인 특성을 포함하고 있다(예, 무게, 강도, 길이, 표면적, 힘, 사용의 편의성 등). 이러한 특성들은 행과 열로 배열된다.

시스템의 어떤 특성을 개선할 필요가 있다고 가정하자. 만약 이러한 개선이 다른 특성을 악화시킨다면(즉, 시스템 갈등이 나타나면), 갈등 특성에 해당하는 행과 열의 교차점이 잠재적으로 유용한 발명원리들을 보여줄 것이다(그림 A2.1). 이러한 발명원리들 중 하나 또는 그들의 조합 적용이 높은 문제해결 가능성을 제공한다.

발명원리들은 일반적인 방법으로 정형화된다. 예를 들어 만약 매트릭스가 발명원리 **유연성**을 추천한다면, 문제의 해결책은 개선해야할 시스템의 유연성이나 적응성의 정도를 여하간 변경하는 것과 관련이 있다. 매트릭스가 문제를 해결하는 게 아니라, 해결책 탐색을 위한 가장 유망한 방향만을 제안한다. 문제 해결사는 이러한 제안을 해석하고, 즉시 문제에 발명원리를 적용할 방법을 찾아야 한다.

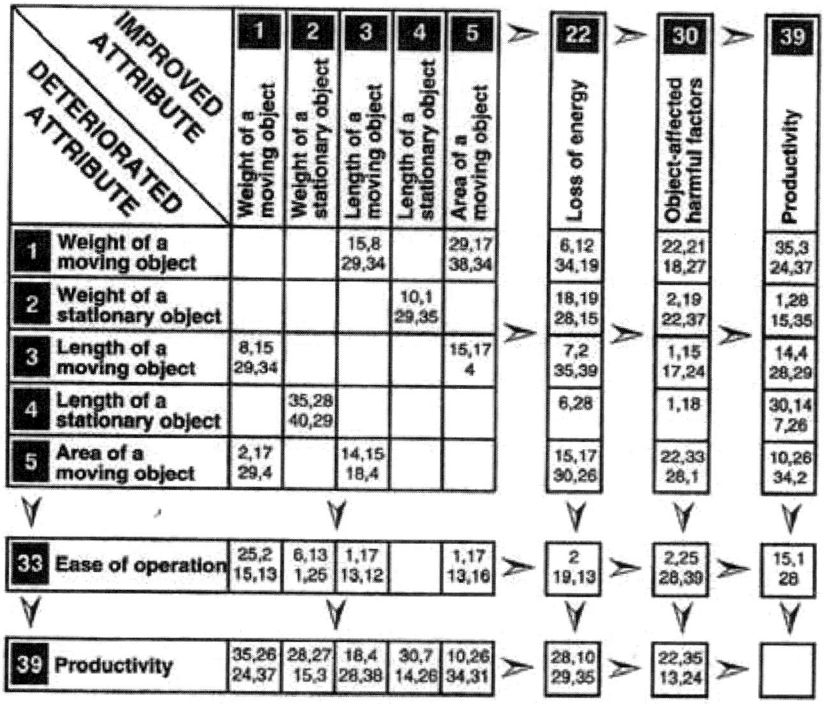

DETERIORATED ATTRIBUTE \ IMPROVED ATTRIBUTE	1 Weight of a moving object	2 Weight of a stationary object	3 Length of a moving object	4 Length of a stationary object	5 Area of a moving object	22 Loss of energy	30 Object-affected harmful factors	39 Productivity
1 Weight of a moving object			15,8 29,34		29,17 38,34	6,12 34,19	22,21 18,27	35,3 24,37
2 Weight of a stationary object				10,1 29,35		18,19 28,15	2,19 22,37	1,28 15,35
3 Length of a moving object	8,15 29,34				15,17 4	7,2 35,39	1,15 17,24	14,4 28,29
4 Length of a stationary object		35,28 40,29				6,28	1,18	30,14 7,26
5 Area of a moving object	2,17 29,4		14,15 18,4			15,17 30,26	22,33 28,1	10,26 34,2
33 Ease of operation	25,2 15,13	6,13 1,25	1,17 13,12		1,17 13,16	2 19,13	2,25 28,39	15,1 28
39 Productivity	35,26 24,37	28,27 15,3	18,4 28,38	30,7 14,26	10,26 34,31	28,10 29,35	22,35 13,24	

그림 A2.1 매트릭스의 일부분

매트릭스를 사용할 때, 우리는 다음과 같은 간단한 절차를 따를 수 있다.

1. 매트릭스에서 개선할 필요가 있는 특성을 선택한다.
2. 다음 질문에 답을 한다.
    a. 전통적인 방법을 사용해서 이 특성을 개선할 수 있는가?
    b. 전통적인 방법을 사용한다면, 어떤 특성이 악화되는가?
3. 매트릭스에서 단계 2,b에 해당하는 특성을 선택한다.
4. 매트릭스를 사용해서 시스템 갈등을 극복하기 위한 발명원리들을 확인한다.
5. 개선하고자 하는 문제와 관련된 다른 특성을 확인해 본다.
6. 단계 5에서 확인된 특성에 관해서 단계 2에서 4를 반복한다.

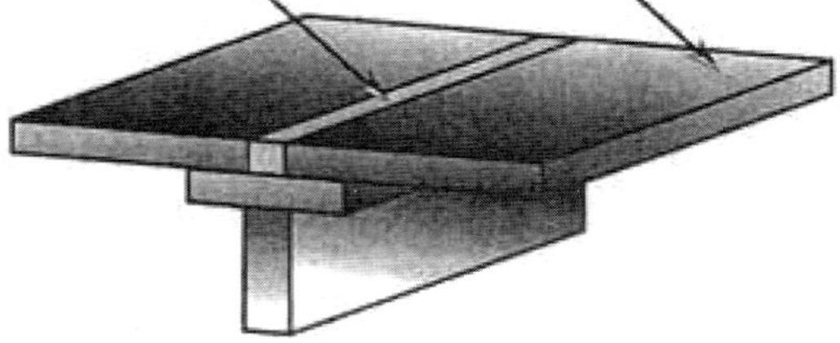

그림 A2.2 페이스트가 표피 패널 사이의 간격을 채운다.

▌사례 A2.1

비행기 표피 구조에서 열응력은 바람직하지 않다. 열 변형에 대한 보상으로 비행기 표피 패널 사이에 보통 작은 틈새를 둔다(그림 A2.2). 공기역학적으로 표면을 매끄럽게 하기위해서, 폴리머 기반 밀폐제(페이스트)로 틈새를 메운다. 페이스트로 틈새를 메우는 일은 매우 노동집약적이고 시간을 많이 소모하는 과정이다.

이 상황의 핸디캡은 여러모로 볼 때 밀폐제와 관련이 있다. 이상적인 밀폐제는 무엇인가? 분명하게 그것은 없는 밀폐제이다. 없는 밀폐제는 패널 사이에 넣을 필요는 없지만, 동시에 표피의 동력학적 특성을 악화시킨다. 다른 말로 하면, 특성 "사용의 편의성"이 특성 "물체가 받는 해로운 인자"를 악화시킨다. 이 갈등 특성 쌍에 대해서 매트릭스는 발명원리 **추출(분리)**, **셀프서비스**, **기계 시스템의 대체** 그리고 **불활성 환경**의 적용을 검토하라고 제안한다. 만약 시스템 갈등이 "사용의 편의성" 대 "에너지 손실"(저항 때문에)로 정형화된다면, 매트릭스는 다음의 발명원리를 제안한다: **분리**, **주기적 작용** 그리고 **반대로 하기**. 이러한 발명원리들은 다음과 같은 작용을 제안한다.

- **분리(추출)** : 시스템의 기능을 간섭하는, 부분이나 시스템을 추출한다; 시스템의 유용한 기능을 추출한다.
- **셀프서비스** : 시스템으로 하여금 스스로 보조 기능을 수행하도록 한다; 시스템에 있는 폐기 에너지나 가용한 재료를 사용한다.
- **기계 시스템의 대체** : 기계 시스템을 광학 또는 소리 시스템으로 대체한다; 시

스템에 있는 전기, 자기 또는 전자기 특성을 사용한다; 균일한 장을 불균일한 장으로, 영구 장을 가변 장으로, 비구조화된 장을 구조화된 장으로 바꾼다. 자기장과 전자기장을 강자성 입자와 함께 사용한다.

- **불활성 환경** : 활성 환경 대신에 중성 환경을 사용한다; 빈 공간을 사용한다.
- **반대로 하기** : 문제에 필요해 보이는 것을 반대로 한다.
- **주기적 작용** : 지속적인 작용 대신에 주기적 작용 또는 임펄스를 사용한다; 보조 기능을 수행하기 위해서 주기적 작용에 있는 휴지기(休止期)를 사용한다.

곧바로 추출이 두 번 언급된 것을 알 수 있고, 이것이 다음의 가정으로 안내한다: 밀폐제 부분의 추출이 해결책을 줄 가능성이 높다. 사실 밀폐제로 패널 사이의 틈새를 덮으면, 그것으로 충분할 것이다. 이것이 틈새를 메우는 공정을 없애주고, 비행기 표피의 공기역학적 특성을 악화시키지 않을 것이다.

이 문제에 대한 해결책은 실제로 이 접근법을 반영하였다: 탄성체 리테이너를 갖는 금속 마개를 틈새 사이에 팍하고 끼어 넣으므로, 그 설치가 매우 빠르다(그림 A2.3).

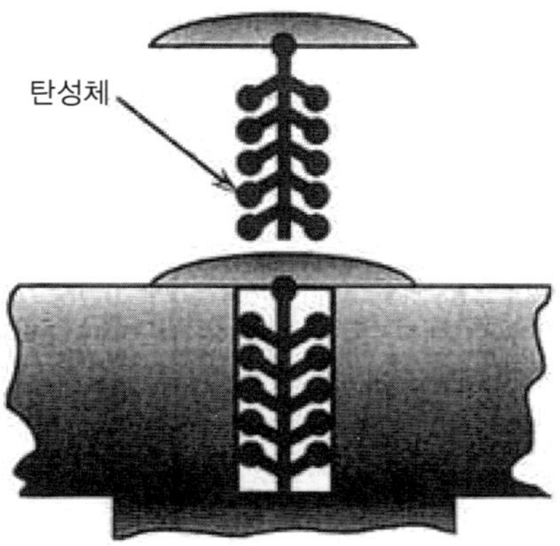

그림 A2.3 탄성체 리테이너를 갖는 금속 마개는 패널의 열팽창을 가능하게 하고 공기저항을 줄여준다.

매트릭스와 발명원리들은 알트슐러가 가장 초기에 개발한 트리즈 도구들이다. 이러한 도구를 사용하는 것은 간단하지만, 그 효율은 상대적으로 낮다. 사례 A2.1은 이러한 도구를 기초로 한, 문제 해결 접근에 근본적인 한계를 분명하게 드러내고 있다.

(1) 시스템 갈등의 정형화가 체계화되어 있지 않다: 매트릭스 차체는 시스템 갈등을 어떻게 정확하게 정의해야하는지에 대해서 지침을 주지 않는다. 결과적으로 동일한 초기 상황에 대해서 많은 시스템 갈등이 제시될 수 있다; 그러나 올바른 시스템 갈등이 그들 사이에 없을 수도 있다.

(2) 매트릭스로 미리 정의된, 한정된 전형적인 특성들을 종종 특별한 시스템의 특별한(독특한) 특성들과 관련짓기가 어렵다. 그러한 경우에 시스템의 특별한 특성을 매트릭스에 맞추기 위해서 인식 너머로 여러 번 "확대 해석"해야 한다.

(3) 주어진 시스템 갈등에 대해서 매트릭스는 여러 개의 발명원리를 제안한다. 그러나 이것이 그러한 발명원리들의 사용에 대한 어떤 전략을 추천하지는 않는다: 제안된 발명원리 중 어떤 것을 사용해야 하는가? 시스템의 어느 부분에 이러한 원리를 적용해야 하는가? 이러한 원리들을 분리해서, 아니면 함께 사용해야 하는가? 후자라면, 적용의 우선 순서가 있는가(예를 들어 부분을 변경하기 위해 먼저 원리 X를 사용하고, 다음에 원리 Y를 사용한다)?

(4) 이러한 접근법의 효력은 물리적 모순의 개념을 끌어내지 않으면 크게 반감된다. "이 접근법은 복잡한 문제를 해결하기 위해서 효과적이지 못하다....우리는 시스템 갈등의 물리적 원인을 밝힘으로써 [복잡한] 문제를 깊게 분석해야 한다"[Altshuller, 1984].

이러한 한계는 아리즈의 분석적 접근으로 완전하게 극복된다. 매트릭스와 발명원리들은 그들의 결점에도 불구하고 일부 트리즈 실행자들이 여전히 사용하고 있고, 문헌으로 광범위하게 발표되고 있다[예, Altshuller, 1997, 1999; Tate and Domb, 1997; Rantanen and Domb, 2002]. 이 기법은 또한 일부 트리즈 기반 소프트웨어 제품(예, 인벤션 머신(Invention Machine)사의 테크옵티마이져(Tech-Optimizer^{TM}), 크리아엑스(CREAX)사의 이노베이션 슈트(Innovation Suite))에 반영되어 있다.

부 · 록_3

발명문제 해결을 위한 표준 접근법[5)]

표준은 세 클래스가 있다.

- 시스템 변경에 대한 표준(물질-장의 구성과 진화)
- 시스템 검출과 측정에 대한 표준
- 표준 적용을 위한 표준

표준은 물질-장의 진화 논리에 따라서 세트로 체계화되었다: **단일 물질-장 → 복합 물질-장 → 강화된 물질-장**. 이러한 단계들 중 어느 단계에서 물질-장은 상위시스템(즉, **이중** 또는 **다중 시스템**이 된다) 또는 미시수준(즉, 전체 시스템 또는 그 부분이 필요한 기능을 수행할 수 있는 "물질-장" 쌍으로 대체된다)으로 이동할 수 있다.

5) 역자는 A3 "표준 해결을 위한 알고리듬"을 검토한 결과, 여기 표기되지 않은 다음 표준들에 대해서는 별도의 검토가 필요하다는 결론에 이르렀다 : 1.1.4, 1.1.5, 1.2.3, 2.4.1, 2.4.7, 2.4.12, 4.3.1, 4.4.5, 5.2.3, 5.3.1~5.3.5, 5.4.1, 5.4.2. 또한 논리 흐름에 맞지 않은 A3 알고리듬 일부의 오류를 수정하였다.

A3〉〉 표준을 사용하기 위한 알고리듬

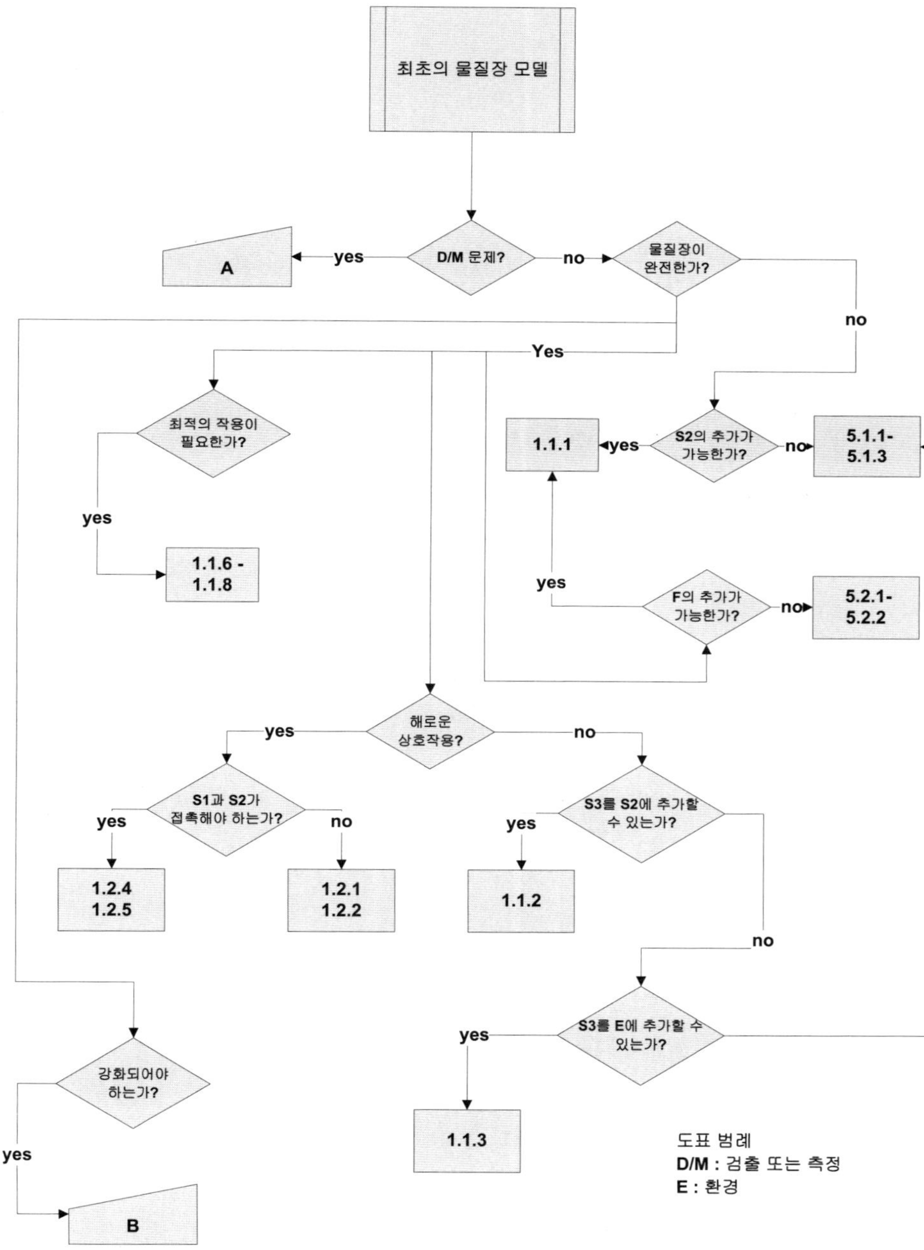

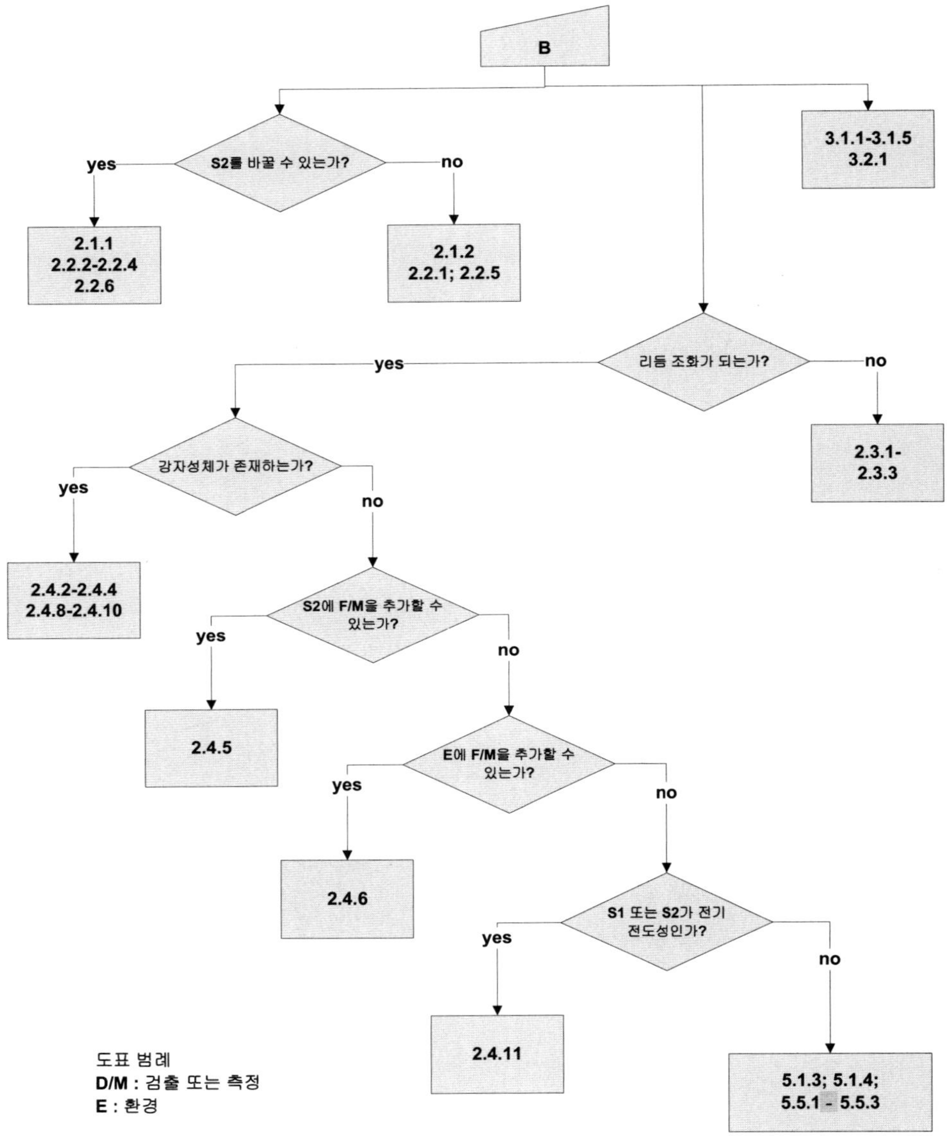
B
3.1.1-3.1.5
3.2.1
S2를 바꿀 수 있는가?
yes
no
2.1.1
2.2.2-2.2.4
2.2.6
2.1.2
2.2.1; 2.2.5
리듬 조화가 되는가?
yes
no
2.3.1-
2.3.3
강자성체가 존재하는가?
yes
no
2.4.2-2.4.4
2.4.8-2.4.10
S2에 F/M을 추가할 수 있는가?
yes
no
2.4.5
E에 F/M을 추가할 수 있는가?
yes
no
2.4.6
S1 또는 S2가 전기 전도성인가?
yes
no
2.4.11
5.1.3; 5.1.4;
5.5.1 - 5.5.3
도표 범례
D/M : 검출 또는 측정
E : 환경

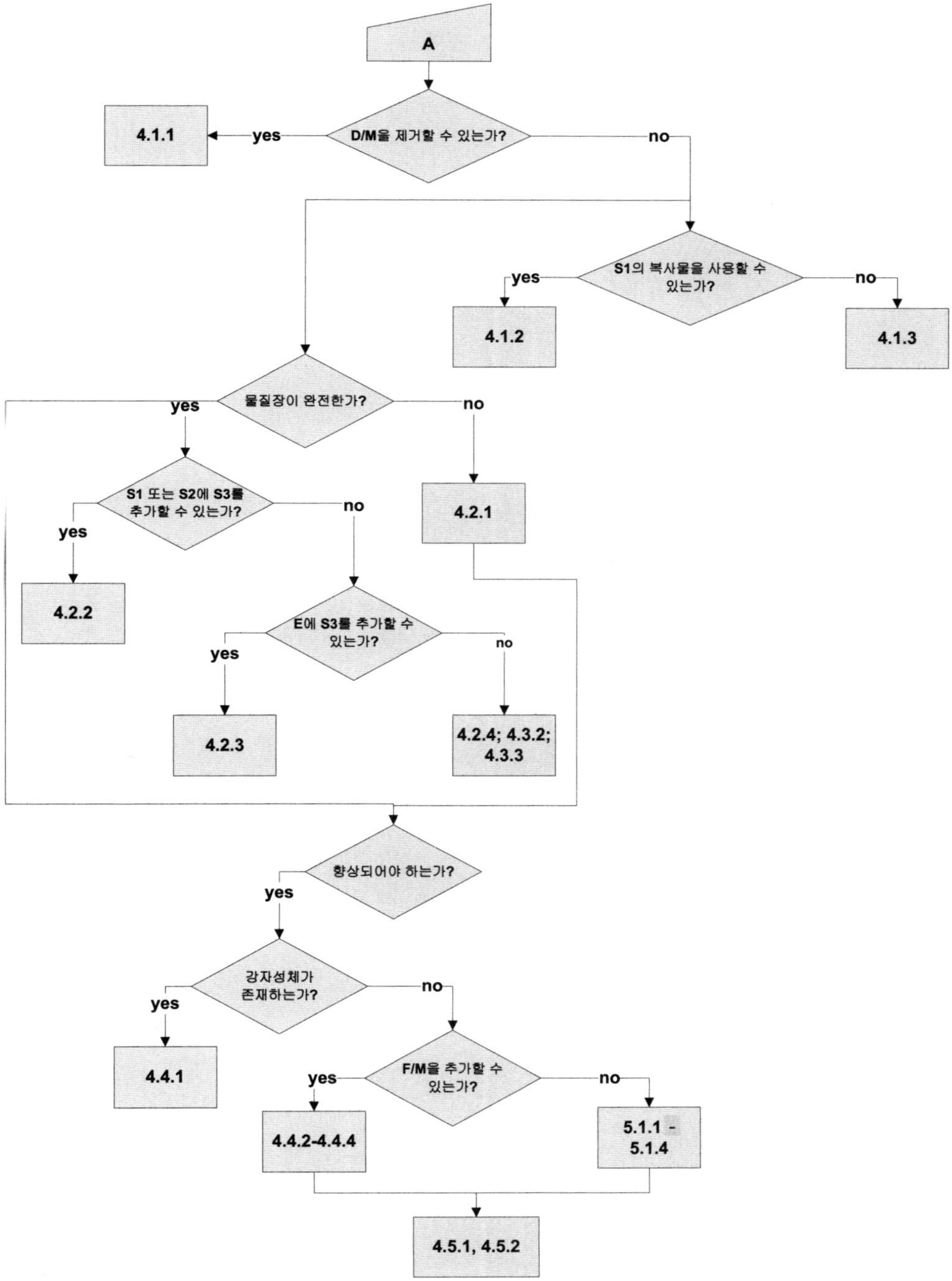
A
D/M을 제거할 수 있는가?
yes
4.1.1
no
S1의 복사물을 사용할 수 있는가?
yes
4.1.2
no
4.1.3
물질장이 완전한가?
yes
S1 또는 S2에 S3를 추가할 수 있는가?
yes
4.2.2
no
E에 S3를 추가할 수 있는가?
yes
4.2.3
no
4.2.4; 4.3.2; 4.3.3
no
4.2.1
향상되어야 하는가?
yes
강자성체가 존재하는가?
yes
4.4.1
no
F/M을 추가할 수 있는가?
yes
4.4.2-4.4.4
no
5.1.1 - 5.1.4
4.5.1, 4.5.2

A3.1 클래스 1 : 물질-장의 합성

A3.1.1 그룹 1.1 개선과 유용한 자원의 도입

표준 1.1.1

불완전한 물질-장의 효율과 제어능력을 향상시키기 위해서는 없는 요소를 도입하여 물질-장을 완성해야 한다(그림 A3.1).

사례 : 문제 3.2.

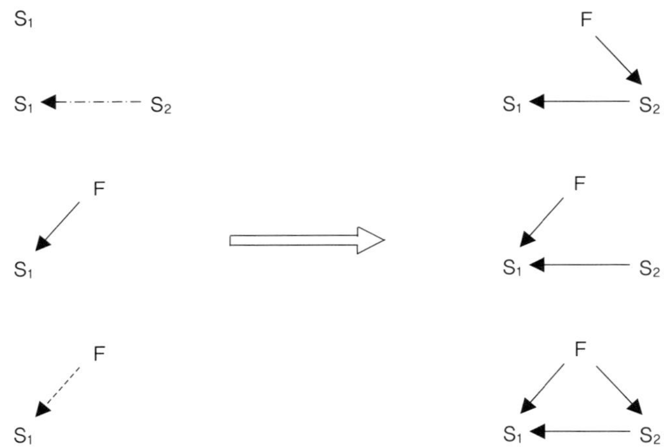

그림 A3.1

표준 1.1.2

만약 필요에 따라 바꾸기가 어려운 물질-장이 있고, 주어진 물질에 첨가제의 도입이 금지되어 있지 않다면, 문제는 내부 복합 물질-장으로 영구 또는 일시 전이함으로써 해결될 수 있다(그림 A3.2).

여기서 S_1은 대상, S_2는 도구, S_3은 첨가제이다; 괄호는 내부 화합물의 연결을 나타낸다(외부 화합물 연결은 괄호가 없다).

▷ 사례 : 고점도 액체의 열전달과 질량전달을 향상시키기 위해서, 액체에 기체를 혼합한다.

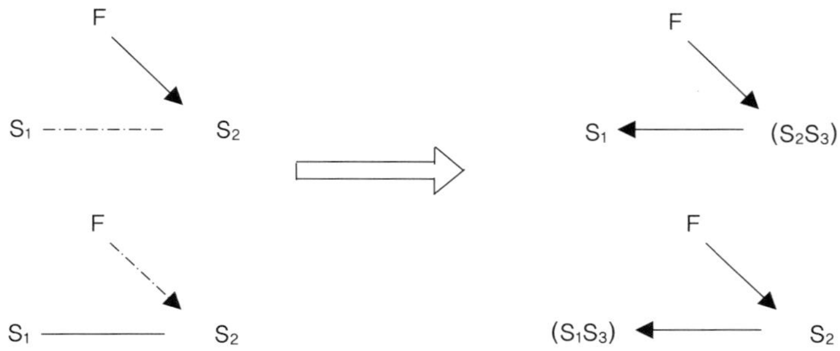

그림 A3.2

표준 1.1.3

만약 필요에 따라 바꾸기가 어려운 물질-장이 있고, 주어진 물질에 첨가제의 도입이 제한된다면, 문제는 외부 복합 물질-장으로 영구 또는 일시 전이함으로써 해결될 수 있다(그림 A3.3).

▷ 사례 : 용접 품질을 향상시키기 위해서 용접 막대를 합금 물질로 코팅한다. 코팅제가 타면서 용접 부분이 합금화되어, 그 강도가 증가한다.

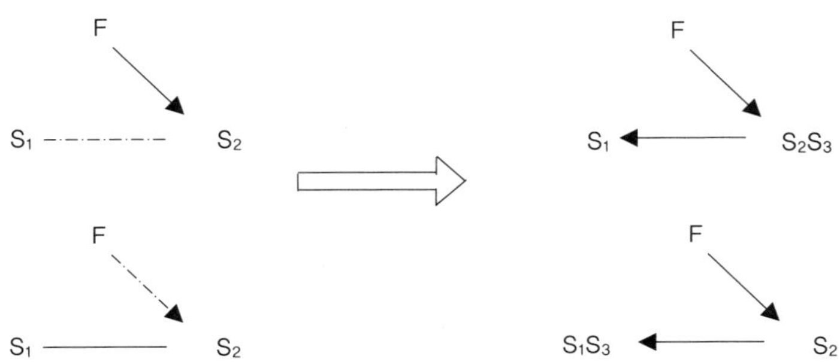

그림 A3.3

표준 1.1.4

만약 필요에 따라 바꾸기가 어려운 물질-장이 있고, 주어진 물질에 추가 물질의 도입 또는 부착이 제한된다면, 문제는 기존의 주위 매체(환경)를 도입 물질로 사용함으로써 해결될 수 있다(그림 A3.4).

▷ 사례 : 스스로 짐을 부리는 바지선 문제(문제 2.4).

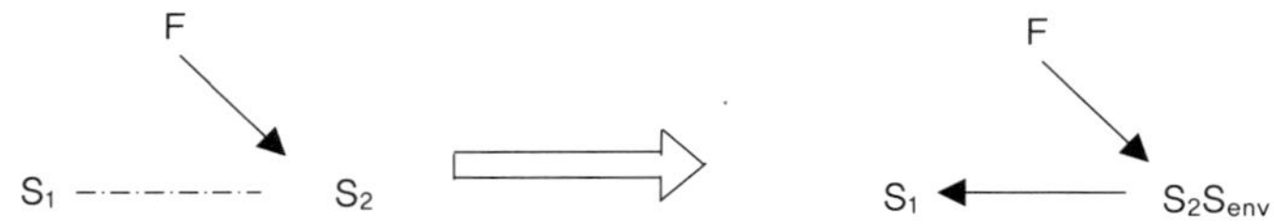

그림 A3.4

표준 1.1.5

만약 주위 매체가 표준 1.1.4에서처럼 물질-장 구성에 필요한 물질을 포함하고 있지 않다면 주위 매체를 다른 매체로 대체하거나, 매체의 화학적 분해 또는 첨가제의 도입에 의해 이 물질을 얻을 수 있다.

▷ 사례 : 가금류의 예방접종은 질병 조절 프로그램의 핵심 부분이다. 분명하게 개별 병아리들에게 하나하나 백신 주사를 놓는 것은 악몽일 것이다. 마시는 물에 가금류 백신을 풀어 놓음으로써 문제가 해결된다.

표준 1.1.6

만약 최소(최적) 작용이 필요한데, 문제의 제약으로 수행하기 어렵거나 불가능하다면, 매우 강한 작용을 사용하고, 초과분을 제거해야 한다(장의 초과분은 물질로 제거하고, 물질의 초과분은 장으로 제거한다; 그림 A3.5).

▷ 사례 : 부품에 페인트를 얇게 칠하기 위해서, 부품을 페인트 통에 담가서 코팅을 과량으로 한다. 그 다음, 부품을 회전시켜 페인트 초과분을 원심력으로 제거한다.

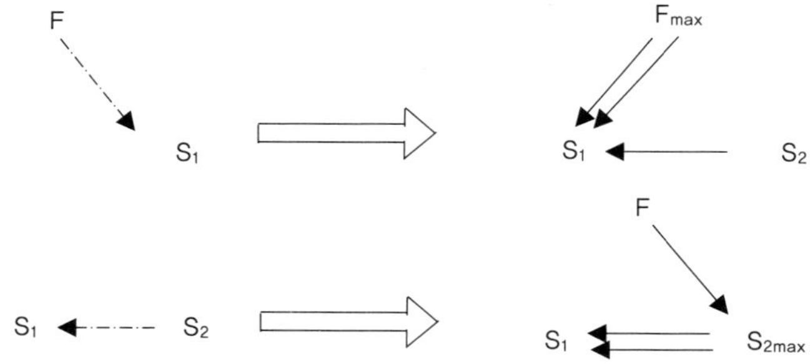

그림 A3.5.

표준 1.1.7

물질에 최대 작용을 적용할 필요가 있지만, 약간의 이유 때문에 그것이 불가능하다면 최대 작용을 첫 번째 물질과 연결된 다른 물질에 적용해야 한다(그림 A3.6).

▷ 사례 : 응력강화 콘크리트 블록의 제조는 강철 강화 막대의 연신을 필요로 한다. 막대를 가열함으로써 연신을 한다. 막대들이 열팽창한 후에 콘크리트 안에서 고정된다. 그러나 비싼 막대 대신에 철사를 사용한다면, 철사를 700도까지 가열해야한다. 한편 400도 이상이 되면, 철사는 기계적 특성을 잃기 시작한다. 보조 내열성 막대를 가열하여 팽창시킨 후에, 그것을 철사와 연결하라는 제안이 있다. 냉각 과정에서 보조 막대가 수축하면서 냉각 상태로 있는 철사를 늘인다.

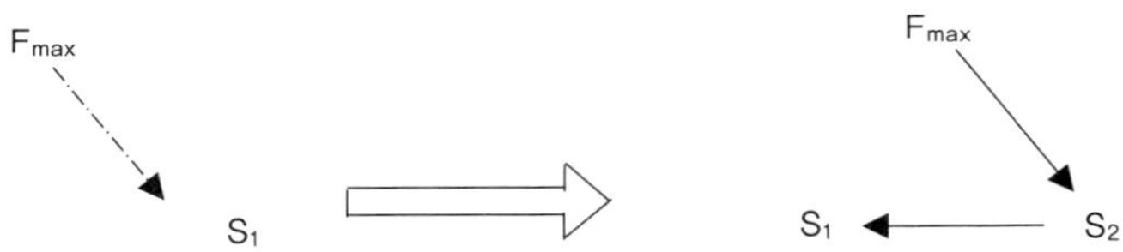

그림 A3.6.

표준 1.1.8

만약 선택적으로 최대 작용이 필요하다면(예를 들어 어떤 영역에서는 최대 작용, 다른 영역에서는 최소 작용을 유지), 장이 최대 또는 최소 강도를 가져야한다. 전자의 경우에 최소 장을 받아야 하는 영역을 보호 물질로 가린다. 후자의 경우에 국부적인 장을 일으키는 특별한 물질을 최대 장이 필요한 영역에 도입한다; 그러한 물질은 예를 들어 열적 작용을 위해서 터마이트(termite) 혼합물, 기계적 작용을 위해서 폭발 물질 등이 있다.

▷ 사례 : 문제 2.8.(약이 든 앰플의 밀봉 문제)

A3.1.2 그룹 1.2 : 해로운 작용의 제거

표준 1.2.1

유용한 작용과 해로운 작용이 동시에 물질-장의 두 물질 사이에 있고, 물질 사이에 직접적인 접촉을 유지할 필요가 없다면, 문제는 외부로부터 제3의 물질을 두 물질 사이에 도입함으로써 해결될 수 있다(이 물질은 비싸지 않고, 공짜여야 한다; 그림 A3.7).

▷ 사례 : 문제 3.3(알루미늄 디스크 가공법)

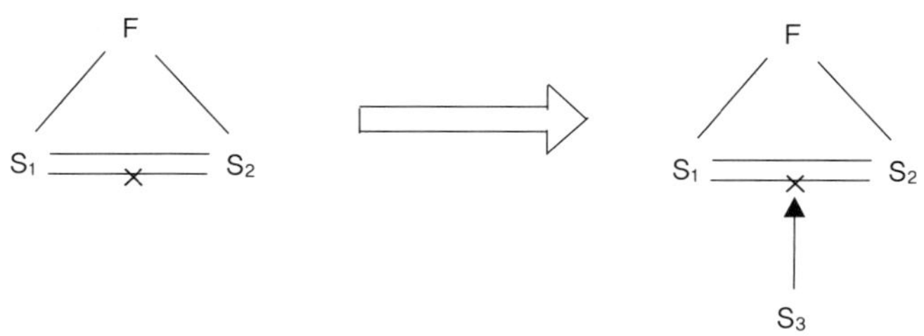

그림 A3.7

표준 1.2.2

유용한 작용과 해로운 작용이 동시에 물질-장의 두 물질사이에 있고, 물질 사이에 직접적인 접촉을 유지할 필요는 없지만, 외부 물질의 도입이 금지되거나, 바람직하지 않다면, 문제는 원래 물질(S1, S2)의 변형물인 제3의 물질을 도입함으로써 해결될 수 있다(그림 A3.8).

▷ 사례 : 문제 2.10(벽이 얇은 관을 구멍내는 방법)

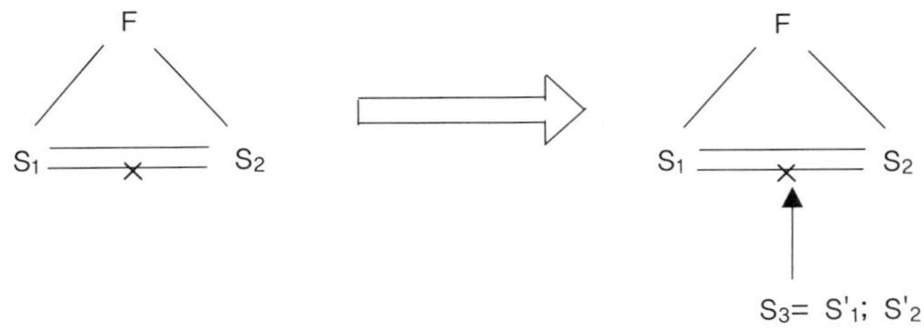

그림 A3.8

표준 1.2.3

만약 물질에 대한 장의 해로운 작용을 제거할 필요가 있다면, 문제는 장의 해로운 작용을 딴 데로 돌리는 제2의 물질을 도입함으로써 해결될 수 있다(그림 A3.9).

▷ 사례 : 문제 2.11(수도관 파열 문제)

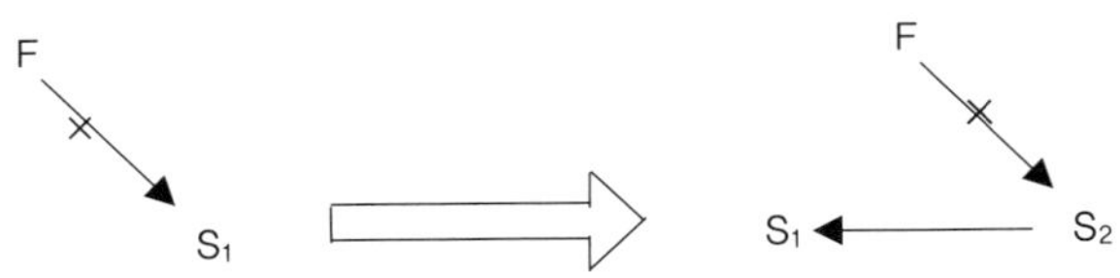

그림 A3.9

표준 1.2.4

유용한 작용과 해로운 작용이 동시에 물질-장의 두 물질 사이에 있고, 물질 사이에 직접적인 접촉을 유지해야 한다면, 문제는 이중 물질-장으로 전이함으로써 해결될 수 있다. 기존의 장 F1이 유용한 작용을 제공하는 한편, 새로운 장 F2가 해로운 작용을 중화(또는 해로운 작용을 제2의 유용한 작용으로 변환)한다(그림 A3.10).

▷ 사례 : 문제 3.5(증기터빈 날개 문제)

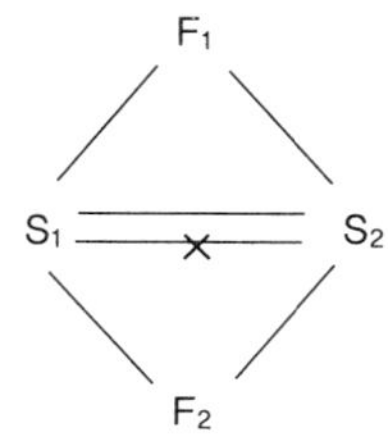

그림 A3.10

표준 1.2.5

만약 자기장을 갖는 물질-장을 깨야한다면, 문제는 물질을 충격 소자(消磁)시키거나 큐리 온도 이상으로 가열함으로써 물질의 강자성 특성을 "없애는", 물리효과를 사용함으로써 해결될 수 있다(그림 A3.11).

▷ 사례 : 용접 표면에 대한 강자성 분말의 용접 저항은 가끔 용접 전류의 자기장에 의한 분말의 반발 때문에 생긴다. 용접 영역으로 분말을 가져오기 전에 큐리 온도까지 분말을 미리 가열한다는 제안이 있다.

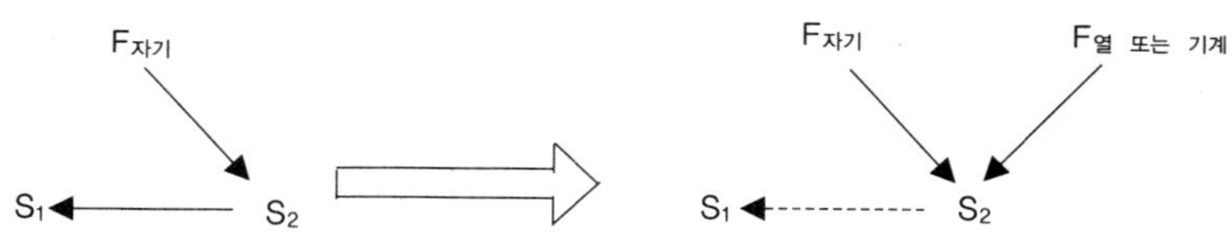

그림 A3.11

A3.2 클래스 2 : 물질-장 시스템의 진화

A3.2.1 그룹 2.1 : 복합 물질-장으로 전이

표준 2.1.1

만약 물질-장의 효율을 향상시켜야 한다면, 그것은 물질-장에서 하나의 물질을 독립적으로 제어되는 물질-장으로 변환하여, 사슬 물질-장으로 만듦으로써 얻을 수 있다(그림 A3.12).

▷ 사례 : 사례 5.44(망치의 효율향상 방법)

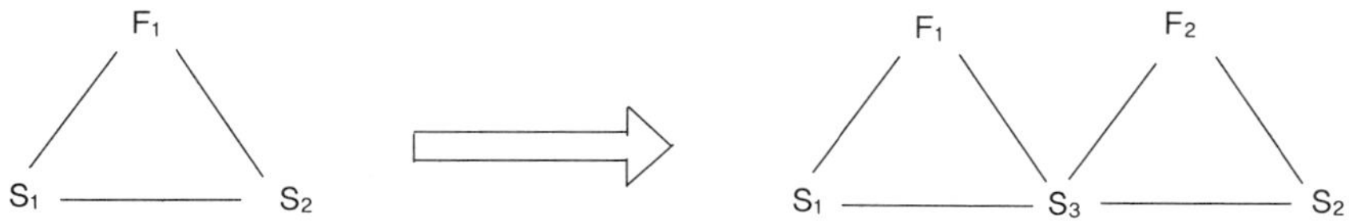

그림 A3.12

표준 2.1.2

만약 물질-장의 제어능력을 향상시켜야 하지만, 이 물질-장 요소들의 교체가 허락되지 않는다면, 문제는 잘 제어할 수 있는 제2의 물질-장의 도입에 의해 이중 물질-장을 합성함으로써 해결될 수 있다(그림 A3.13).

▷ 사례 : 사례 5.43(용융금속의 방출속도 문제)

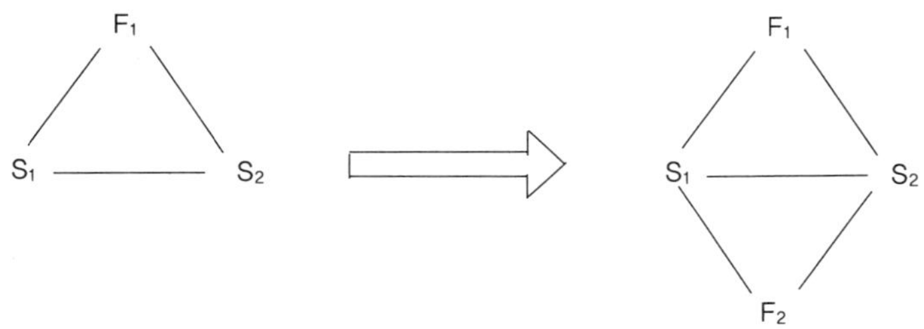

그림 A3.13

A3.2.2 그룹 2.2 : 물질-장의 강화

표준 2.2.1

물질-장의 효율은 제어할 수 없거나, 제어가 잘 안되는 장을 제어가 잘되는 장으로 교체함으로써 향상될 수 있다.

▷ 사례 : 중력장을 기계장으로, 기계장을 전기장 등으로 교체.

표준 2.2.2

물질-장의 효율은 도구 물질(S_2)의 분할도를 올림으로써 향상될 수 있다.

▷ 사례 : 사례 5.16(MIT의 범용 단일 압형도구)

표준 2.2.3

물질 분할의 특별한 경우는 고형물질로부터 모세관 또는 다공성 물질로 전이이다. 이 전이는 다음과 같은 진화 라인을 따라 진행한다 : 고형물질 → 하나의 구멍이 있는 고형물질 → 다중 구멍이 있는 고형물질(구멍 뚫린 물질) → 다공성 또는 모세관으로 채워진 물질 → 규칙성 구조의 모세관 또는 세공(細孔)으로 채워진 물질

▷ 사례 : 회로 기판위에 전자 부품을 용접할 때, 단자 단락(短絡)의 원인인 땜납 브리지(과도한 땜납)와 같은 용접 결점이 종종 발생하고, 그것을 제거할 필요가 있다. 미국 특허 6,681,980은 과도한 용융 땜납을 빨아들이는 모세관 형태의 홈이 있는 용접 인두 끝을 설명한다.

표준 2.2.4

물질-장의 효율은 시스템의 유연성을 증가시킴으로써 향상될 수 있다. 이것은 시스템 구조를 보다 유연하고 빠르게 변화할 수 있는 구조로 전이한다는 의미이다.

▷ 사례 : 5장에 있는 동적 특성의 증가의 법칙을 설명하는 사례들을 볼 것.

표준 2.2.5

물질-장의 효율은 균일한 장을 불균일한 장으로, 또는 무질서한 장을 일시적인 특별한 공간 구조로 전이함으로써 향상될 수 있다(안정된 또는 가변 장; 그림 A3.14).

▷ 사례 : 미국 특허 5,006,266은 개별 입자들을 파동의 마디 또는 배로 유인함으로써 액체 내에 있는 입자상 물질을 분리시키는 초음파의 정상파를 설명한다.

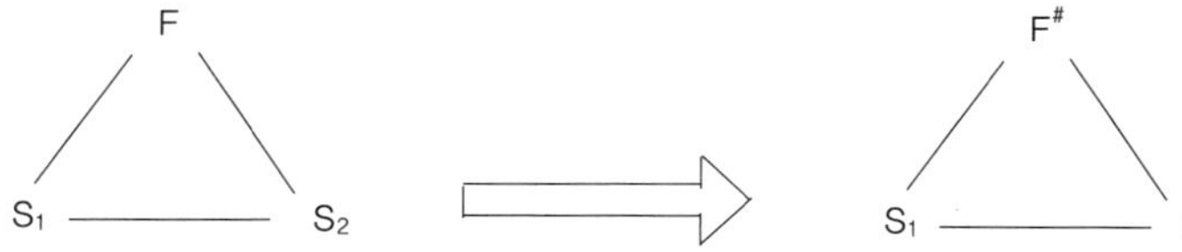

그림 A3.14

표준 2.2.6

물질-장의 효율은 균일한 물질을 공간상 특별한 구조를 갖는 물질로 전이함으로써 향상될 수 있다(안정된 또는 가변 물질; 그림 A3.15).

▷ 사례 : 방염 다공성 블록을 만들기 위해서, 블록 안에 미리 넣은 비단 실을 태움으로써 길이 방향으로 세공을 만든다.

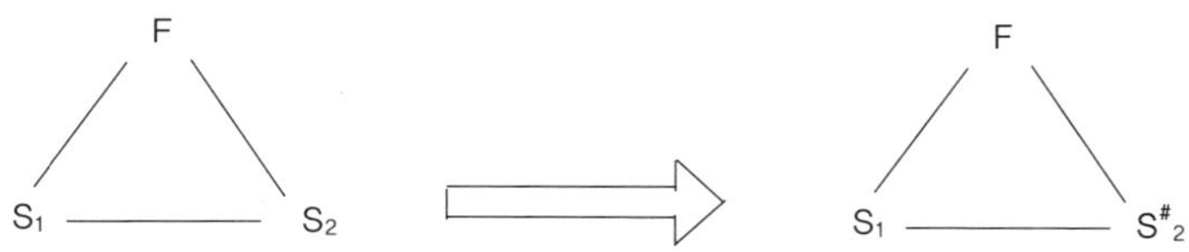

그림 A3.15

A3.2.3 그룹 2.3 : 리듬조화

표준 2.3.1

완전한 물질-장의 효율은 장 작용의 진동수를 대상 또는 도구의 진동수와 동조시키거나 동조를 깸으로서 향상될 수 있다.

▷ 사례 : 요도(尿道)로부터 돌을 빼내기 위해서, 때때로 고리달린 실을 요도에 넣고, 실 고리로 돌을 빼낸다. 요도의 연동 운동 진동수와 같은 크기의 맥동을 가하라는 제안이 있다. 이것은 수술 상처와 고통을 줄임으로써 여러 모양과 크기의 돌의 제거를 도와준다.

표준 2.3.2

복합 물질-장의 효율은 장의 진동수를 다른 장의 진동수와 동조시키거나 동조를 깸으로써 향상될 수 있다.

▷ 사례 : 이동 자기장과 진동의 조합으로 광석을 처리함으로써 미세한 가루의 자성 광석을 모으는 방법이 있다. 분리 공정의 효율은 진동과 동조시키면서 자기장의 강도를 바꾸면 향상된다.

표준 2.3.3

변경과 측정과 같은 두 가지 작용이 양립할 수 없다면, 한 작용의 휴지기 동안에 다른 작용을 수행한다(일반적으로 한 작용의 휴지기를 다른 유용한 작용으로 채워야 한다).

▷ 사례 : 저항 점(點)용접의 열 사이클을 자동제어하기 위해서 열전 전위를 측정할 필요가 있다. 용접 중에 높은 펄스 진동수에 대한 제어 정확성은 용접 전류의 펄스 사이의 휴지기 동안에 열전 전압을 측정함으로써 개선된다.

A3.2.4 그룹 2.4 : 자성-장(fefields)과 전기-장(efields)

현대 기술 시스템은 자성-장(분산된 강자성 물질과 자기장을 갖는 물질-장)의 적용으로 최대로 강화될 수 있다.

표준 2.4.1

물질-장 시스템의 효율은 강자성 물질과 자기장을 사용해서 향상될 수 있다(그림 A3.16).

이 표준은 미세하게 분할되지 않은 강자성 물질의 적용에 관한 것이다. 이러한 시스템은 자성-장으로 전이 중인 원시 자성-장이라 할 수 있다. 이 표준은 단일 물질-장뿐만 아니라 복합 물질-장에 적용할 수 있다.

▷ 사례 : 자성 물질이 삽입된 망치는 사용하기 전에 못을 집고, 고정시켜 잡고 있을 수 있다.

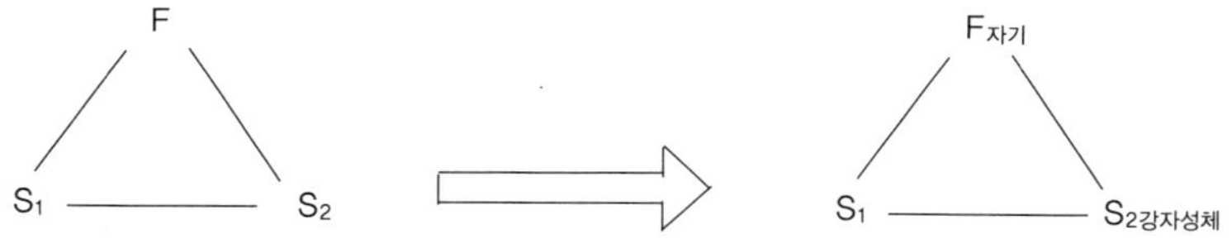

그림 A3.16

표준 2.4.2

물질-장 또는 원시 자성-장의 제어능력은 물질 중 하나를 자성 입자로 대체하거나, 칩, 알갱이, 낟알 같은 강자성 입자를 참가하고, 자기장 또는 전자기장을 사용함으로써 향상될 수 있다.

자성-장이 되기 전에, 물질-장 시스템은 물질-장 진화 사이클을 반복하지만, 새로운 상위 수준에서 자성-장은 높은 제어능력과 효율을 갖는 특징이 있기 때문에 결국 자성-장이 된다.

▷ 사례 : 치료용 자기 테이프는 전형적으로 플라스틱에 자성 입자를 끼워 넣어서 만든 플라스틱 호일이다. 플라스틱 호일에 외부 자기장을 가하면, 자성 입자들이 배열된다; 이것이 자성 분극 영역을 만든다.

표준 2.4.3

자성-장의 효율은 자기유변 유체로 전이함으로써 향상될 수 있다.

▷ 사례 : 사례 5.45(점성유체 클러치)

표준 2.4.4

자성-장의 효율은 모세관이나 다공성 구조를 사용함으로써 향상될 수 있다.

▷ 사례 : 다공성 구조를 갖는 분말 금속 부품을 자기유변 유체에 침지시키면, 다양한 장치에서 부품들의 결합력이 향상된다(미국 특허 6,428,860).

표준 2.4.5

만약 자성-장으로 전이해서 제어능력을 향상시킬 필요가 있지만, 강자성 입자로 물질의 교체가 불가능하다면, 물질 중에 하나에 강자성 입자를 첨가하여 내부 또는 외부 복합 자성-장을 구성함으로써 향상될 수 있다(그림 A3.17).

▷ 사례 : 자성 연마 가공에서 철가루로 소결(燒結)된 일반 연마 입자를 전자석과 작업부품 사이에 둔다. 입자와 작업부품 사이에 상대적인 움직임이 있을 때, 연마가 발생한다[Jain, 2002].

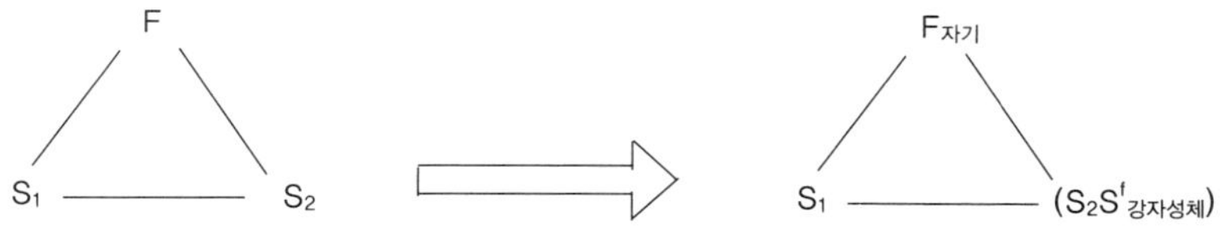

그림 A3.17

표준 2.4.6

만약 제어능력이 물질-장에서 자성-장으로 전이함으로써 향상되어야 하지만, 강자성 입자로 물질의 교체나 물질에 강자성 입자의 추가가 불가능하다면, 강자성 입자를 주위 매체(환경)에 추가해야 한다.

▷ 사례 : 자화된 입자를 함유한 플라스틱 시트(자기 매트)는 여러 환경(작업장, 정비공장 등)에서 도구, 너트, 볼트 그리고 손이 닿는 거리에 있는 다른 부품들을 붙여두기 위해서 사용된다.

표준 2.4.7

자성-장 시스템의 제어능력은 물리효과를 사용함으로써 향상될 수 있다.

▷ 사례 : 측정용 자기 증폭기의 감도를 향상시키기 위해서, 중심 부분의 온도를 중심 재료의 큐리 온도의 0.92–0.99로 유지한다.[6)]

표준 2.4.8

자성-장 시스템의 효율은 시스템을 역동화시키거나 유연한 가변 구조로 전이시킴으로써 향상될 수 있다.

▷ 사례 : 속이 빈 물체의 벽두께는 물체 외부에 자기 변환기와 내부에 강자성체를 둠으로써 측정된다. 측정 정밀도를 높이기 위해서, 강자성체를 강자성 입자로 코팅된 팽창할 수 있는 탄성 풍선의 형태로 만든다. 따라서 이 풍선은 측정하려는 물체와 정확하게 같은 형태가 될 수 있다.

표준 2.4.9

자성-장 시스템의 효율은 균일한 구조를 갖는 장을 이질 구조를 갖는 장으로, 또는 무질서한 구조를 갖는 장을 정의된 3차원 구조를 갖는 장(일정 또는 가변; 그림 A3.18)으로 전이함으로써 향상될 수 있다. 특별하게 만약 자성-장(또는 자성-장 부분이 될 수 있는 물질)이 어떤 3차원 구조로 주어져야 한다면, 필요한 물질 구조에 해당하는 구조 장에서 그 공정을 수행해야 한다.

▷ 사례 : 강모(剛毛)가 있는 플라스틱 매트를 만들기 위해서, 필요한 강모 형태로 강자성 분말을 용융 플라스틱 매트에 붙는다. 자기장이 분말을 끌어내서 강모를 만든다. 부가적인 이득으로 이 해결책은 강모 형태의 빠른 성장과 변경을 가능하게 한다.

6) 큐리 온도에 도달하기 직전에, 페라이트의 자화율이 최대치에 도달한다(홉킨스 효과).

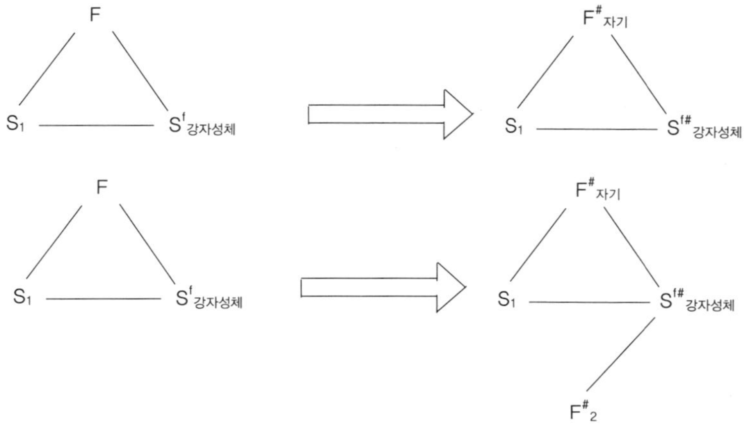

그림 A3.18

표준 2.4.10

"원시 자성-장" 또는 자성-장 시스템의 효율은 시스템 구성 성분들의 리듬조화로 향상될 수 있다.

▷ 사례 : 덩어리 강자성 물질을 이송하기 위해서 "동전 던지기"식의 진동 장치를 사용한다. 이송 속도는 이송 방향으로 움직이는 맥동 자기장을 가함으로써 증가된다. 자기 펄스의 기간을 진동하고 있는 재료의 "비행 위상" 기간과 같도록 조절한다.

표준 2.4.11

강자성체의 도입이나 자화를 제공하기 어려울 경우, 직접 전도 또는 유도 전류와 외부 전자기장의 상호작용, 또는 그러한 전류들 사이의 상호작용을 사용해야 한다.

▷ 사례 : 비자성 금속 부품의 그립핑(gripping)은 그립핑 장치의 부분인 자석의 장 변형선과 수직 방향으로 부품 몸체에 직류 전류를 통과시킴으로써 이루어진다.

자성-장이 강자성 입자를 도입한 시스템이라면, 전기-장은 강자성 입자 대신에 전류를 도입한 시스템이다. 자성-장과 유사하게 전기-장의 진화는 다음과 같은 일반 라인을 따른다: 단일 전기-장 → 복합 전기-장 → 외부 매체를 포함한 전기-장 → 역동화된 전기-장 → 구조화된 전기-장 → 리듬조화의 전기-장.

표준 2.4.12

자기장을 사용할 수 없다면, 전기유변 유체를 사용할 수 있다.

▷ 사례 : 5장 스마트 재료를 볼 것.

A3.3 클래스 3 : 상위 수준 시스템과 미시수준으로 전이

A3.3.1 그룹 3.1 : 이중, 다중 시스템으로 전이

표준 3.1.1

진화의 어느 단계에서 시스템의 효율은 시스템이 다른 시스템과 결합해서 이중 또는 다중 시스템이 됨으로써 향상될 수 있다.

▷ 사례 : 독서용 안경, 총신이 두 개인 사냥총, 반도체 다이오드, 술이 든 캔디, 다색 잉크 펜, 두루마리 우표, 다층 케이크 등.

표준 3.1.2

합성된 이중, 다중 시스템의 효율은 우선적으로 그러한 시스템 성분들 사이의 연결이 계속해서 진화함으로써 의해 향상될 수 있다.

▷ 사례 : 접이식 독서용 안경.

표준 3.1.3

이중, 다중 시스템의 효율은 시스템 성분들의 다양성이 다음 라인을 따라 증가할 때 향상된다: 동일한 성분들 → 변형된 특성을 갖는 성분들 → 다른 성분들 → '성분과 반대 성분'의 반대특성의 조합.

▷ 사례 : 사례 5.22 – 5.26

표준 3.1.4

이중, 다중 시스템의 효율은 시스템의 융합 과정에서 향상된다. 그 핵심 이유는 보조 부품이 줄기 때문이다; 예, 이중 총신 총은 단지 한 개의 개머리를 갖는다. 완전하게 융합된 이중, 다중 시스템은 다시 단일 시스템이 되고, 진화 사이클이 새로운 수준에서 반복될 것이다.

▷ 사례 : 사례 5.27 – 5.30

표준 3.1.5

이중, 다중 시스템의 효율은 시스템과 그 성분들 사이에 모순 특성을 분배함으로써 향상될 수 있다: 전체 시스템은 특성 P를 갖는 반면, 그 성분들은 반대 특성 -P를 갖는 시스템을 사용한다.

▷ 사례 : 문제 2.7(불규칙한 모양의 부품 : 바이스 문제)

A3.3.2 그룹 3.2 : 미시수준으로 전이

표준 3.2.1

진화의 어느 단계에서 시스템의 효율은 거시 수준에서 미시수준으로 전이함으로써 향상될 수 있다. 이때 시스템과 그 부분들은 장이 제어하는, 바람직한 작용을 수행할 수 있는 물질로 대체된다.

▷ 사례 : 사례 5.37(금속가공 기술의 진화)

A3.4 클래스 4 : 검출과 측정을 위한 표준

A3.4.1 그룹 4.1 : 우회

표준 4.1.1

시스템에 측정이나 검출이 필요한 문제가 있다면, 측정과 검출이 필요 없도록 시스템을 바꾸어야 한다.

▷ 사례 : 문제 3.6(자기조절 인두)

표준 4.1.2

만약 표준 4.1.1을 사용할 수 없다면, 물체와 직접적인 상호작용을 물체의 복사품 또는 사진 이미지와의 상호작용으로 대체하는 것이 바람직하다.

▷ 사례 : 다층 스펙트럼 위성 이미지는 작물 평가를 위한 효과적인 도구이다. 이것은 스펙트럼의 근적외선 부분에서 식물의 빛 반사 능력에 근거를 두고 있다. 식물의 적외선 반사율은 식물 생명체의 성장에 따라 증가한다. 위성이 이 반사율을 측정하고, 그것을 식물 생명체의 양과 예상되는 곡물 수확량에 해당하는 디지털 데이터로 변환한다.

표준 4.1.3

만약 표준 4.1.1과 표준 4.1.2를 사용할 수 없다면, 그 문제를 변화를 연속적으로 검출하는 문제로 변환하는 것이 바람직하다.

어떤 측정이든 정밀도에 한계가 있다. 그래서 만약 무언가 측정을 해야 한다면, "기본 측정 행위"를 두 번의 연속 측정으로 항상 분리할 수 있다.

▷ 사례 : 구리 광석을 채광하는 과정에서, 거대한 지하 홀 또는 "방"이 생긴다. 폭발과 다른 이유들 때문에 방의 천장이 일부 지역에서 벗겨지고, 무너진다. 천장의 상태를 감시하고, 우묵한 곳이 생기는지 검출할 필요가 있다. 그러나 천장이 5층 건물 높이이기 때문에 그것이 매우 어렵다. 구리 광석을 채광하기 전에 천장 위쪽에서 수직으로 구멍들을 뚫고, 구멍에 여러 색상의 발광 물질을 삽입하라는 제안이 있다. 만약 일부 위치의 천장에서 지붕모양의 우묵한 곳이 생긴다면, 발광체가 노출되기 때문에 그것을 쉽게 검출할 수 있다. 우묵한 곳의 깊이는 발광체의 색상으로 판단한다.

A3.4.2 그룹 4.2 : 측정 물질-장의 합성

표준 4.2.1

만약 불완전한 물질-장 요소를 측정하거나 검출하기가 어렵고, 표준 4.1.1을 사용할 수 없다면, 물질-장을 완성하며, 출력 측에 장을 갖게 한다(그림 A3.19).

▷ 사례 : 문제 3.7(냉장고 배관 누수 문제)

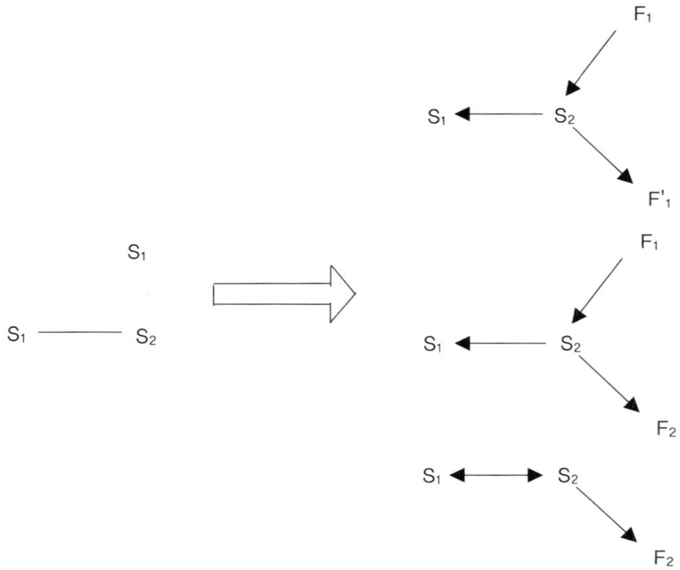

그림 A3.19

표준 4.2.2

만약 시스템이나 그 부분들이 검출 또는 측정하기 어렵다면, 검출이 쉬운 첨가제를 도입함으로써 문제를 내부 또는 외부 복합 물질-장으로 전이한다(그림 A3.20).

▷ 사례 : 부품 사이에 실제 접촉면적은 접촉면 중 하나를 발광체로 페인트칠함으로써 측정된다.

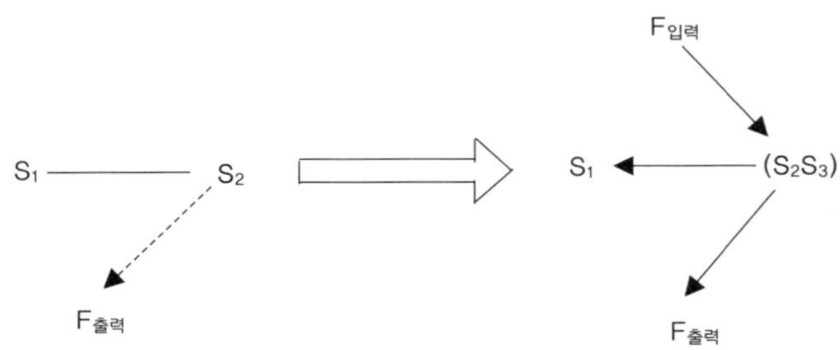

그림 A3.20

표준 4.2.3

만약 검출과 측정 절차가 어떤 순간에 수행하기 어렵고, 쉽게 검출하거나 측정할 수 있는 장을 일으키는 첨가제를 도입할 수 없다면, 첨가제를 외부 매체에 도입해야 한다(그림 A3.21).

▷ 사례 : 내연 엔진의 마모를 감시하기 위해서 "마모된" 금속의 양을 측정할 필요가 있다. 금속 입자들이 윤활유 안에 떠있다. 윤활유에 발광체를 첨가하라는 제안이 있다: 금속 입자가 발광체의 발광을 막을 것이다.

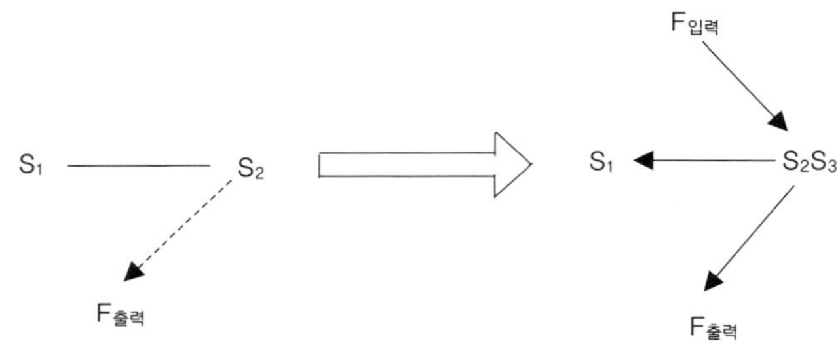

그림 A3.21

표준 4.2.4

표준 4.2.3에서처럼 외부 매체에 첨가제를 도입할 수 없다면, 물질-장의 물질을 그 구성 요소로 분해하거나, 물질의 응집상태를 바꿈으로써 물질-장의 물질에서 그러한 첨가제를 만들어야 한다. 그러한 첨가제로써, 전기분해, 캐비테이션 등이 만드는 기체나 증기 기포가 자주 사용된다.

▷ 사례 : 캐비테이션은 관내에 액체 유속을 측정하는 데 사용된다(만약 첨가제의 도입이 불가능하다면). 작고, 안정된 기포를 인덕턴스 또는 콘덴서 센서의 도움으로 검출한다.

A3.4.3 그룹 4.3 : 측정 물질-장의 강화

표준 4.3.1

물질-장 시스템의 검출과 측정의 효율은 물리효과를 사용함으로써 향상될 수 있다. 어떤 경우에는 기존 물질로 열전쌍을 만들 수 있어서, 시스템에 관한 필요한 정보를 "공짜"로 얻을 수 있다. "정보 장(시그널)"은 유도에 의해서도 얻을 수 있다.

▷ 사례 : 문제 3.13(열전쌍에 의한 베어링 온도 측정)

표준 4.3.2

만약 시스템의 어떤 변화를 직접 검출하거나 측정할 수 없고, 장을 시스템에 적용할 수 없다면, 시스템이나 그 부분에서 공명진동을 일으킴으로써 문제를 해결할 수 있다; 진동 주파수의 변화를 기록함으로써 시스템의 변화를 감시할 수 있다.

▷ 사례 : 큰 오일 저장소에 있는 오일의 양은 저장소에 강제 진동을 줌으로써 측정된다.

표준 4.3.3

표준 4.3.2를 적용할 수 없다면, 제어하고자 하는 시스템에 연결된 물체(외부 매체)의 자연 진동수 변화를 측정함으로써 시스템 상태를 평가할 수 있다.

▷ 사례 : 시멘트 굽는 노에 있는 용재(溶滓)의 질량은 의사(擬似) 비등 층 위쪽에 있는 기체의 자려 진동의 변화를 측정함으로써 측정된다.

A3.4.4 그룹 4.4 : 측정 자성-장으로 전이

표준 4.4.1

자기장이 없는 측정 물질-장은 원시 자성-장으로 전이하는 경향이 있다(그림 A3.22).

▷ 사례 : 미국 특허 6,742,229는 자동차의 안전벨트 시스템에 사용하는 버클 장치를 설명한다. 이 시스템은 홀더에 삽입되는 "혀"가 채워졌는지 어떤지를 감지할 수 있다. 이것은 자석 판의 도움으로 가능한데, "혀"와 판의 위치를 감지하는 자석 센서가 함께 움직인다.

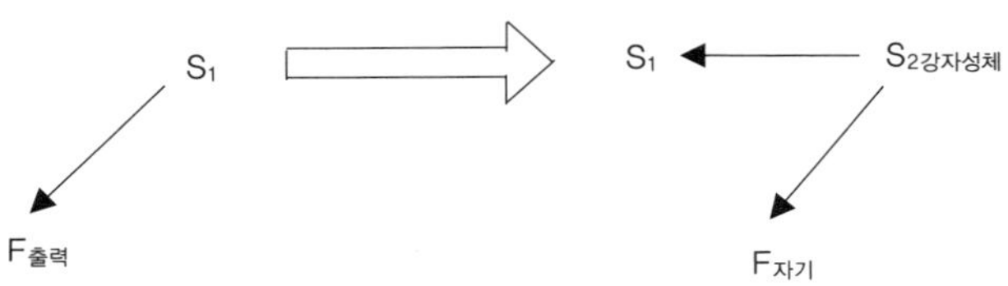

그림 A3.22

표준 4.4.2

원시 자성-장과 물질-장의 검출과 측정의 효율은 물질 중 하나를 강자성 입자로 대체한 다음(또는 강자성 입자를 첨가한 다음) 자기장의 검출이나 측정을 수행함으로써 향상될 수 있다.

▷ 사례 : 고분자 조성에 자성 분말을 첨가함으로써 고분자 조성의 경화(고화) 또는 연화 정도를 비파괴로 평가할 수 있다. 측정 파라미터는 고화/연화 과정에서 고분자 조성의 자기 투과도의 변화이다.

표준 4.4.3

표준 4.4.2를 사용할 수 없다면, 자성-장으로 전이는 물질에 첨가제를 도입하여 복합 자성-장을 만듦으로써 실행된다.

▷ 사례 : 광산에서 압축 액체를 바위에 가함으로써 바위를 수압으로 파괴한다. 압축 액체를 제어하기 위해서 강자성 분말을 유체에 첨가하고, 유체의 파라미터를 측정한다.

표준 4.4.4

표준 4.4.3을 사용할 수 없다면, 강자성 입자를 외부 매체에 도입해야 한다.

▷ 사례 : 현대 배가 일으키는 물결을 연구하기 위해서 자성 입자를 물에 첨가한다.

표준 4.4.5

자성-장 측정 시스템의 효율을 향상시키기 위해서 큐리 온도를 지나는 전이, 홉킨슨 효과, 바크하우젠 효과[7]와 같은 물리효과를 사용할 수 있다.

▷ 사례 : 미국 특허 4,534,405는 강철 버팀 구조물의 표면을 검사하는 방법을 설명한다. 강철 구조물의 얇은 표면층을 검사하려는 표면만 큐리 온도 이하로 강하게 냉각한다. 강철 중심부의 온도는 그대로 유지된다. 그 직후 냉각된 표면층에서 자기장이 유도되고, 결점이 존재하면 유도장에 장애가 검출된다.

A3.4.5 그룹 4.5 : 측정 물질-장의 진화 방향

측정 물질-장의 진화는 전통적인 시스템 전이에 따라 진행하지만, 약간의 특별한 특징이 있다.

7) 강자성 물질의 자화 과정에서 자기장이 갑작스럽게 증가하는 현상

표준 4.5.1

진화의 모든 단계에서 측정 시스템의 효율은 이중 또는 다중 시스템으로 전이함으로써 향상될 수 있다.

▷ 사례 : 작은 벌레의 체온을 측정하기 위해 많은 벌레를 유리컵에 넣는다. 그러면 통상의 온도계를 사용할 수 있다.

표준 4.5.2

측정 시스템은 다음 방향으로 진화한다: 기능의 측정 → 기능의 1차 미분 계수의 측정 → 기능의 2차 미분 계수의 측정.

▷ 사례 : 진동 측정 기법은 진동 변위의 측정(지진계)으로부터 진동 속도의 측정(속도계)으로, 계속해서 진동 가속도의 측정(가속도계)으로 진화하였다. 현재 대부분의 진동 측정은 가속도계를 사용해서 실시된다.

A3.5 클래스 5 : 표준 적용을 위한 표준

A3.5.1 그룹 5.1 : 물질의 도입

표준 5.1.1

시스템에 물질을 도입할 필요가 있지만, 그것이 문제의 상세설명이나, 시스템의 성능 조건 때문에 받아드릴 수 없다면, 약간의 간접적인 방법을 사용해야 한다.

(1) 물질 대신에 빈 공간을 사용하라.

▷ 사례 : 문제 3.8(투명한 액체 내의 불순물 확인 방법)

(2) 물질 대신에 장을 사용하라.

▷ 사례 : 문제 3.11(케이블카의 속도측정 문제)

(3) 내부 첨가제 대신에 외부 첨가제를 사용하라.

▷ 사례 : 속이 빈 세라믹 용기의 벽 두께를 측정하기 위해서 용기를 높은 전기전도성 액체로 채운다. 옴계 한쪽 리드선을 액체에 담그고, 측정하고자 하는 용기의 외부 면에 다른 리드선을 댄다.

(4) 극히 활성이 높은 첨가제를 아주 적게 도입하라.

▷ 사례 : 관을 늘이기 위해 광물성 윤활유를 사용한다. 변형 영역에서 윤활유의 유압을 줄이기 위해서 약 0.2~0.8 중량%의 폴리메틸아크릴레이트를 윤활유에 첨가한다.

(5) 보통의 첨가제를 물체의 필요한 부분에 전략적으로 집중해서 아주 적게 도입하라.

▷ 사례 : 전기전도성 고분자를 만들기 위해서 불연속 섬유 형상의 강자성 입자를 고분자에 도입하고, 높은 전도성을 원하는 방향으로 그것을 배향한다.

(6) 일시적으로 첨가제를 도입하라.

▷ 사례 : 속이 빈 강자성 부품의 자기배향은 부품 안쪽에 강자성 조각을 미리 삽입함으로써 향상된다.

(7) 물체 대신에 첨가물의 삽입이 가능한 대체품(실물 크기의 모형; 모조품)을 사용하라.

▷ 사례 : 단면 형태에 대한 3차원 입체분석의 정확도를 높이기위해서, 투명 모조품 안에 있는 액체의 수평면을 사용해서 입체의 평단면들을 얻는다. 이때 투명 모조품의 공간 위치와 기울기는 쉽게 바꿀 수 있다.

(8) 화학조성물 형태로 첨가제를 도입하고, 조성물의 분해에 의해 필요한 첨가제를 얻어라.

▷ 사례 : 목재는 암모니아로 가소화될 수 있다. 처리과정에서 목재 표면을 가소화하기 위해서 미끄럼 동안에 마찰열로 분해되어, 암모니아를 방출하는 화학조성물로 목재를 침지시킨다.

(9) 주위 매체 또는 물체를 분해시켜서(예를 들어 전기분해에 의해서), 또는 물체 일부분 또는 주위 매체의 응집상태를 바꿈으로써 첨가제를 만들어라.

▷ 사례 : 전기방전 가공공정 중에 생기는 찌꺼기의 제거를 강화하기 위해서, 가공 영역 옆에 있는 전극의 전기분해가 기체를 발생한다.

표준 5.1.2

만약 시스템이 바람직한 변화에 반응하지 않고, 도구의 변경과 첨가제의 도입이 불가능하다면, 대상을 서로 상호작용할 수 있는 부분으로 나눈다.

▷ 사례 : 광산에서 먼지 에어로솔을 응고시키기 위해서, 먼지의 흐름을 두 부분으로 나눈다. 각 흐름에 반대 하전을 준 다음, 서로 향하도록 하면 먼지의 정전기 응고가 향상된다.

표준 5.1.3

시스템에 도입된 물질은 기능을 수행한 후에 사라지거나, 시스템이나 환경에 이미 존재하는 물질과 같아져야 한다.

▷ 사례 : 문제 3.9(순수 산화베릴륨 결정의 제조법)

표준 5.1.4

만약 많은 양의 물질을 도입해야하지만, 그것이 문제의 상세설명에 의해 금지되었거나, 시스템의 성능 조건 때문에 받아들일 수 없다면, 물질 대신에 빈 공간(팽창할 수 있는 구조 또는 거품)을 사용한다.

▷ 사례 : 임시 건물로 공기팽창 구조물의 사용

A3.5.2 그룹 5.2 : 장의 도입

표준 5.2.1

물질-장에 장을 도입할 필요가 있다면, 먼저 이미 존재하는 장을 사용해야 한다. 시스템을 구성하는 물질이 이러한 장의 원천이다.

▷ 사례 : 문제 3.12(로켓 액체산소 탱크의 기포제거 방법)

표준 5.2.2

물질-장에 장을 도입할 필요가 있고, 표준 5.2.1을 적용할 수 없다면, 환경에서 가용한 장을 사용해야 한다.

▷ 사례 : 1999년 시티즌 시계 회사는 체온으로 데워지는 시계 케이스 뒷면과 주위 공기 사이의 온도차로 움직이는 시계를 소개하였다.

표준 5.2.3

물질-장에 장을 도입할 필요가 있고, 표준 5.2.1을 적용할 수 없다면, 시스템이나 환경에 이미 존재하는 물질이 유도하는 장을 사용해야 한다.

▷ 사례 : 시스템 "부품 절삭 도구"가 절삭 영역의 온도를 측정하기 위한 열전쌍으로 사용된다("자연 열전쌍").

A3.5.3 그룹 5.3 : 상전이

표준 5.3.1

물질의 사용 효율은 다른 물질의 도입 없이 상전이 1에 의해, 즉 기존 물질의 상 상태(phase state)를 바꿈으로써 향상될 수 있다.

▷ 사례 : 광산에서 공기 시스템의 동력은 압축 공기보다는 액화 공기에 의해 공급된다.

표준 5.3.2

"이중" 특성은 상전이 2의 활용에 의해, 즉 작업 조건에 따라 한 상 상태에서 다른 상 상태로 전이할 수 있는 물질을 사용함으로써 실현될 수 있다.

▷ 사례 : 형상기억 합금의 사용(예, 사례 5.17).

표준 5.3.3

시스템 효율은 상전이 3의 활용에 의해, 즉 상전이가 수반하는 현상에 의해서 향상될 수 있다.

▷ 사례 : 냉동 상품의 운송장치는 얼음 받침으로 만든 지지 요소를 갖는다. 얼음이 녹기 때문에 마찰이 줄어든다.

표준 5.3.4

시스템의 "이중" 특성은 상전이 4의 활용에 의해, 즉 하나의 상 상태를 두 가지 상 상태로 대체함으로써 향상될 수 있다.

▷ 사례 : 캐비아와 같은 민감한 제품에 대한 손질은 제품 덩어리를 깬 다음, 물로 오염을 씻어내는 공정이 있다. 제품에 대한 가능한 손상을 줄이기 위해서 물을 기체로 포화시킨다.

표준 5.3.5

기술 시스템의 효율은 상전이 4의 활용에 의해, 즉 시스템의 부분들 또는 상 사이의 물리적, 화학적 상호작용의 도입으로 향상될 수 있다.

▷ 사례 : 압축기와 열 기계장치에 기체와 가는 고체 입자로 구성된 2상 작동 매체를 사용해서 냉동기의 기체 압축과 가열기의 팽창을 향상시키기 위해서, 고체 입자 물질로써 일반 또는 선택적 흡수 능력이 있는 흡착제를 사용한다.

A3.5.4 그룹 5.4 : 물리효과 활용의 특징

표준 5.4.1

물질이 주기적으로 다른 물리적 조건으로 존재해야 한다면, 물체 스스로가 상전이, 이온화/재결합, 분해/결합과 같은 물리적 가역 변형에 따른 전이를 해야 한다.

▷ 사례 : 문제 2.5

표준 5.4.2

만약 약한 입력장에 반응하여 강력한 출력장 작용이 필요하다면, 변환기 물질을 임계 조건 가까이로 가져가야 한다. 그러면 약한 신호조차도 강해진다.

▷ 사례 : 봉인 물체의 기밀도 시험을 하기 위해서 액체에 물체를 담그고, 액체 위쪽 압력을 액체 내부 압력보다 낮추면, 기체 기포가 기밀이 깨진 곳에서 나타난다. 시험 민감도를 높이기 위해서 액체를 가열한다.

A3.5.5 그룹 5.5 물질 입자 얻기

표준 5.5.1

이온과 같은 입자가 문제 해결을 위해 필요하지만, 문제조건 때문에 직접 얻을 수 없다면, 분자와 같은 높은 수준의 물질을 분해해서 필요한 입자를 얻어야 한다.

▷ 사례 : 문제 2.5(적 레이더에 안 걸리는 안테나)

표준 5.5.2

어떤 물질 입자(예, 분자)가 필요하지만, 직접 또는 표준 5.5.1를 사용해서 얻을 수 없다면, 이온과 같은 낮은 수준의 입자들을 늘리거나, 결합시켜서 그러한 입자를 만들어야 한다.

▷ 사례 : 나노기술 - 제품을 개별 원자로 조립(5장, 재료의 불균일도의 증가)

표준 5.5.3

표준 5.5.1을 적용하는 가장 간단한 방법은 가장 가까운 상위 "완전한" 또는

"초과" (음이온) 수준을 파괴하는 것이다. 표준 5.5.2를 적용하는 가장 간단한 방법은 가장 가까운 하위 "불완전한" 수준을 완전한 것이 되게 하는 것이다.

▷ 사례 : 화학기상증착(CVD)은 기질에 여러 가지 필름을 증착시키기 위해서 반도체 산업에서 널리 사용된다. CVD 공정에서 코팅제가 반응성 기체로부터 증착된다. 화학물질(분자)이 반응기 내의 높은 온도에서 이온으로 분해되고, 뜨거운 기질 위에 필요한 코팅(다시, 분자)을 형성하기 위해서 재결합된다.

부・록_4

경영 업무에 트리즈 사용하기

원래 트리즈는 공학 창의성을 향상시키기 위한 도구로서 개발되었다. 트리즈가 진화함에 따라 그 기본 원리는 과학, 예술 등과 같은 다른 분야에 적용할 수 있어야 한다고 알트슐러와 그 동료들은 확신을 갖게 되었다[알트슐러, 1963, 1988b; 필코브스키(Filkovsky), 1974]. 이 아이디어는 다른 진화 시스템을 분석하기 위해서, 트리즈를 개발할 때 사용했던 같은 접근방법(즉, 모든 연구 실체들을 진화 시스템으로 취급하고, "강력한 해결책들"에 대한 커다란 데이터베이스를 쌓아, 주어진 실체 부류에 맞는 진화법칙들을 정형화 하는 것)을 다른 진화 시스템에 적용하는 것이었다. 그러한 분석을 위한 대상은 기술과 가장 밀접한 관계가 있는 경영과 비즈니스 시스템이 될 것이다. 다음은 비즈니스와 조직 상황에서 사용될 수 있는 트리즈 개념과 도구들의 개요이다.

A4.1 트리즈 도구와 경영 문제

비즈니스 분야에서 자연스럽게 사용하는 진화 법칙들이 많이 있다. 예를 들어 동특성 증가의 법칙은 하청, 제품 차별화의 연기(고객 요구의 개선 및 선택과 함께, 납품시간을 줄이기 위해서 상인과 도매업자들에게 최종 조립제품의 위임, [Davis and Sasser, 1995]), 유연생산방식의 활용[McGraw, 1996], 재구성할 수 있는 기계 시스템 그리고 모듈방식의 세공구조의 사용 등과 같은 접근방법들로 드러났다.

다음과 같은 다른 비즈니스 적용사례들이 설득력 있게 동특성 증가의 법칙을 잘 설명한다: PC가 컴퓨터 본체를 대신하듯이 작은 제트엔진들이 항공 산업을 대신하기 시작하였다; 마력이 나뉜 기계들이 터빈을 대신한다; 소규모 제철소가 철강 산업을 대신한다; 휴대용 전화기가 일반 전화기를 대신하고 있다; 상호기금이 중앙 관리 회사와 정부 연금계획을 대신하기 시작하였고, 결과적으로 사회보장제도를 대신할 것이다. 그리고 앞으로 소형 발전기가 대형 발전소를 대신할 것이다. 이것은 고객들에게 저렴하고 더 많은 서비스, 유연성, 제어능력을 줄 뿐 아니라, 새로운 제품과 서비스를 가져올 것이다.

이제 막 기계문명 중심에서 벗어나, 개별 마이크로칩 시대로 접어들고 있다 [Forbes, 1997].

점점 더 많은 권한이 낮은 수준의 정부/경영관리로 위임되고 있는데(연방정부에서 주정부로, 높은 경영층에서 하위 관리자로 등), 이것 역시 위에서 언급한 진화 법칙의 사회적 사례라 할 수 있다. 또한 이러한 경향은 에너지 전달 경로를 짧게 하는 법칙으로도 설명된다.

상위 수준으로의 전이 법칙에 대한 좋은 사례로써 다중화면을 보여주는 부름버그(Bloomberg) 정보 텔레비전이 있다. 주요 뉴스를 진행하는 사회자가 화면상에서 제일 큰 사각 면을 차지하고, 지속적으로 갱신되는 두 번째 사각 면이 운세, 날씨, 주식, 환율과 같은 2차 정보를 제공하는 한편, 계속해서 움직이는 하단 면은 주식 지수, 스포츠 점수 등을 제공한다. 또한 제품이나 제조 시스템에서 모듈방식 시스템은 다중 시스템으로 전이를 나타낸다(위에서 설명한 동특성 증가뿐 아니라).

이러한 사례들에서 발전은 트리즈의 의도적인 사용없이 일어났다: 이것이 바로 트리즈가 예측한 객관적인 경향이다. 만약 우리가 진화 법칙들을 다양한 전략적 경영 문제에 직접적으로 명확하게 적용한다면, 우리는 얼마나 많은 성취를 얻을 수 있을지 상상할 수 있다.

큰 비즈니스 시스템의 경영 관련 문제들과 병목현상들은 보통 다음과 같은 경영 접근방법만으로 해결되고 있다: 인원 투입, 인센티브의 제공, 최신장비 확보 등. 그러나 트리즈 접근방법을 사용할 수 있는 사례가 많이 있다. 트리즈 정신으로 경영 문제를 해결한 사례들 중 하나로 다리/터널 앞에 있는 요금소가 있다. 과거에는 맨해튼(뉴욕시)으로 들어오고 나가는 다리와 터널 양 방향에 요금소가 있었다. 섬으로 들어오는 차량은 거의 대부분 섬을 나간다는 것을 알 수 있었다. 나가는 차량으로부터 요금을 걷는 요금소의 기능을 들어오는 쪽 요금소에 위임하였다. 이것은 들어오는 쪽 요금소를 늘이고, 나가는 쪽 요금소를 폐쇄하는 방식으로 실행되었다. 이 경영 행위는 실제 시스템(나가는 쪽 요금소)을 이상 시스템으로 대체하였다—물리적 실체가 없지만, 필요한 기능을 수행한다. 이 행위는 또한 상위시스템으로의 전이 법칙으로 설명될 수 있다(이중 시스템이 상위 수준의 단일 시스템으로 융합됨).

복잡한 경영 문제들은 병목현상을 일으키는 공학 문제를 창의적으로 해결함으로써 비용절감 방식으로 해결될 수 있다. 이에 대한 많은 사례들이 있다. 가장 효과적인 접근방법은 최소문제에 역점을 두는 것이다. 이때 우리는 내부구조에 대한 최소 변경으로 해결책을 얻는다. 좋은 사례로 뜨거운 용융 용재(鎔滓)를 송풍로에서 용재 알갱이 제조 공장으로 이송하는 문제가 있다[알트슐러, 1988b].

이것은 처음에 순전히 경영 문제로 인식되었었다. 처음에 용재는 철로 플랫폼에 설치된, 덮개가 없는 쇳물 바가지로 이송된다. 이송 중에 용재가 냉각되어, 두껍고 단단한 외피가 용재 표면에 생겼다. 액체 용재를 내리기 위해서, 단단한 외피에 구멍을 뚫을 필요가 생겼다. 또한 쇳물 바가지 안의 고화된 많은 찌꺼기들은 송풍로에서 용재를 다시 싣기에 앞서 수작업으로 제거해야만 했다. 이러한 두 종류의 작업에서 숙련도가 낮은 작업자들은 작업요소와 먼지에 노출되어, 매우 힘든 일을 해야 했다. 아무도 이런 일에 지원하지 않았고, 금전적 장려금도 도움이 되지 못했다. 검토된 또 다른 접근방법은 용재를 싣고 내리는 곳에 두 개의 비싼 기중기를 설치하고, 10~20피트 직경의 쇳물 바가지를 덮기 위한 비싸고 매우 무거운 여러 개의 덮개를 만드는 것이었다. 고위층 경영 모임에 초대된 트리즈 전문가가 공학적 해결책을 제안하였다. 그 해결책(용재 표면에 물을 뿌리면, 용융 용재의 위쪽 표면에 거품이 생겨, 효과적인 덮개가 생긴다)은 최소경비로 복잡한 경영 문제를 완벽하게 해결하였다.

이 책을 쓰고 있을 때, 웨인주립 대학교에서 트리즈 과목을 듣는 한 학생이 수업에서 해결할 문제를 가져왔다. 이 학생은 차 브레이크의 하위 조립품인 브레이크 캘리퍼스 조립품을 개발, 제조하는 자동차 부품 제조회사의 직원이었다. 캘리퍼스 조립품의 주기능은 브레이크액을 모(母)장치 실린더에서 캘리퍼스로 안내하는 것이다. 현재의 조립품은 네 개의 분리 부품으로 구성되어 있었다. 부품을 조립하는 작업자들이 종종 사고로 그것들 중 하나를 빼놓고 조립하였다. 이 때문에 브레이크액이 샜고, 틀림없이 바람직하지 않은 결과를 초래했다.

앞의 사례 연구에서처럼 전통적인 경영비법은 소용이 없었다. 이 상황에 대해서 간단하게 트리즈 분석을 한 결과, 되풀이해서 빼놓고 조립하는 부품이 보조 수정도구라는 것을 알았다. 이 부품을 제거하고, 그 기능을 남아있는 다른 부품에 위임하라는 제안이 나왔다. 회사 경영자는 제안된 설계를 승인하였고, 상세한 개발이 현재 진행 중에 있다.

모든 경영 문제가 이런 식으로 해결될 수는 없지만, 최소한 그러한 해결책을 시도하면서 얻을 수 있는 이득은 대단히 크다. 20% 성공률만으로도 충분한 가치가 있다.

트리즈의 일부 도구들은 사회-비즈니스 상호작용에 분명하게 적용될 수 있다(예를 들어, 관리자와 부하직원의 상호작용). 아직 이것을 설명해줄 충분한 사례들이 없다. 물질-장 분석을 교육훈련에 적용한 하나의 사례가 있다. 완전한 물질-장에서 장이 직접 대상에 작용하지 않고, 다른 물질(도구)을 통해 대상에 작용한다.

작업 팀 구성원들을 교육, 훈련시키면서, 종종 “대상 직원”과 직접 부딪치는 것은 매우 생산적이지 못하다. 가끔씩 “대상 직원”이 있을 때, 제3의 사람에게 불쾌한 관찰(충고)을 말하는 편이 더 좋다. 관리자나 교관으로부터 나온 이 “정보 장”이 제3의 사람에게 작용하고, 그가 “도구”로서 작용한다. 이러한 접근방법으로 “대상”은 보통 부정적인 태도를 보이지 않고, 보다 쉽게 “메시지를 얻는다”. 때로는 “어려운” 환자와 의사소통하기 위해서 의사가 비슷한 접근방법을 사용한다[Lown, 1996].

A4.2 적용례

저자는 조직과 경영문제에 트리즈를 적용하는 여러 개의 특별한 과제에 참여하였다. 다음은 그러한 과제 중 일부에 대한 간략한 설명이다.

<사례 이야기 1>

유럽에 본사를 둔 한 다국적 기업이 여러 대륙에 걸쳐 수십 개의 제조회사를 소유하고 있다. 이 회사는 자신의 회사와 여러 과제를 수행하는 사내 경영 컨설턴트 집단을 갖고 있다. 이 집단은 본사에 사무실이 있지만, 컨설턴트들은 보통 도로에 있을 때가 많고, 그들의 과제를 수행하기 위해 멀리 여행을 다닌다. 이것은 일주일에서 몇 년이 지속되기도 하였다. 일반적으로 컨설턴트들은 여러 회사들과 일을 한다 – 예를 들어 브라질 회사와 한 과제를 마치면, 그 컨설턴트는 이탈리아나 캐나다에 있는 어느 과제에 배속된다.

여러 연구과제에 대해서, 다양한 비즈니스와 문화 환경에서 일을 하면서, 컨설턴트들은 폭넓은 경험을 쌓고, 그것이 많은 그들의 동료들에게 이득을 줄 것이다. 하지만 여기에 문제가 있다. 지역 비즈니스와 문화적 전통에 익숙해지기 위해서, 컨설턴트들은 특별한 나라(개별 회사)에서 많은 시간을 써야한다. 이상적인 컨설턴트는 현지 거주자이어야 하고, 지역 언어와 풍습에 능숙해야 한다. 그러나 특별한 조건에서 일할 때, 컨설턴트는 제한된 경험만을 얻는다. 그러나 오늘날 계속해서 변화하는 비즈니스와 기술 환경은 계속해서 전형적이지 않은 긴급 도전과제들을 낳는다. 불가피하게 그러한 제한된 경험은 적당하면서도 시의적절한(종종 시간의 문제로) 해결책을 제공하지 못할 것이다. 자신의 영역을 넓히고 새로운 기술을 숙달하기 위해서, 컨설턴트는 많은 장소를 여행해야 하며, 많은 시간을 쓰고, 다양한 환경에서 노력해야 한다. 그러나 이 접근방법은 실질적으로 수행하기가 어렵다. 게다가 이 경우에 컨설턴트는 새로운 기술, 지역 비즈니스, 그리고 문화적 전통을 충분히 이해하고, 몸에 익힐 충분한 시간이 없다.

그들의 경험을 나누기 위해서, 컨설턴트들은 일 년에 한번 회의에 모여서, 그들이 감독했던 과제를 보고하고, 무역의 비책에 대해서 토론하면서, 다른 사람의 기술 향상을 돕는다. 이러한 회의는 효과적일지 모르나, 신속한 정보와 아이디어의 교환을 원하는 컨설턴트들의 점차 커지는 욕구를 충족시킬 수 없다.

트리즈 분석

시스템 갈등을 정형화하면서 분석을 시작해 보자 : "만약 컨설턴트가 특별한 나라

(또는 같은 회사)에 계속해서 머무른다면, 그는 중요한 전문 지식을 얻을 수 있지만 그의 경험은 제한된다. 만약 컨설턴트가 여러 나라(회사)에서 다양한 과제에 참여한다면, 그는 다양한 경험을 얻을 수 있지만, 심오한 전문 지식을 얻지 못한다."

시스템 갈등의 핵심을 밝히기 위해서, 트리즈는 경쟁적 요구사항을 논리의 극한으로 몰고 감으로써 그것을 강화하라고 충고한다. 이 경우에 갈등의 강화는 다음과 같다: **컨설턴트는 영원하게 같은 나라(같은 회사)에 머물러야 하고, 다른 한편으로 한 나라(회사)에서 다른 나라로 계속해서 이동해야 한다.** 이것은 분리의 원리를 사용해서 극복할 수 있는 물리적 모순처럼 보인다. 이 모순의 단순한 분석은 다음과 같이 모순적 요구사항을 "공간"으로 분리함으로써 해결될 수 있다는 것을 보여준다: 컨설턴트는 "부분적으로" 같은 환경(회사나 나라)에서 머무르고, "부분적으로" 모든 장소에 존재한다. 물론 누구도 신체적으로 컨설턴트를 부분으로 나눌 수 없을 것이다. 우리가 이상성 원리를 생각해내, 모순 해결에 그것을 사용한다면, 해결책은 보다 바람직해 질것이다. 우리가 필요한 것은 물리적 실체로서 컨설턴트가 아니라 그의 지식. 전문기술, 경험(즉, 기능)이다. 우리는 컨설턴트의 이 "부분"을 신체로부터 분리해서, 모든 이해 당사자들에게 쉽게 전달할 수 있다.

해결책

정보(결과적으로 과제와 해결책의 데이터베이스) 교환을 위한 온라인 포럼을 개발하기 위해서, 이용 가능한 회사 IT 자원을 사용하는 것이 제안되었다. 이 포럼은 질문, 조사, 메시지, 아이디어, 그리고 해결책을 알리기 위해 사용된다. 이것은 여러 가지 문제에 대해서 가장 빠르고 포괄적인 인터넷 컨설팅을 가능하게 한다: 포럼에 질문과 문제를 게시한 컨설턴트는 즉시 세계 구석구석으로부터 들어오는 아이디어와 제안들로 파묻히게 된다. 이제, 컨설턴트는 지역 문화에 전문가가 될 만큼 오랫동안 한 나라(회사)에 머무를 수 있고, 다른 컨설턴트로부터/에게 지식을 습득하고 전달하는 기회를 갖는다.

<사례 이야기 2>

유럽에 있는 두 개의 금융기관 – 큰 보험회사와 대형 은행이 보다 큰 법인을 구성하기 위해 자원을 합쳤다. 합병은 새로운 회사의 수익성과 경쟁력을 증가시키는 결과를 가져왔지만, 기대하지 않았던 문제 또한 발생했다.

합병 후에 새로운 회사는 일부 직원을 해고함으로써 비용을 줄였다. 이것은 기능의 재분배(통합)를 가져왔다: 이전에 보험회계사는 투자 자문가가 되었고, 이전에 증권 중개인이 보험회계 문제를 자문하기 시작했다. 이 배치가 새로운 회사와 법인 고객들의 관계에는 영향을 주지 않았지만, 개인 고객의 충성심을 떨어뜨렸다. 이 나라에서 개인 고객들은 그들의 투자 요구에 대해서는 은행과 상담하고, 그들의 보험회계 문제에 대해서는 보험 판매원과 상담하는 오랜 전통을 갖고 있었다. 증권 중개인-보험회계사는 전문 증권 중개인으로도, 프로 보험회계사로도 인식되지 않았다. 결과적으로 개인 고객들의 숫자가 빠르게 감소하였다. 개인 고객들은 엄격한 전문화 관습을 여전히 존중하는 경쟁사로 발길을 돌렸다.

트리즈 분석

이것은 진화법칙이 "처방해 놓은" 전이를 시스템이 겪을 때 발생하는 전형적인 상황이다. 두 비즈니스 법인의 합병은 **단일 – 이중 – 다중**(mono-bi-poly) 진화 라인을 따르는 한 단계이다. 진화에 이득이 있더라도, 이 단계는 다양한 특성(기능)을 갖는 다른 단일 시스템들이 통합될 때 생기는, 시스템 갈등의 출현과 종종 연결되어 있다. 새로운 이중 시스템은 이러한 시스템 갈등이 해결될 때 까지 적절하게 기능을 할 수 없고, 발전할 수도 없다.

이 경우에 시스템 갈등은 이렇다 : "운영비용을 줄이기 위해서 회사 경영자는 보험회계사와 증권 중개인의 업무를 통합해야 하지만, 이것은 개인 고객을 소원하게 한다. 만약 투자와 보험 상담을 여러 전문가에게 할당하면, 개인 고객의 충성심을 회복시킬 수 있지만, 비용이 증가할 것이다."

앞의 사례와 유사하게, 우리는 시스템 갈등을 강화하고, 물리적 모순을 정형화할 수 있다: **담당 직원은 전임 증권 중개인과 전임 보험회계사 양쪽 일을 해야 한다.** 명백하게 이 모순은 시간으로 반대 요구사항을 분리함으로써 극복될 수 없다. 따라서 공간(부분)으로 그들을 분리함으로써 해결해야 한다.

해결책

어떤 전문 분야든지, 지식 체계는 두 가지 중요한 부분으로 동등하게 구성되어 있다: 전형적인 경우 및 상황(표준), 그리고 비전형적인 경우. 전자는 전문 문헌에서 얻을 수 있는 반면, 후자는 보통 다년간의 개인 경험을 통해서만 얻을 수 있다. 이 특성을 위의 모순 해결에 사용하였다.

일반 직원과 컨설턴트, 두 집단으로 나누는 것이 제안되었다. 첫 번째 집단은 보험회계와 투자 비즈니스의 기본(즉, 전형적인 경우)에 충분하게 숙달된 초보 수준의 직원으로 구성된다. 이러한 직원들은 개인 고객들의 기본적인 요구에 적절하게 대응할 수 있다. 비용을 더욱 줄이기 위해서, 이 집단에게 일상 질문을 담은 컴퓨터 데이터베이스를 제공할 수도 있다. 만약 고객이 "교재" 수준의 지식보다 본질적인 문제를 요구하는 비전형적인 의문을 가지고 있다면, 그는 한 분야에 전문화된, 높은 수준의 소수 전문가 집단(봉급은 높다)으로부터 도움을 받는다.

A4.3 요약

공학 설계와 제조 문제를 다루기 위해서 개발된 트리즈 방법론은 넓은 경영 문제 영역에 적용될 수 있다. 핵심 공학문제를 해결하거나, 직접적으로 경영 문제에 대한 혁신적인 해결책을 신속하게 개발하기 위해서 트리즈의 문제해결 방법들과 진화법칙들은 모두 큰 가능성을 갖고 있다. 트리즈 실행자들과 경영 전문가들의 밀접한 관계가 요구된다.

부・록_5

용어 설명[8)]

갈등 영역

아리즈에서 갈등 요소들을 포함하고 있는 시스템 안의 공간

갈등 요소

시스템 갈등을 포함하고 있는 시스템 요소

거시 물리적 모순

이것은 전체 성분 수준으로 정형화된 물리적 모순이다(예를 들어, 막대는 뜨거우면서 차가워야 한다).

기능

기술 시스템의 두 성분 사이에서 목적이 있는 물리적 상호작용. 기능 설명은 물리적 작용과 그 작용 대상의 이름을 포함한다(그림 A5.1).

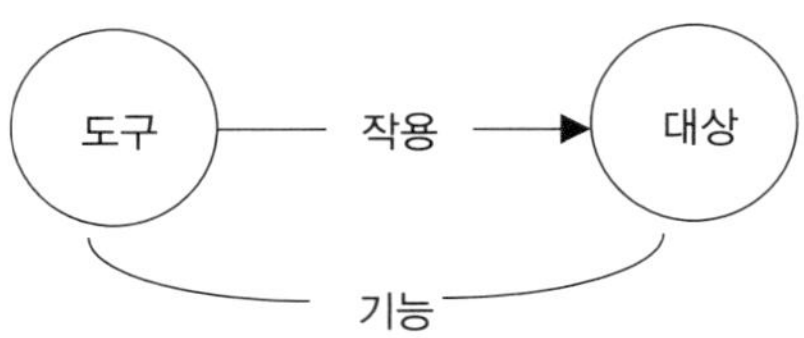

그림 A5.1 기능

기본 물질-장

두 개의 물질과 한 개의 장으로 구성되어 있는 물질-장(그림. A5.2).

---

8) 다른 저자가 사용한 용어를 괄호로 제시하였다.

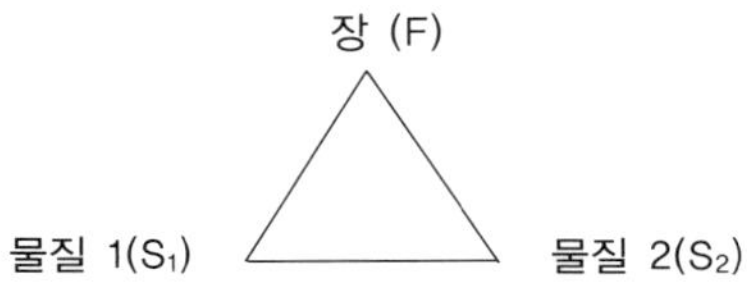

그림 A5.2 기본 물질-장

기술 시스템 진화의 법칙들

이러한 법칙들은 진화 과정에서 기술 시스템 요소들 사이에서, 그리고 시스템과 그들의 환경 사이에서 중요하면서 안정적인, 그리고 반복되는 상호작용들을 반영한다.

기술 평가 곡선, 알트슐러 측정 규준

이러한 곡선들("발명의 수 대 시간", "발명의 수준 대 시간", "발명의 수익성 대 시간")은 그 S곡선 상에서 시스템의 위치를 정의하기 위해서 사용된다.

높은 수준 시스템(상위시스템)

하위시스템으로 고려 대상 시스템을 포함하고 있는 시스템

높은 수준 시스템(상위시스템)으로 전이의 법칙

이 법칙에 따르면, 기술 시스템은 단일 시스템으로부터 이중, 다중 시스템으로 일반적인 방향으로 진화한다.

다중 시스템

두 개 이상의 단일 시스템으로 구성된 시스템

단일 시스템

하나의 기능을 수행하는 시스템

대상

제어, 처리 또는 변경할 시스템 성분(예를 들어, 이동하고, 가공하고, 구부리고, 돌리고, 가열하고, 팽창시키고, 하전을 띠게 하고, 조명을 주고, 측정하고, 검출하는 등).

도구

대상과 물리적 상호작용을 하는 성분(예를 들어, 대상을 제어하면서)

동질적인 이중(다중) 시스템

비슷하거나 동일한 기능을 수행하는 단일 시스템들로 구성된 시스템

동적특성 증가의 법칙

이 법칙에 따르면, 기술 시스템은 변화하는 환경 조건(다기능성)과 다양한 성능영역에 적응할 수 있는, 보다 유연한 구조를 갖는 방향으로 진화한다.

문제를 해결하기 위한 표준 접근방법, 표준해

기술 시스템의 진화 법칙을 기초로 한, 기술 시스템의 가장 효과적인 일련의 전형적인 변환들. 많은 표준해는 물질-장 언어로 쓰여졌다.

물리적 모순

같은 성분이 그 물리적 상태에 따라 상호 배타적인 요구조건을 만족해야 하는 상황(예를 들어, 뜨거우면서 차가워야 하고, 전기적으로 전도성이 있으면서 절연성이 있어야 한다는 등).

물리적 작용

특별한 기능을 수행할 수 있도록 해주는 물리적 기법. 예를 들어, "화학 용액을 오염 물질로부터 깨끗이 하는" 기능은 "용액으로부터 오염 물질의 제거" 또는 "오염 물질의 분해"와 같은 다양한 물리적 작용에 기반을 둘 수 있다.

물질

물질-장 분석에서 물질-장과 기능 수행(물리적 작용)에 참여하는 물질로, 기술 시스템의 한 요소.

물질-장

물질과 장으로 구성된 기술 시스템의 모델

물질-장 분석

물질-장 구조의 변환과 진화를 연구하는 트리즈의 한 분야

미시 물리적 모순

이것은 구성 요소의 재료(입자) 수준으로 정형화된 물리적 모순이다. 예를 들어, 뜨거우면서 차가워야 하는 막대(거시 물리적 모순)에 대해서, 막대를 구성하는 입자들이 빠르면서 동시에 천천히 움직여야 한다고 정형화 할 수 있다.

미시수준으로 전이의 법칙

이 법칙에 따르면, 기술 시스템은 자신의 성분을 분할하는 일반적인 방향으로 진화한다(처음에 작동기관의 분할부터 시작한다).

발명문제 해결을 위한 알고리듬, 아리즈

이것은 트리즈의 중심 분석 도구이다(아리즈 ARIZ는 러시아어의 약어이다). 그 기초는 모호하거나 초기에 잘못 정의된 문제/상황을 분석하고 그것을 분명한 시스템 갈등으로 전환하기 위한 순서가 정해진 논리적 절차이다. 시스템 갈등의 고려가 물리적 모순의 정형화로 안내해 주고, 모순의 제거는 분리의 원리의 도움으로, 그리고 대상 시스템의 자원들을 최대로 활용함으로써 가능해진다. 아리즈는 이상 기술 시스템(이상 시스템), 시스템 갈등, 물리적 모순, 물질-장 분석, 표준해, 그리고 기술 시스템 진화 법칙과 같은 트리즈 가장 기본적인 개념과 방법들로 구성된 시스템이다.

발명 수준

발명의 신규성 정도를 나타내는 정성적인 척도.

발명원리

모순행렬표와 연계해서 사용되는, 시스템 갈등을 해결하기 위한 기법

변형된 다중 시스템(편향된 다중 시스템)

기능이 동일한 하위시스템들이 크기, 색상, 무게, 전기 전도성과 같은 어떤 파라미터가 다른 이중(다중) 시스템

보조 기능

시스템의 주기능을 지원하는 기능

보조 도구

주 도구의 성능을 지원하는 도구. 특별하게 보조 도구는 주기능이 측정 또는 검출을 못하는 시스템에서 측정 또는 검출 기능을 수행한다.

부분적으로 융합된 이중(다중) 시스템

보조 성분의 수를 줄인, 이중 또는 다중 시스템

분리의 원리

이것은 물리적 모순을 해결하는 일반적인 접근방법이다: 공간으로 반대 특성의 분리, 시간으로 반대 특성의 분리, 전체 시스템과 그 성분 사이에 반대 특성의 분리.

불완전한 물질-장

3개의 요소를 전부 포함하고 있지 않은 물질-장

빈 공간

빈 공간은 물질에 있는 불연속성이다. 빈 공간은 항상 이용할 수 있고 극히 값이 싸다. 예를 들어 빈 공간은 속이 빈 다공성 구조, 거품, 기포 등의 형태로 다른 자원과 쉽게 섞을 수 있기 때문에 특별히 뛰어난 자원이다.

사슬 물질-장

S_2가 다른 물질 S_3에 의해서 제어되는 물질-장(3장, 표 3.3을 볼 것)

시스템 갈등(공학적 모순, 기술적 모순)

유용한 작용이 동시에 해로운 작용을 일으키는 상황, 또는 유용한 작용의 도입(강화)이나 해로운 작용의 제거(경감)가 한 부분 또는 전체 시스템을 부적절하게 하거나, 받아들일 수 없이 복잡하게 만든다.

시스템 갈등 도식

시스템 갈등의 그림 표현

시스템 갈등을 해결하기 위한 일반적인 접근방법

- 도구 또는 대상을 제거한다(이상성 개념을 사용해서).
- 해로운 작용이 사라지도록 갈등 요소(즉, 도구 또는 대상)를 바꾼다.
- 해로운 작용을 제거하거나 중화하기 위해서, 특별한 요소(도구)를 도입한다.

심리적 관성

문제를 분석하고 해결하는 전통적 방법들이 갖는 편견

알트슐러의 측정 규준

기술 평가 곡선을 볼 것

에너지 전달 경로를 짧게 하는 법칙

이 법칙에 따르면, 기술 시스템은 시스템에 전달되는 에너지 경로를 짧게 하는 방향으로 진화한다(엔진으로부터 작동기관까지).

S곡선

기술 시스템의 진화는 시스템의 출생과 더불어 시스템의 주요 성능 특성(또는 이득/비용 비율, 이상성)의 변화를 반영하는 S 곡선으로 설명될 수 있다.

역 이중(다중) 시스템

하위시스템이 반대 특성을 갖는 시스템

완전성의 법칙

독립적인 기술 시스템은 최소한으로 기능하는 네 개의 주요 부분으로 구성되어 있다는 법칙: 엔진, 전달장치, 작동기관, 그리고 제어기관.

완전하게 융합된 이중 또는 다중 시스템

두 개 이상의 기능을 수행하는 완전하게 통합된 이중 또는 다중 시스템. 이러한 시스템에서 개별 기능을 하는 하위시스템들이 종종 하나의 물질로 통합된다; 기능들의 분리는 전체 시스템을 분해하지 않고는 불가능하다(예를 들어 광 변색성 안경에서 두 개의 기능, 시계(視界) 향상과 햇빛 차단은 하나의 렌즈 물질로 수행된다).

융합

일부 하위시스템을 제거하고, 그 기능을 다른 하위시스템에 위임함으로써 시스템의 이상성이 증가되는 진화 과정

융합 계수, Cc

시스템의 이상성 정도를 나타내는 척도; 물질-장의 수 대비 물질-장이 포함하고 있는 요소 수의 비율(또는 기능 수 대비 기능 수행에 포함된 물질-장 요소 수의 비율). 기본 물질-장에 대해서는 Cc = 1/3, 사슬 물질-장에 대해서는 Cc = 2/5, 이중 물질-장에 대해서는 Cc = 1/2이다.

이상성 전략

다음은 이상적인 기술 시스템 개념을 실현하기 위한 일반적인 접근방법들이다.

- 이상성 전략 1 : 대상을 제거한다. 이것은 도구뿐 아니라 도구의 유용한 작용과 해로운

작용 모두를 제거하는 결과를 가져온다.

- 이상성 전략 2 : 도구를 제거하고, 대상(또는 그 대상의 어느 부분)이 스스로 유용한 기능을 수행하도록 한다.
- 이상성 전략 3 : 도구를 제거하고, 그 유용한 기능을 환경이나 다른 도구에 위임한다.

이상성의 정도

시스템의 이상성 척도. 보통 이것은 시스템 기능 대비 시스템 비용+문제의 비율로 정성적으로 표현된다.

이상성 증가의 법칙

이것은 기술 시스템 진화의 제1법칙이다. 이 법칙에 따르면 기술 시스템은 이상성이 증가하는 방향으로 진화한다.

이상적인 기술 시스템

물리적 실체는 없지만, 규정된 기능을 완전하게 수행하는 시스템

이상적인 최종 결과

이상적인 기술 시스템 개념을 기반으로 한, 공학 설계 문제의 이상적인 해결책

이중 물질-장

S_2 또는 S_1이 제2의 장 F_2로 제어되는 물질-장(3장, 표 3.3을 볼 것)

이중 시스템

두 개의 단일 시스템으로 구성된 시스템

이질적인 다중 시스템

여러 기능을 수행하거나 여러 물리적 특성을 처리하는 단일 시스템들로 구성된 시스템

자원

물질, 장 그리고 기술 시스템의 다른 특성들(예를 들어, 작용 시간, 점유 공간 등), 뿐만 아니라 시스템 개선에 활용할 수 있는 환경 및 전반적인 시스템의 다른 특성들.

장

두 물질의 상호작용에 필요한 에너지. 네 가지 기본 장, 즉 전자기장, 중력장, 강한 핵장,

약한 핵장과 함께, 트리즈는 기계장, 열장, 전기장, 자기장, 화학장과 같은 공학적인 장들을 다룬다. 이러한 장들은 많은 물리, 화학적 현상으로 드러난다.

전형적인 시스템 갈등
특별한 유용한 작용과 해로운 작용의 되풀이되는 조합

제어능력 증가의 법칙
기술 시스템은 그 구성 성분의 제어능력이 증가하는 방향으로 진화한다는 법칙; 이것은 종종 기본 물질-장으로부터 이중 또는 사슬 물질-장으로 전이함으로써 얻어진다.

조화의 법칙
효과적인 기술 시스템이 존재하기 위해서는 그 부분들의 작용 주기들(또는 자연 진동수)이 동기화되어야 한다.

주기능
기술 시스템이 존재하는 주목적

주 도구
주기능을 수행하는 도구

진화의 라인
이러한 라인들로 기술 시스템 진화의 특정 법칙들과 관련된 상세한 진화 단계들을 확인할 수 있다.

초기 상황(초기 문제)
보통 여러 개의 문제 집합체인 원래의 문제 진술

최대문제
시스템의 큰 변경, 예를 들어 시스템의 물리적 작동 원리를 바꾸는 것과 관련된 문제.

최소문제
다음 규칙에 따라 정형화된 문제 : "시스템을 바꾸지 않고 그대로 유지하지만, 해로운 효과는 사라지고, 필요한 유용한 효과를 얻는다." 최소문제를 해결할 때, 시스템에 작동되고 있는 물리적 원리는 바뀌지 않는다.

테크나브(TechNav), 방향 잡힌 기술 진화
차세대 제품과 공정의 개념적 개발을 위한 체계적인 트리즈의 접근방법

하위시스템의 불균일 진화의 법칙
이 법칙에 따르면, 기술 시스템의 여러 하위시스템들은 자신의 S 곡선에 따라서 다른 속도로 진화한다; 이것이 시스템 갈등을 일으킨다.

해로운 작용
주기능의 성능을 방해하는 작용

행렬표(모순행렬표, 알트슐러 행렬표)
이것은 전형적인 시스템 갈등을 해결하기 위해서 발명원리의 활용을 안내해 주는 표다.

환경
기술 시스템이나 그 부분과 인접한 물리적 주위 상황

환경 요소
아리즈에서 환경 또는 인접 시스템에 속해있으면서, 시스템 성분에 나쁜 영향을 주는 성분(예를 들어, 산화를 일으키는 바람직하지 않은 공기 중에 있는 산소).

효과
어떤 장과 물질의 상호작용 결과. 그림. A5.3에서 보여주는 바와 같이 각각의 효과를 모델화 할 수 있다.

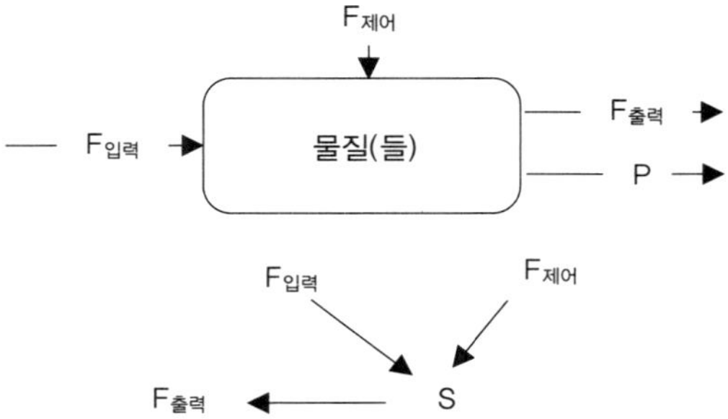

그림 A5.3 물리 효과에 대한 물질-장 모델

참고문헌

Altshuller, G.S. (1963), *How to solve scientific problems*, preprint, Baku(in Russian).

Altshuller, G.S. (1984), *To Find an Idea*, Novosibirsk: Nauka, p. 69(in Russian).

Altshuller, G.S. (1988a). Small unbounded worlds, In: *A Thread in the Labyrinth*, pp. 165-230, Petrozavodsk: Karelia (in Russian).

Altshuller, G.S. (1988b). *Creativity as an Exact Science*, New York: Gordon and Breach.

Altshuller, G.S. (1994). *And Suddenly the Inventor Appeared*, Worcester, MA: Technical Innovation Center.

Altshuller, G.S. (1997). *40 Principles: TRIZ Keys to Technical Innovation*, Worcester, MA: Technical Innovation Center.

Altshuller, G.S. (1999). *The Innovation Algorithm*, Worcester, MA: The Altshuller Institute for TRIZ Studies.

Altshuller, G.S., Shapiro, R.B. (1956). On the psychology of engineering creativity, *Problems of Psychology*, 6, 37-49 (in Russian).

Altshuller, G.S., Vertkin, I. M. (1994). *How to Become a Genius : The Life Strategy of a Creative Person*, Minsk : Belarus(in Russian).

Altshuller, G.S., Gadzhiev, Ch., Flikshtein, I. (1973). *Introduction to Sufield Analysis, Baku*, USSR: The Public Laboratory for the Theory of Invention(in Russian).

Astashev, V. K., Babitsky, V. I. (1998), Ultrasonic cutting as a nonlinear (vibro-impact) process, *Ultrasonics*, 36, 89-96

Banks, H. T., Smith, R. C., Wang, Y. (1996). *Smart Material Structures: Modeling, Estimation and Control*, New York: John Wiley & Sons.

Basalla, G. (1988). *The Evolution of Technology*, Cambridge: Cambridge University Press.

Brown, S., Rose, J. (1996). *FPGA and CPLD architecture: a tutorial, IEEE*

Design and Test of Computers, Summer 1996, pp. 42-57.

Cole, W. (2002). Let's twist again! Technology that enables wing 'warping' rolled out at Dryden, *Boeing Frontiers Online*, Volume 1, Issue 1, May 2002, http://www.boeing.com/news/frontiers/archive/2002/may.

Cusumano, M.A., Markides, C.C., Eds. (2001). *Strategic Thinking for the Next Economy*, Boston: Jossey-Bass, p. 159,

Davis, T., Sasser, M. (1995). Postponing product differentiation. *Mechanical Engineering*, No. 11, pp. 105-107.

Drexler, K.E. (1992). *Nanosystems: Molecular Machinery, Manufacturing, and Computation*, New York: John Wiley & Sons.

Edwards, B., Cox, C. (2002). Revolutionary concepts for helicopter noise reduction - S.I.L.E.N.T. Program, in *NASA/CR-2002-211650*, May 2002.

Fey, V. R. (1988). Chronokinematics of Technological System. Baku, USSR: The Laboratory for the Theory of Invention.

Fey, V., Bodine, N., Rivin, E, (2001). A strategy for effective technology investment. http://trizgroup.com/publications/articles/strategy.pdf

Feynman, R. P. (1959). There's plenty of room at the bottom: an invitation to enter a new field of physics, http://www.zyvex.com/nanotech/feynman.html.

Field, F.R., Clark, J.P. (1997). A practical road to lightweight cars, *MIT Technology Review*, September.

Forbes, S. (1997). Fact and comment: plane to see. *Forbes Magazine*, March 10.

Glasmeier, A.(1997). Technological discontinuities and flexible production networks: the case of Switzerland and the world watch industry, in *Managing Strategic Innovation and Cha*Filkovsky, G. L. (1974). *A Scientific Theory as a Machine*, preprint, Baku(in Russian).

nge, pp. 32-33, Oxford: Oxford University Press.

Jain, V. K. (2002). Advanced fine finishing processes. http://www.geocities.com/aimtdr20th/keynote/jain.PDF

Kada, M., Smith, L. (2000). Advancements in stacked chip scale packaging (S-CSP) provide system-in-a-package functionality for wireless and handheld applications, in *Proceedings of Pan Pacific Microelectronics Symposium Conference*.

Leifer, R., McDermott, C. M., O'Connor, G. C., et al. (2000). *Radical Innovation: How Mature Companies Can Outsmart Upstarts*, Boston: Harvard

Business School Press.

Lown, B. (1996), *The Lost Art of Healing*. Boston-N. Y.: Houghton Miffin Co.

Lynn, G.S., Morone, J.G., Paulson, A.S. (1997). Marketing and discontinuous innovation: the probe and learn process, in *Managing Strategic Innovation and Change*, New York: Oxford University Press. p. 357.

Malinovsky, G. T. (1988). *Oil-based Coolants*. Moscow, Russia: Chemistry(in Russain).

Mann, D. (2002). *Hands-on Systematic Innovation*. Belgium:CREAX Press Leper.

McGrath, C., McCormick, D. (2002). *The Ultimate Golf Book: A History and a Celebration of the World's Greatest Game*, New York: Houghton Mifflin Company.

McGraw, D. (1996). Staying loose in a tense tech market. *U.S. News and World Report*, July 8, p. 46.

McNeil, B. (2002). Manual windshield wiper conversion and repair, http://www.film.queensu.ca/CJ3B/Tech/WiperManual.html.

Merkle, R.C. (1997). It's a small, small, small world, *MIT Technology Review*, February/March, pp. 25-32.

Moisan, M., Shivarova, A., Trievelpiece, A. W. (1982). Experimental Investigations of the propagation of surface waves long a plasma column. *Plasma Physics*, 24, No. 11, 1331-1400.

Nolas, G. S., Sharp, J., Goldsmid, H. J. (2001). Thermoelectrics: *Basic Principles and New Materials Developments*. New York:Springer-Verlag.

Papazian, J.M. (2002). Tools of change: reconfigurable forming dies raise the efficiency of small-lot production, *Mechanical Engineering*, February, http://www.memagazine.org/backissues/feb02/features/toolsof/toolsof.html

Penzias, A.A. (1997). The next fifty years: some likely impacts of solid-state technology, *Bell Labs Technical Journal*, Autumn, p. 156.

Rantanen, K., Domb, E, (2002). *Simplified TRIZ: New Problem-Solving Applications for Engineers and Manufacturing Professionals*. Boca Raton, FL: St. Lucie Press.

Raskin, A. (2003). A higher plane of problem solving. *Business*, 2.0, June, pp. 54-57.

Rediniotis, O.I., Wilson, L. N., Lagoudas, D. C., Khan, M. M. (2002). Development of a shape-memory-alloy actuated biomimetic hydrofoil, In:

Journal of Intelligent Material Systems and Structures, Vol. 13, January, pp. 35-49.

Rivin E.I. (1998). *Mechanical Design of Robots*, New York: McGraw-Hill.

Rivin E.I. (1999). *Stiffness and Damping in Mechanical Design*. New York: Marcel Dekker, pp. 52-86.

Talanquer, V. (2002). Nucleation in gas-liquid transitions. *Journal of Chemical Education*, 79, No. 7, 877-883.

Tate, K., Domb, E. (1997). 40 Inventive Principles with Examples. http://www.triz-journal.com/archives/1997/07/b/index.html.

Taylor, M.B., Kim, J., Miller, J., et al. (2002). The Raw Microprocessor: A Computational Fabric for Software Circuits and General Purpose Programs, *IEEE Micro*, Marh-April, pp. 25-35.

Travers, B. (ed.) (1995). World of Invention, Gale, p. 635.

Tsugawa, S. (2000). An introduction to Demo 2000: the cooperative driving scenario, *IEEE Intelligent Systems*, 15, No. 4, pp. 78-79.

Vertkin, I. M. (1984). *Mechanical of Convolution of Technological Systems*. Baku, USSR: The Public Laboratory for the Theory of Invention(in Russian).

Volti, R. (1996). A century of automobility, *Technology and Culture*, Vol. 37, Number 4, October, pp. 663-685.

Walczyk, D. F., Hardt, D. E. (1998). Design and analysis of reconfigurable discrete dies for sheet metal forming. *SME Journal of manufacturing Systems*, 17, No. 6, 436-454.

Wlezien, R. W., Horner, G. C., McGowan, A. R., et al. (1998). The aircraft morphing program, In: *Proceedings of the SPIE Smart Structures and Materials Symposium*, Industrial and Commercial Applications Conference, Vol. 3326, Paper 3326-20.

트리즈 기반의 서비스 제공자들(미국)

American Supplier Institute

17333 Federal Drive, Suite 220,
Allen Park, MI 48101
Tel. (313) 336-8877

Goal/QPC

13 Branch Street,
Methuen, MA 01844
Bob King, Executive Director
Tel. (508) 685-3900

Ideation International, Inc.

21800 West 10 Mile Road
Suite 119
Southfield, MI 48075
Tel. (248) 353-1313

Invention Machine Corp.

200 Portland Street,
Boston, MA 021114-1722
Val Tsourikov, CEO and TRIZ Expert.
Tel. (617) 305-9250

Renaissance Leadership Institute, Inc.

P.O. Box 659
9907 Camper Lane,
Oregon House, CA 95962
Jim Kowalick, President.
Tel. (916) 692-1944

Pragmatic Vision, Inc.

200 Portland Street,
Boston, MA 021114-1722
Simon Litvin,
Vice President and TRIZ Master
Tel. (617) 305-9260

Strategic Product Innovation, Inc.

7591 Brighton Road,
Brighton, MI 48116
Steven Ungvari, President.
Tel. (810) 220-8440

Technical Innovation Center, Inc.

60 Prescott Street
Worcester, MA 01605
Lev Shulyak, President and TRIZ Expert
Tel. (508) 799-6700
Fax: (08) 799-9944
Email: tic@triz.org
www.triz.org

The TRIZ Group

30120 Northgate Lane,
Southfield, MI 48076
Victor Fey, President and TRIZ Expert
Tel. (248) 433-3075

TRIZ Consulting, Inc.

12013C 12 Avenue Northwest
Seattle, WA 98177
Zinovy Roysen, President and TRIZ Expert
Tel. (206) 364-3116

The Altshuller Institute for TRIZ Studies
www.aitriz.org

트리즈 기반 서비스 제공자들(한국)

한국아이템 개발(www.innokid.com)

Invention Machine Corp.의

Goldfire 판매/교육

Email : sales@innokid.com

(주)트리즈 코리아(www.triz.co.kr)

Invention Machine Corp.의

Goldfire 판매/교육

Email : info@triz.co.kr

아이디어브레인(www.ideabrain.co.kr)

Ideation International, Inc.의

IWB 판매/교육

Email : info@ideabrain.co.kr

한국트리즈협회(www.triz.or.kr)

트리즈연구회, 교육/인증제도 운영

Email : webmaster@triz.or.kr

시그마트리즈(www.sigmatriz.com)

: 역자의 홈페이지

Invention Machine Corp.의

Goldfire 판매/교육

Email : pasu@sigmatriz.com

역자 후기

최근에 공학인증을 시작했거나 준비하고 있는 공과대학이 늘어나고 있다. 이러한 시대적 흐름은 단순한 유행이 아니라, 평생교육을 목적으로 공학인이 갖추어야 하는 사회성(팀웍, 윤리, 가치관)과 사고기법(창의적 문제 해결, 비평적 분석)이라는 두 기둥이 강조되는 시대적 소명을 반영하는 것이라 하겠다.

이 두 기둥 중에서 사고기법으로 창의적 문제해결 이론(트리즈)은 대학 교과목, 기업 엔지니어의 도구로, 그리고 초중고 발명/과학 선생님들의 도구로 활용이 확대되고 있다. 많은 사고기법 중에서 왜 최근에 이 이론이 관심의 대상이 되고 있을까? 알트슐러는 초기에 20만 건 이상의 특허 분석을 통해, 모든 문제는 반드시 기술적 모순이 도사리고 있고, 그 모순은 계발(啓發), 우연한 발견, 여명효과에 의해서가 아니라, 다음과 같은 3가지 주요 규칙으로 체계적으로 해결될 수 있다는 것을 발견하였다.

1. 문제와 해결책은 여러 산업과 과학을 통해 반복된다.
2. 기술진화 유형은 여러 산업과 과학을 통해 반복된다.
3. 최고의 혁신은 문제가 발생한 분야 밖에 있는 과학적 효과를 가져왔을 때 늘어난다.

이러한 체계화된 이론이 점차 국내외 기업과 교육기관을 통해 입증되기 시작하면서 중요한 사고기법으로 받아들여지고 있다. 그 동안 출판했던 책들을 간단히 견주어 보자. **"그러자 갑자기 발명가가 나타났다"**는 다양한 트리즈 사례들을 이야기체로 알기 쉽게 소개하고 있어서 트리즈 초보자들에게 적당하고, **"40가지 원리"**는 그림으로 40가지 발명원리를 알기 쉽게 소개하고 있어서, 역시 트리즈 초보자에게 소개할 만한 책이다. **"이노베이션 알고리듬"**은 이상성, 기술적 모순, 기술진화와 같은 중요한 개념을 여러 공학 분야의 다양한 사례를 통해서 설명하고 있어서, 트리즈 전문가가 되려는 사람은 반드시 읽어야 하는 책이다. **"창의성은 과학이다"**는 트리즈 여러 도구들의 이론적 배경,

그리고 그것들을 어느 단계에서 어떻게 사용할 것인지를 자세히 설명하고 있다. 제목이 암시하는바와 같이 트리즈가 하나의 발명이론으로 그치지 않고, 트리즈를 통해 과학 창의성을 얻을 수 있다고 주장하고 있다. **"알기 쉬운 트리즈"**는 실용서이며 입문서이다. 즉 많은 연습문제, 워크시트, 표를 제공함으로써 독자 스스로 학습할 수 있도록 '알기 쉽게' 설명되어 있다. 다라서 이 책은 트리즈 교육(대학, 기업)의 자습서로 적당하다.

"창의성 공학의 길잡이"는 현대적 사례들을 통해 물질-장, 아리즈와 같은 어려운 트리즈 기법을 녹여냈다. 따라서 이 책이 트리즈를 깊이 있게 알고자 하는 독자들의 갈증 해소에 도움이 되기를 희망한다.

공과대학의 공학인증 필수과목인 창의적 공학설계를 위한 기본도서로서 이상의 책들이 많이 활용되어, 한국공학교육에 조금이나마 기여할 수 있다면 더없는 영광으로 여기겠다. 더 나아가 이러한 책들이 한국의 창의성 분야에 밑거름이 되었으면 하는 희망을 가져본다.

이 책을 출판하기 위해 수고한 분들이 있다. 먼저 2006년도 〈트리즈연구회〉에서 이 책을 다루면서 같이 공부한 많은 〈트리즈연구회〉 회원들(가나다순 : 김용경, 김익철, 김호종, 박영수, 신민수, 신정호, 오재준, 이경원, 이용규, 인성용)에게 진심으로 감사한다. 특히 본 책의 원 저자인 빅터 페이로부터 직접 강의를 듣고, 핵심 내용을 잘 전달해 준 한국산업기술대 이경원 교수님께 진심으로 감사한다.

마지막 교정단계에서 원고의 수준 향상을 위해 귀중한 시간을 내준 매경인터넷 유진태 님, 한국항공 김봉균 님, 킴스트리즈 김호종 대표께 진심으로 감사한다. 또한 최종 원고를 넘기기 직전에 꼼꼼히 전체를 읽고 수정해 주신 명지대학교 김병재 교수님께도 짐심으로 감사한다.

그리고 트리즈 관련 출판에 열성을 보이는 GS인터비전 송기수 사장께 진심으로 감사한다.

2007년 6월
전주 건지산 기슭에서
역자 박 성 균

TRIZ

창의성 공학의 길잡이

2011년 3월 5일 초판 인쇄
2012년 4월 30일 2 쇄 발행

저 자 Victor Fey , Eugene Rivin
역 자 박성균
발 행 인 송기수
발 행 처 도서출판 GS인터비전
편 집 처 도서출판 GS인터비전
인 쇄 처 토탈프로세스
등록번호 제313-2011-120호
I S B N 978-89-93668-88-9 (92560)

주 소 서울 마포구 신수동 448-6
전 화 02-976-7898, 3272-7898
팩 스 02-6468-7898
홈페이지 gsintervision.co.kr
E-Mail gsinter7@chol.com

정 가 20,000원